宽松·入胁型

服装立裁与平面制版互通

衣身一次平衡与二次平衡

桂仁义 著

东华大学出版社
·上海·

U0392266

图书在版编目 (CIP) 数据

宽松·大廓型服装立裁与平面制版互通：衣身一次平衡与二次平衡 /
桂仁义著 . 一上海：东华大学出版社，2020.2

ISBN 978-7-5669-1711-9

Ⅰ.①宽… Ⅱ.①桂… Ⅲ.①立体裁剪②服装量裁 Ⅳ.① TS941.631

中国版本图书馆 CIP 数据核字（2020）第 026217 号

责任编辑　张　静
封面设计　魏依东

宽松·大廓型服装立裁与平面制版互通：
衣身一次平衡与二次平衡

KUANSONG · DAKUOXING FUZHUANG LICAI YU PINGMIAN ZHIBAN HUTONG:
YISHEN YICI PINGHENG YU ERCI PINGHENG

桂仁义　著

出　　　　版：东华大学出版社（上海市延安西路 1882 号，200051）

本 社 网 址：http://dhupress.dhu.edu.cn

天猫旗舰店：http://dhdx.tmall.com

营 销 中 心：021-62193056　62373056　62379558

电 子 邮 箱：425055486@qq.com

印　　　　刷：苏州望电印刷有限公司

开　　　　本：889mm×1194mm　1/16

印　　　　张：20

字　　　　数：700 千字

版　　　　次：2020 年 2 月第 1 版

印　　　　次：2021 年 3 月第 2 次印刷

书　　　　号：ISBN 978-7-5669-1711-9

定　　　　价：89.00 元

前　言

自 2005 年与张孝宠教授合著出版《服装打版技术全编（修订本）》，2015 年与资深版型师桂仁德合著出版《女装立裁工业原型制版》以来，得到了各位读者朋友及我的学生在工作中的积极反馈与支持。我经过三十多年的量体定制，在企业制版与教学实践中得出的结论是合体与紧身类风格的服装造型与松量比较容易掌握，而宽松与廓型类风格的服装造型与松量很难掌握到适度，衣身平衡也难以把握，成衣容易前吊后吊，两侧贴腿。针对这些问题，我经过长时间的立裁与平面制版互通验证与实践，通过不断总结，编成本书——《宽松·大廓型服装立裁与平面制版互通：衣身一次平衡与二次平衡》。

本书将打破传统服装技术类书籍的出版模式，为读者有偿提供与书上内容同步的服装 CAD-ET 系统电子版（可 1∶1 输出），供读者参考、研究，以及在工作中调用和套版。我将定时总结不足之处，并及时更新方法与大家同享。另外，每章首页附一个二维码，扫描可下载本章涉及的款式图和对应的立裁图。每个图都有编号，有两种格式，如"001"和"002-1"。前者表示同一页上只有一个款式图或立裁图，"001"为该图所在的正文页码；后者表示同一页上至少有两个款式图或立裁图，第二个数字按同一页上的先后顺序编制，"002"表示正文页码，"1"表示此页上的第一个图。

要做好服装制版工作，必须精通工艺、面辅料性能、人体结构、立体空间概念、型与空间及受力点的联动关系、成衣立体穿着状态及活动量原理，因为这些是立裁的依据。反过来，通过立裁，又能提高造型与审美能力。要想达到精湛的服装技艺，必须多实践、多练习，使立体与平面互通，并不断地从另一个角度验证或推翻以前的经验，这样才能从一次次的疑惑到达融合贯通，在工作中才能应用自如，实现各种制版风格、空间与松量的变化，以及奢侈品与快仿品的版型与工艺的调整。

本书内容包括宽松和廓型变化，所选款式仅供参考与技术剖析。所有原型和款式都以建智立裁人台为标准，立体、平面、成衣试穿均经过反复实践验证。在工作中，可直接利用本书中的各种原型，根据实际体型特征进行微调，可大大节省工作时间，提高工作效率。

在本书中，同一种服装款式使用了不同的制版方法；如有不足之处，望读者指正，以便于进一步完善立裁与平面制版的互通。

桂仁义

目 录

第一章 立裁建立不同体型宽松原型

第一节　不同体型的立体分析

本章要点

在学习立体建立宽松原型之前，必须做到以下几点：

（1）了解标准体各部位的净体尺寸、人体状态、穿着状态和
活动量结构原理。

（2）了解面料丝缕线在立体建立原型中的作用，如果丝缕线
不正，会导致衣身不平衡，原型与人体不吻合，调整衣
身平衡使丝缕线回正。

　　结合以上几点，在实际工作中，需要观察多个试衣模特的综合人体状态，然后在标准体上调整
包容性。

建智人台 GB 160/84A 净体尺寸表 （单位：cm）

部位	身高	颈围	胸围 (B)	前胸围	后胸围	腰围 (W)	前腰围	后腰围	臀围 (H)
尺寸	160	34	84	44	40	66	35	31	90
部位	前臀围	后臀围	胸高点	肩宽	后背宽	前胸宽	背长	手臂围	前腰节长
尺寸	45	45	24.5	37 ~ 38	17.5	16	38	26	40.5

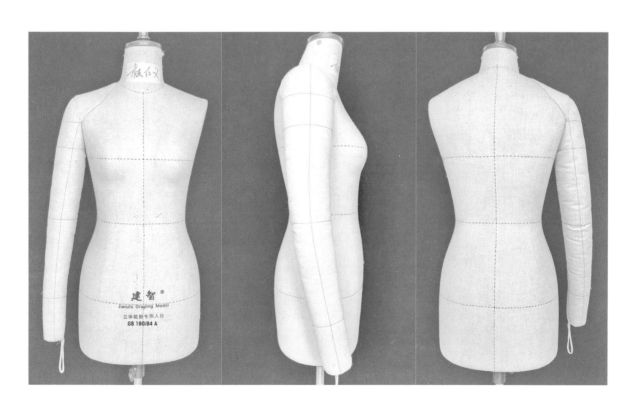

松量加放参考依据如下：

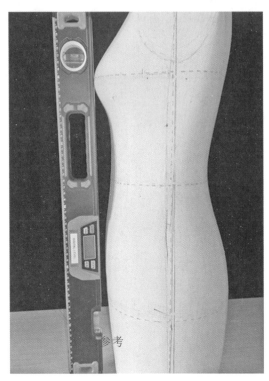

测出胸高点至腰围线和臀围线的垂直面产生的距离，作为原型收放量的参考数据。一般情况下，胸部越高，产生的量越大，反之越小。腹围与臀围越大，产生的量越小，甚至高于胸高点

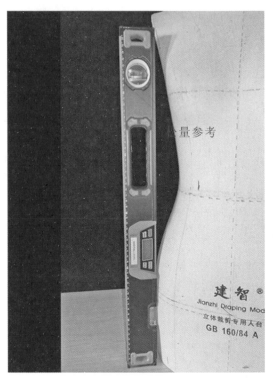

测出前胸宽处腰围线和臀围线的垂直面产生的距离，作为原型前胸宽处收放量的参考数据

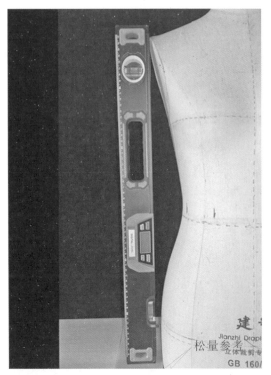

测出肩端点到胸围线、腰围线和臀围线的垂直面产生的距离，作为原型侧缝收放量的参考数据

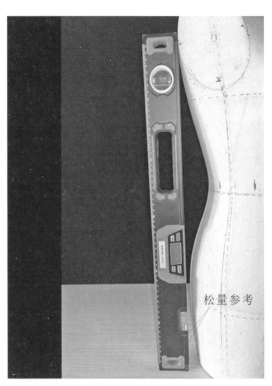

测出后背宽处到胸围线、腰围线和臀围线的垂直面产生的距离，作为原型后背宽处收放量的参考数据

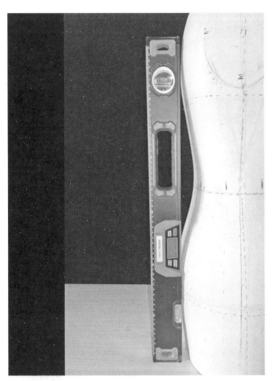

测出肩胛骨高点到胸围线、腰围线和臀围线的垂直面产生的距离，作为原型肩胛骨高点至臀围线的收放量的参考数据。建智人台的肩胛骨高点与臀围线几乎在同一个垂直面上

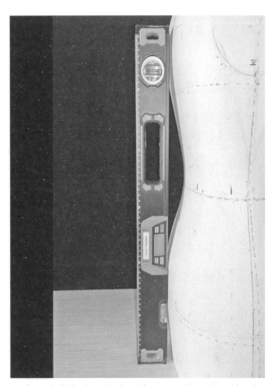

测出后中背部高点与胸围线、腰围线和臀围线之间的距离。建智人台的背部与臀围线几乎在同一个垂直面上

用量角仪测出肩斜度，人台不动，测量两边，取平均值

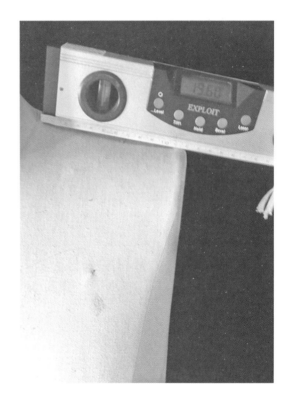

肩斜度在制版中的重要性：

（1）原型肩斜度大于人体肩斜度，前片扣予解开呈八字开形状，扣起来衣服看上去较扁，前后领圈起窝，两侧松量多，前后中松量少。

（2）原型肩斜度小于人体肩斜度，前后中会起吊，两侧松量少，前后中松量多，衣服看上去较圆，袖窿处向下有斜扭现象。

第二节 衣身原型立体转平面、衣身平衡与松量加放原理

一、宽松原型框架大小的分析

通过前一节中的立体测量分析，宽松原型的框架大小与胸量、肩胛骨高、肩宽和手臂根围等有直接关系。胸量越大，前胸围、胸省、前腰省就越大，前腰节越长，反之则越小、越短。肩胛骨越大，后胸围、肩胛省、后腰省就越大，反之则越小。

肩宽越宽，框架越大，反之越小，也就是说肩宽与肩窄时的松量加放不一样，不能单纯地按净胸围大小加放松量。

手臂根围越大，袖窿就越宽，框架越大，反之则越窄、越小。

通过以上分析可知，原型框架大小与松量要在对应部位加放才符合人体。

二、胚纸尺寸的确定

建智人台 GB 160/84A 立裁数据参考值：后背宽 17.5cm，立体袖窿宽 12cm，前胸宽 18cm[16cm+2cm（丰胸量）]。不同品牌的立裁人台，此参考值有微小差异。

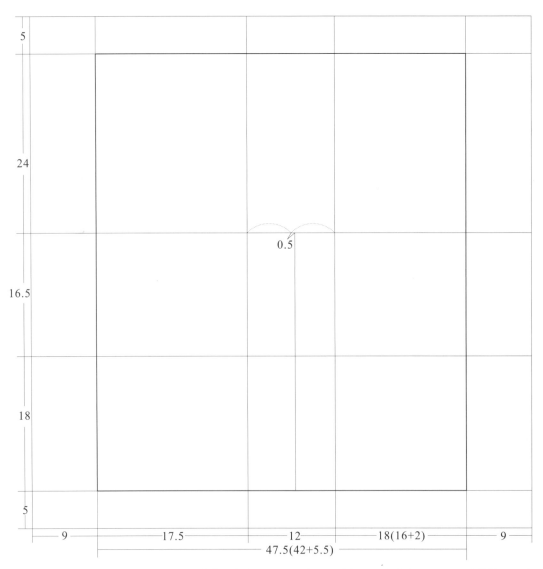

47.5cm=42cm（半净胸围）+5.5cm(该数值与肩胛省、胸省、手臂根围和肩宽有关联)   （单位：cm）

三、立体制作

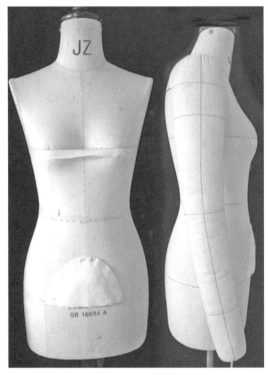

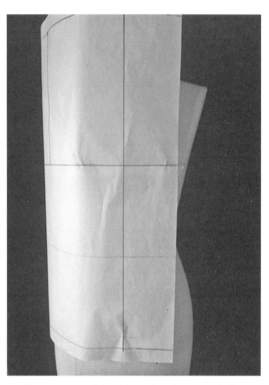

用美纹胶将两个胸高点贴平,臀围处用棉垫垫起来,使之与胸高点处于同一个垂直面上

将胚纸的胸围线和前中线与人台的胸围线和前中线水平垂直固定,固定点在两个胸高点和前中的臀围线处

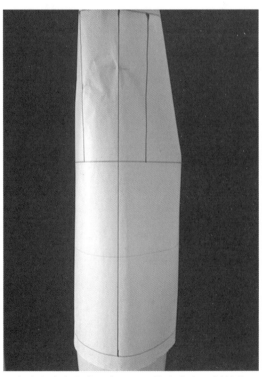

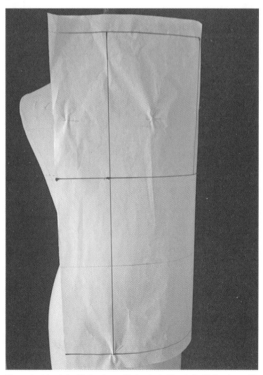

以肩端点为高点先固定一下,将胸高点至侧缝的面调整成水平垂直且无多余量。固定肩端点,使侧缝面以肩端点为高点并垂直于地面

将胚纸的后中线与胸围线和人台的后中线与胸围线固定,保证每个面都垂直于地面。肩胛骨至肩端点的这个面,不能有多余量且垂直于地面。全部固定后,三围线呈水平,前中、后中、侧缝及各面都垂直于地面

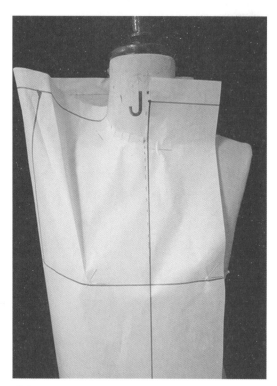

前中放 0.3 ~ 0.5cm 的松量,固定前中线,再沿着领子与大身的转折点,以 1cm 间距打剪口至肩缝处,确定前领圈

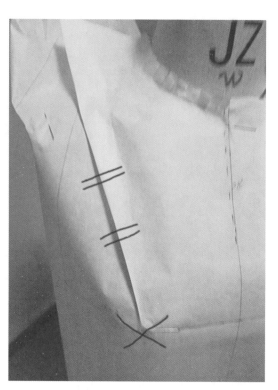

沿着胸宽线将袖窿处抹平并固定,从而出现多余松量,是人体最大胸省量,标记出胸省大小。胸围越大的人,胸省量越大

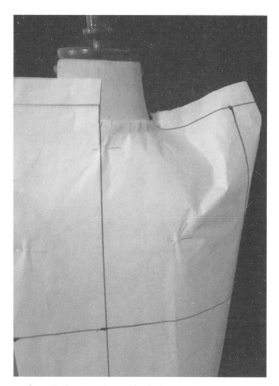

固定后中线,沿着领子与大身的转折点,以 1 cm 间距打剪口至肩缝处,确定后领圈

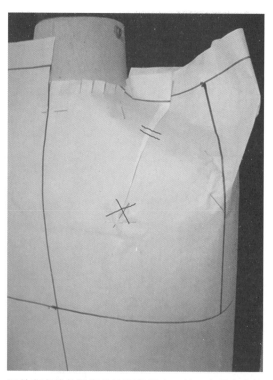

沿着背宽线将袖窿处抹平并固定,从而出现多余松量,是人体最大肩胛省量。后背越驼越厚的人,肩胛省量越大;后背越宽,肩胛省越长,反之越短。作出肩胛省标记

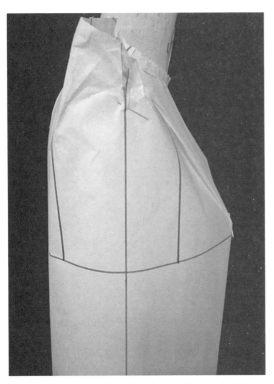

将肩胛省和胸省放出一部分松量，使袖窿切面贴在人台上

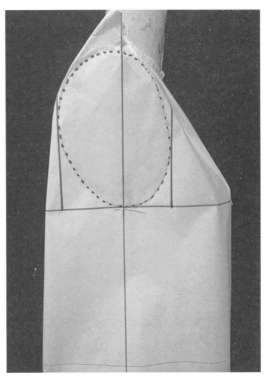

由于袖窿切面是垂直的，不是穿着状态（穿着状态是贴合人体的），故袖窿底没有松量，活动量会在前后胸背宽处出现。沿肩端点、胸背宽线和胸围线画出立体袖窿

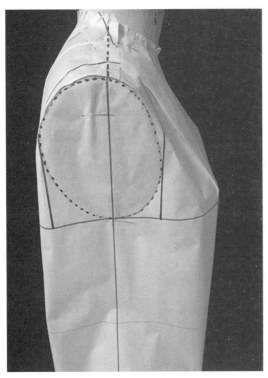

画出肩缝，肩缝与侧缝在同一个切面上，为了方便实际操作，可以调整成前后袖窿深相等。沿着袖窿切面，将大身多余胚纸剪去，使大身切面与袖窿吻合

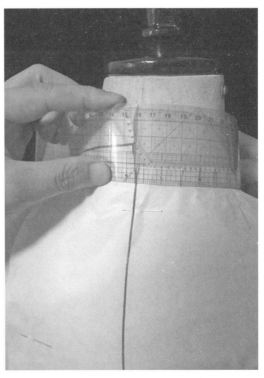

后领圈与后中线垂直，上口保持 0.5cm 的松量。用直尺在人台上画出后领弧线，使之在一个向前倾斜的切面上

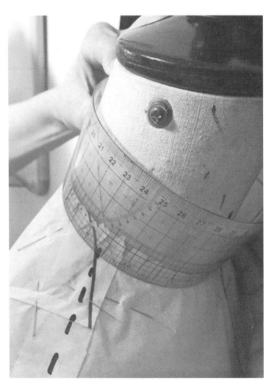

前领圈也要在同一个切面上

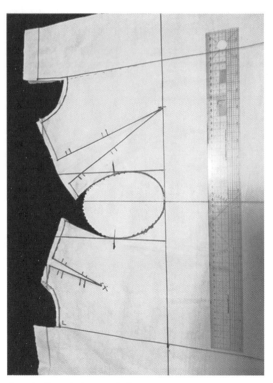

将胚纸从人台上取下来整理

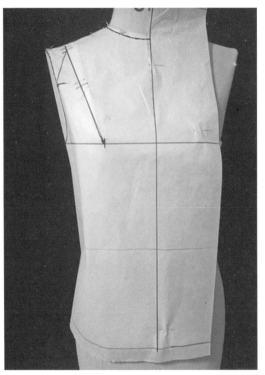

将整理好的胚纸按照之前的固定方法再次固定到人
台上，再进行局部调整，图示为正面效果图

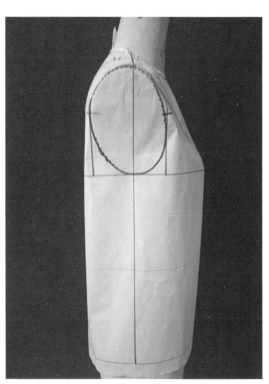

侧面效果图

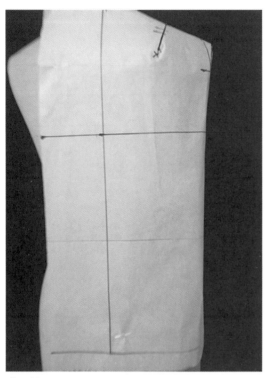

背面效果图

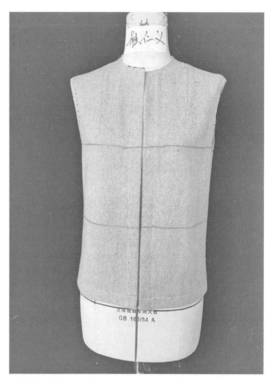

立裁坯布样正面效果图

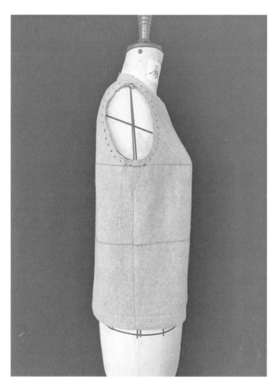

立裁坯布样侧面效果图

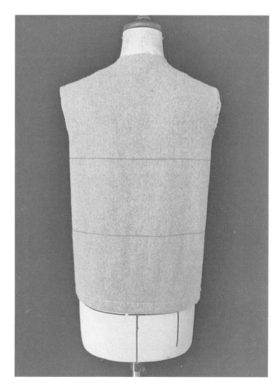

立裁坯布样背面效果图

四、立体转平面

建智人台 160/84A 松量加放参考数据　　　（单位：cm）

部位	肩斜度	胸围	肩宽	前胸宽	后背宽	胸量	腰节长	立体袖窿宽	臀围
尺寸	19°	95(84+11)	37～38	16	17.5	14°	40.5	12	95(90+5)

注：① 此原型横开领在人台的基础上加大 1cm，制作立领和翻领等不需要再加大横开领。
　　② 将宽松原型中所有的腰省、胸省合并，就得到紧身原型（胸围 84 cm、腰围 66 cm、臀围 90 cm）。

cb=fh, ce=fg; eb=gh, e'b'=g'h'

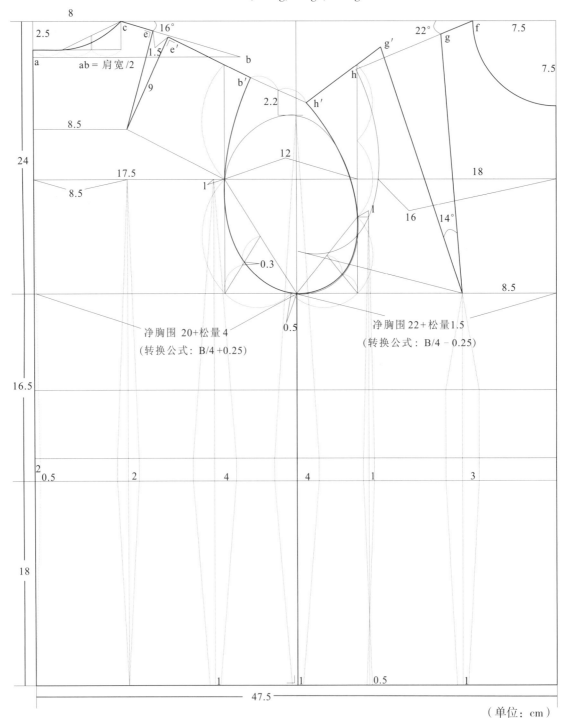

净胸围 20+松量 4
（转换公式：B/4 +0.25）

净胸围 22+松量1.5
（转换公式：B/4 - 0.25）

（单位：cm）

第三节 袖子原型立体转平面、袖子平衡与松量加放原理

一、立体袖山高的确定

根据人台测出袖山高，计算出立体袖窿深。

根据勾股定理 $(a^2+b^2=c^2)$ 可得：a(立体袖山高) $\approx$ 14.2 cm

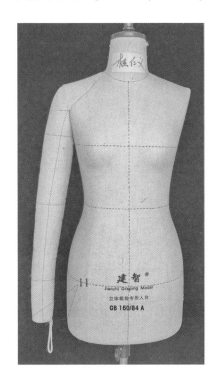

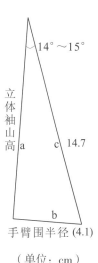

立体袖山高

$14°\sim15°$

a c 14.7

b

手臂围半径 (4.1)

（单位：cm）

二、袖肥松量的确定

标注胚纸参考线

部位	袖肥	袖长
尺寸 (cm)	33	58

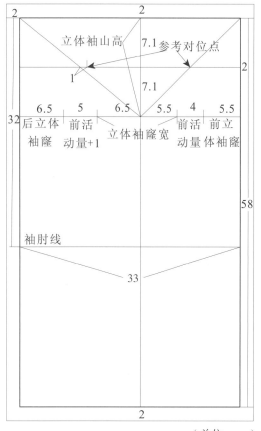

（单位：cm）

三、立体制作

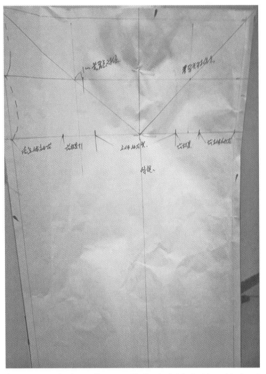

将胚纸固定在人台上，首先对准袖底缝，从上到下用横插针固定，注意保证水平垂直

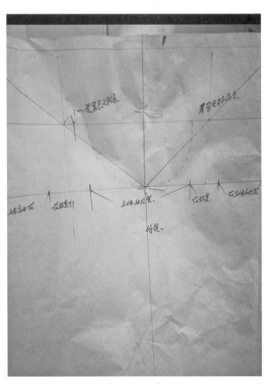

用记号笔沿人台袖窿圈标记出袖窿

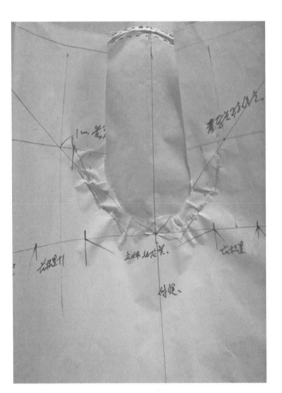

将离袖窿圈2cm以外的多余胚纸剪去，以便将胚纸固定在人台上。以前后参考点作为参考，用斜插针将胚纸固定，袖窿圈上会产生多余松量并标记，取下来，画出参考袖子弧线

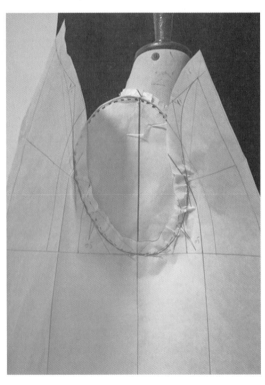

袖底缝与大身侧缝对齐，袖肥线与袖窿线对齐，沿着前后各固定一针并给予一丝吃势，一直固定到袖山高的1/2处，不要扎在人台上，保持袖底缝垂直，袖口会慢慢翘起一个抬手量

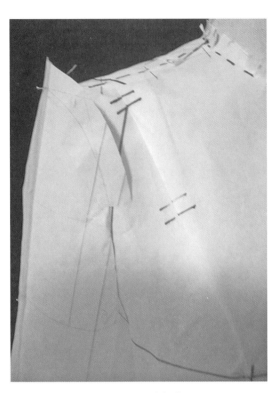

将前袖胚纸在袖山高的 1/2 处打剪口，如图所示沿着袖窿圈线翻过来

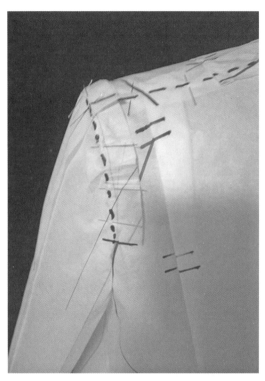

沿着大身袖窿圈固定 3 针，每针距离内给予 0.2cm 左右的吃势，按大身袖窿圈画出袖山弧线并标注出对位点

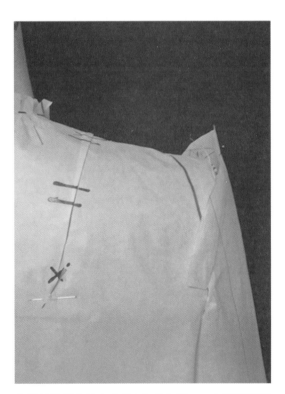

将后袖胚纸在袖山高的 1/2 处打剪口，如图所示翻过来

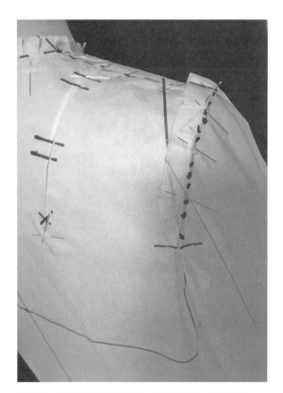

沿着大身袖窿圈固定 3 针，每针距离内给予 0.3cm 左右的吃势，按大身袖窿圈画出袖山弧线并标注出对位点

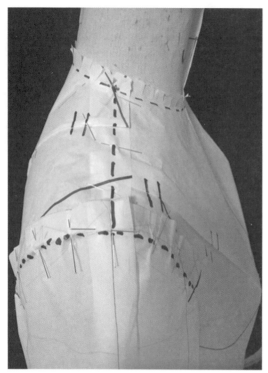

袖子胚纸固定好的效果图

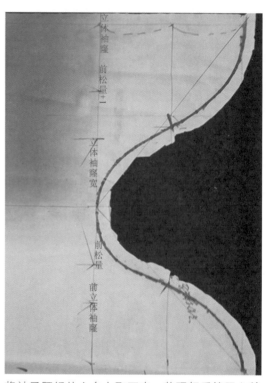

将袖子胚纸从人台上取下来，整理好后按照之前
的固定方法再次固定在人台上

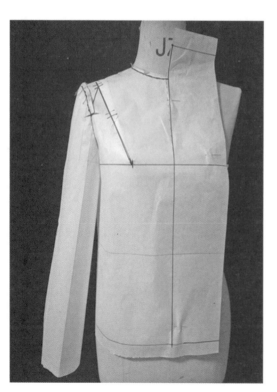

正面效果图

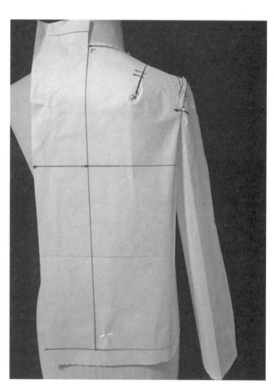

背面效果图

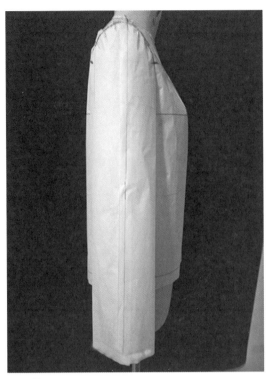

侧面效果图

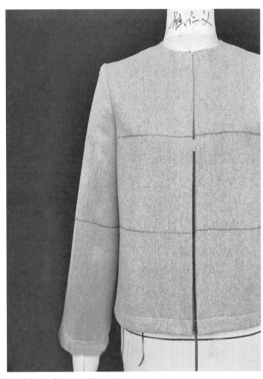

立裁坯布样正面效果图

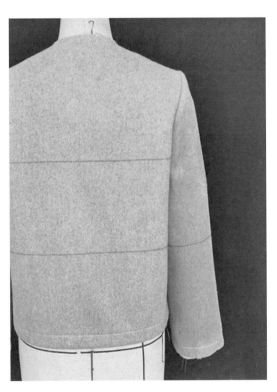

立裁坯布样正面效果图

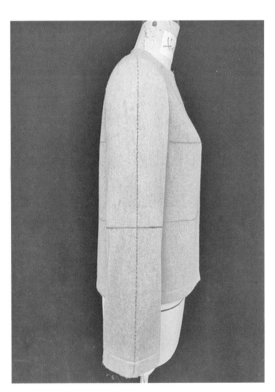

立裁坯布样侧面效果图

四、立体转平面

1. 标准袖山高与袖肥的确定

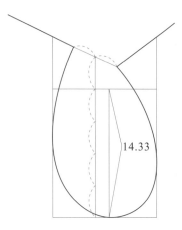

方法一：前后袖窿均深 ×0.8=14.33cm

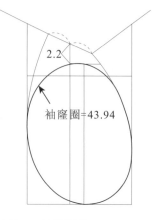

方法二：袖窿圈的 1/3=14.65cm

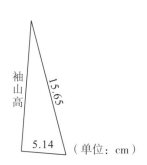

方法三：立体袖窿深 =15.65cm

　　　　26(手臂围)/3.14=8.28cm

　　　　8.28/2=4.14cm

　　　　4.14+1=5.14cm

勾股定理：$15.65^2-5.14^2=14.78$cm

　　　　袖山高 =14.78cm

2. 袖山斜线长与吃势的确定

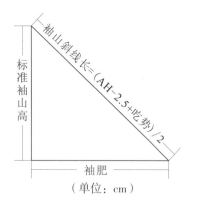

3. 袖子与袖窿对位点的确定

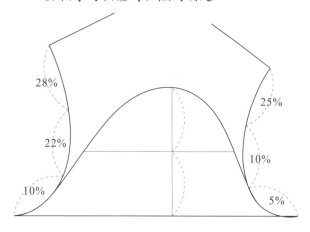

六刀眼分配法

弧长 ac 占剩余吃势的60%
弧线 bc 占剩余吃势的40%

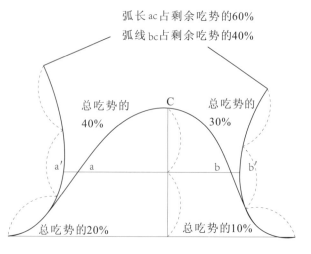

四刀眼分配法

4. 直筒直袖

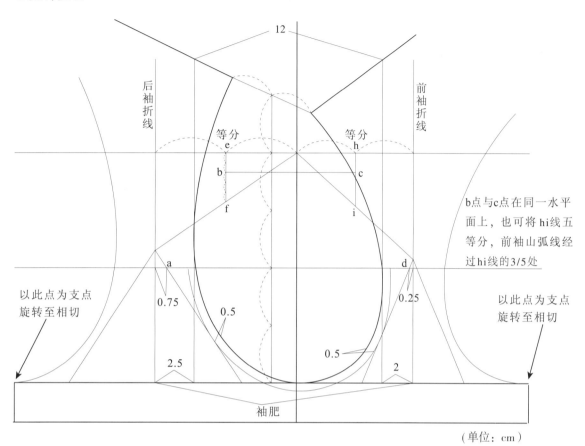

后袖折线 前袖折线

12

等分 等分

e h

b c

f i

b点与c点在同一水平面上，也可将hi线五等分，前袖山弧线经过hi线的3/5处

a d

以此点为支点旋转至相切

0.75 0.25

0.5

0.5

2.5 2

以此点为支点旋转至相切

袖肥

（单位：cm）

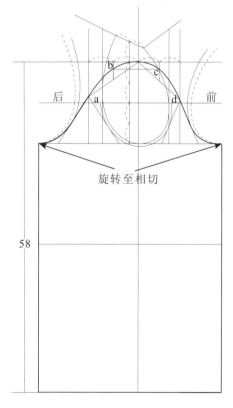

后 前

a d

b c

旋转至相切

58

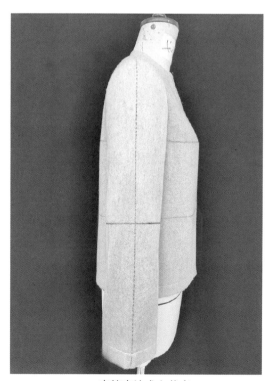

直筒直袖成衣状态

注：袖山弧线形状不是固定的，可根据实际情况进行微调，一般通过调整a、b、c和d等点的位置来完成。当a点和d点向内微调且b点和c点向上微调时，袖山弧线形状则显得饱满，反之则显瘦。

五、袖子结构变化

1. 袖子直甩

袖子前甩处理方法1：

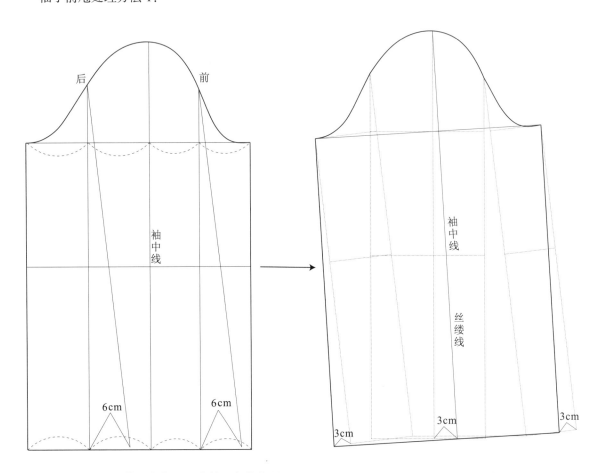

前袖口展开6cm且后袖口合并6cm，作袖口朝前处理　　　　前袖口展开，后袖口合并后画顺袖口

袖子前甩处理方法2：

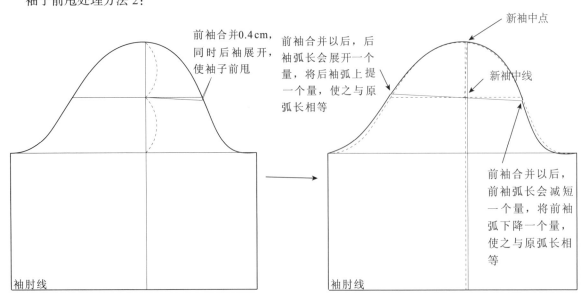

※ 直筒袖前甩平面制图

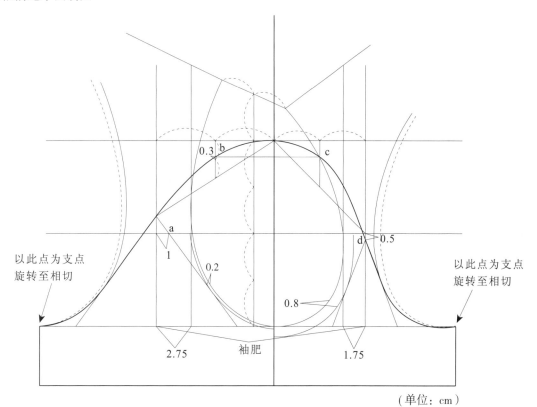

0.3 b c

a

d 0.5

以此点为支点
旋转至相切

1

0.2

以此点为支点
旋转至相切

0.8

2.75 袖肥 1.75

（单位：cm）

注：袖山弧线形状不是固定的，可根据实际情况进行微调，
一般通过调整 a、b、c 和 d 等点的位置来完成。当 a
点向内微调且 b 点、c 点和 d 点向上微调时，袖山弧
线形状显得饱满，反之则显瘦。

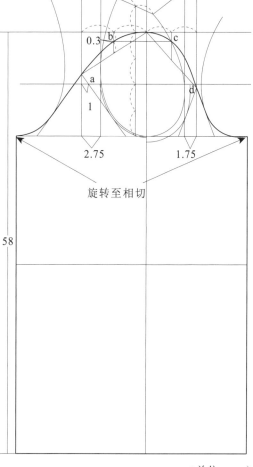

0.3 b c

a

d

1

2.75 1.75

旋转至相切

58

（单位：cm）

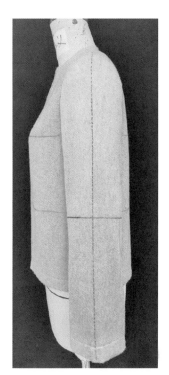

直筒直袖

直筒袖直甩成衣状态

2. 锥形袖

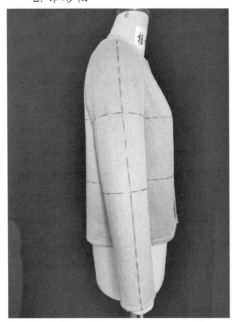

一片前甩锥形袖成衣状态

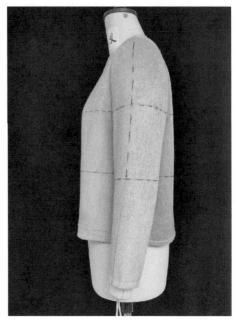

一片弯式锥形袖成衣状态

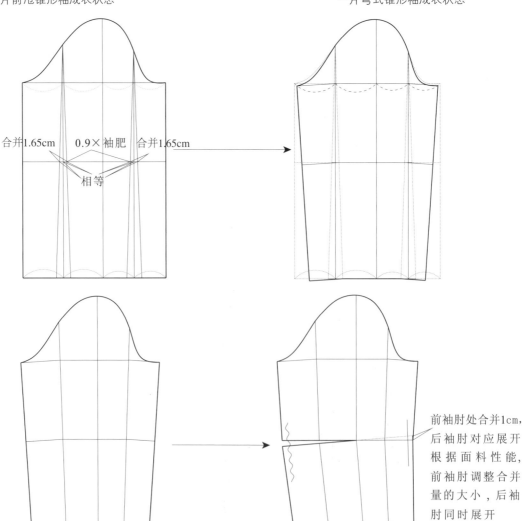

合并1.65cm　0.9×袖肥　合并1.65cm

相等

前袖肘处合并1cm，
后袖肘对应展开
根据面料性能，
前袖肘调整合并
量的大小，后袖
肘同时展开

一片前甩锥形袖

一片弯式锥形袖

※ 一片前甩锥形袖平面制图

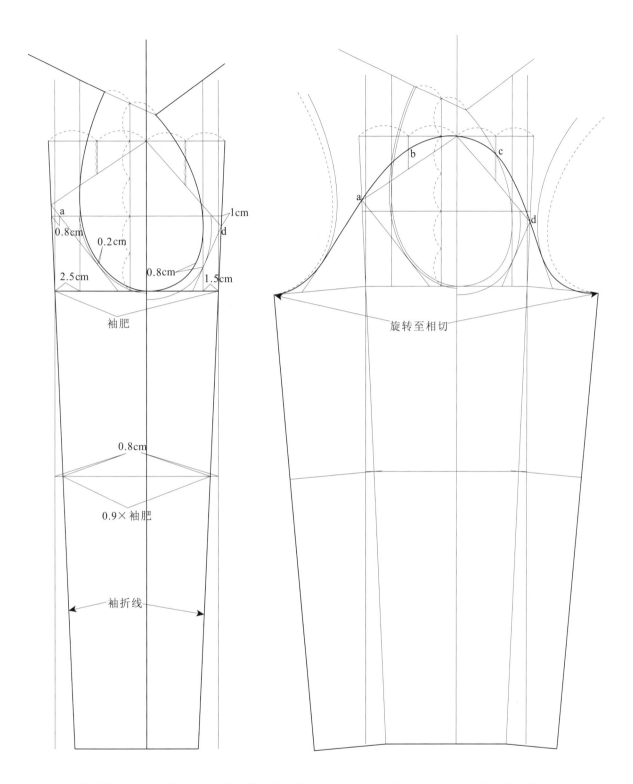

注：袖山弧线形状不是固定的，可根据实际情况进行微调，一般通过调整 a、b、c 和 d 等点的位置来完成。当 a 点
　　向内微调且 b 点、c 点和 d 点向上微调时，袖山弧线形状显得饱满，反之则显瘦。

3. 西装袖

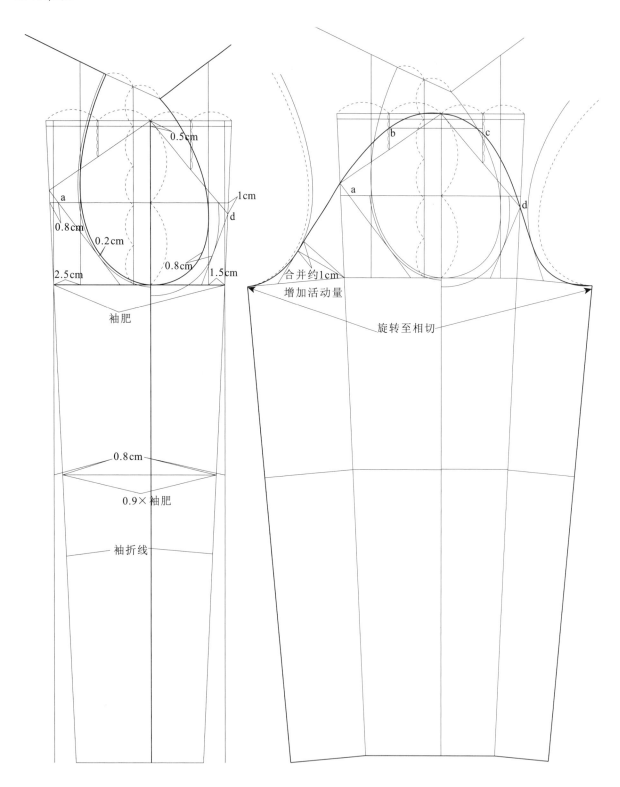

注：袖山弧线形状不是固定的，可根据实际情况进行微调，一般通过调整 a、b、c 和 d 等点的位置来完成。当 a 点
向内微调且 b 点、c 点和 d 点向上微调时，袖山弧线形状显得饱满，反之则显瘦。

※ 西装袖剪贴法

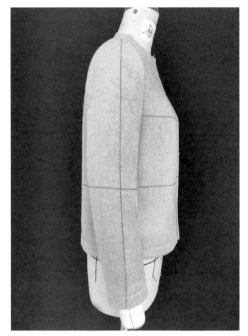

西装弯式袖成衣状态

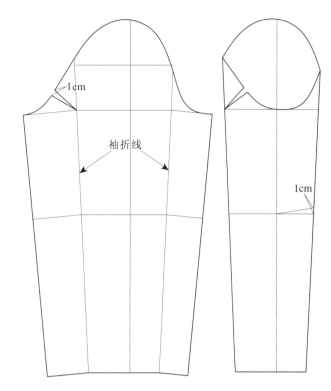

1cm

袖折线

1cm

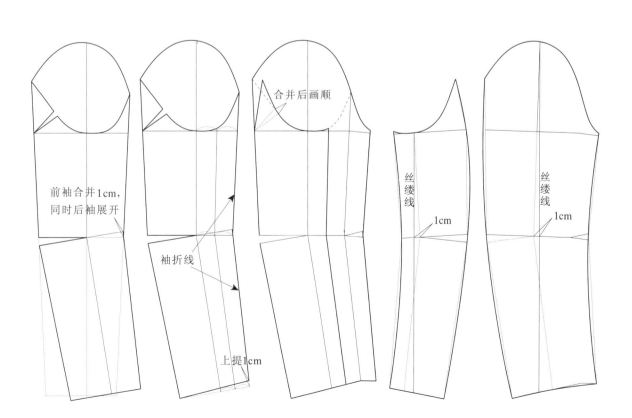

前袖合并1cm，
同时后袖展开

袖折线

上提1cm

合并后画顺

丝缕线

1cm

丝缕线

1cm

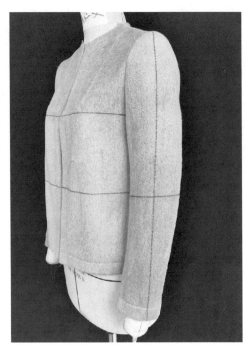

西装扣式袖成衣状态

扣式袖袖型变化:

前胸宽减小约0.5cm,后背宽加大约0.5cm,前袖底弧线下降约0.3cm,后袖底弧线上提约0.3cm,侧缝前移约0.5cm,使袖窿前移,再重新配西装袖;或者在原型的基础上调整,小袖前侧缝合并一个量,使之与前大袖缝等长,即ab=cd。

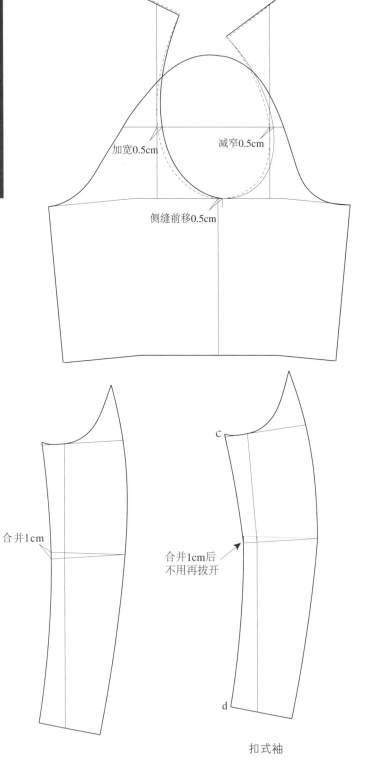

加宽0.5cm 减窄0.5cm

侧缝前移0.5cm

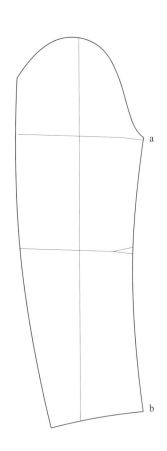

合并1cm

合并1cm后
不用再拔开

扣式袖

六、袖窿宽与胸围和肩胛省与胸省的联动关系

袖窿宽与胸围加大以后，前后片的立体面会减小，所以省量会变小。也就是说，胸围越大，省量越小。在胸围加大 4cm 且袖窿宽加大 1.5cm 的情况下，袖窿转入的省量 ≤ 0.5cm，后中不需要展开平衡量。

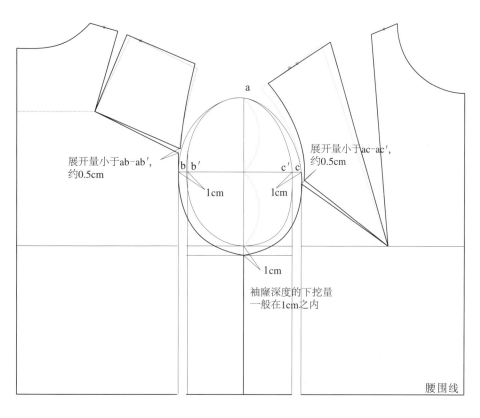

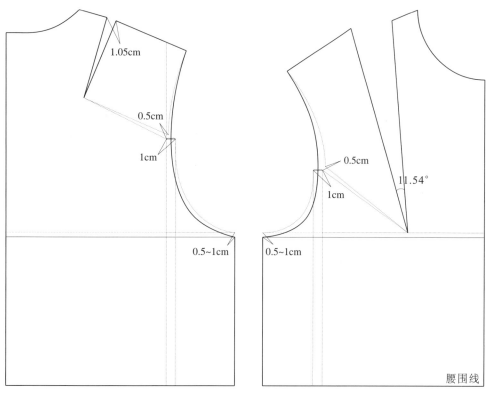

第四节 衣身与袖子的结构平衡原理

一、春夏装宽松原型半省与无省结构变化

1.春夏装半省原型变化原理

（1）总胸围不变

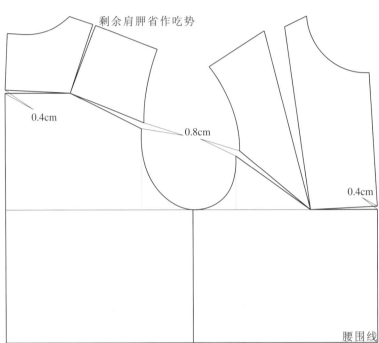

剩余肩胛省作吃势

0.4cm

0.8cm

0.4cm

腰围线

（2）后片胸围可加大

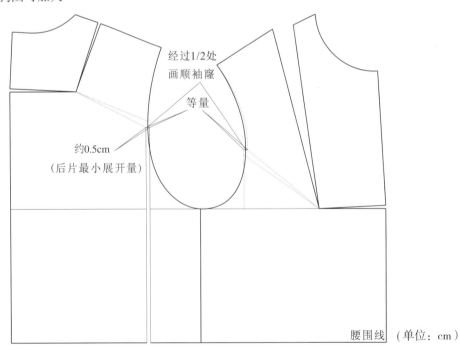

经过1/2处
画顺袖窿

等量

约0.5cm
（后片最小展开量）

腰围线　（单位：cm）

（3）前后片胸围都加大且有后中缝

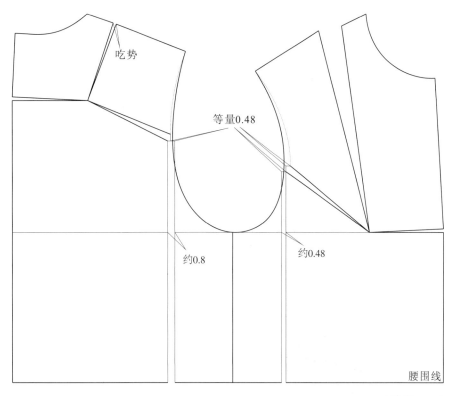

吃势

等量0.48

约0.8

约0.48

腰围线

（单位：cm）

（4）前后片胸围都加大且无后中缝

无后中缝时，后中长不变，肩缝加长，将在肩缝与领圈内分散处理。

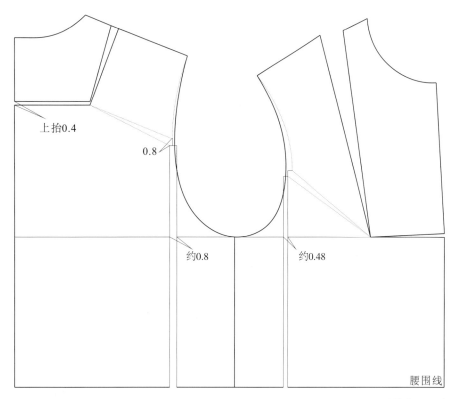

上抬0.4

0.8

约0.8

约0.48

腰围线

（单位：cm）

2.春夏装无省原型变化原理

调用春夏装半省原型

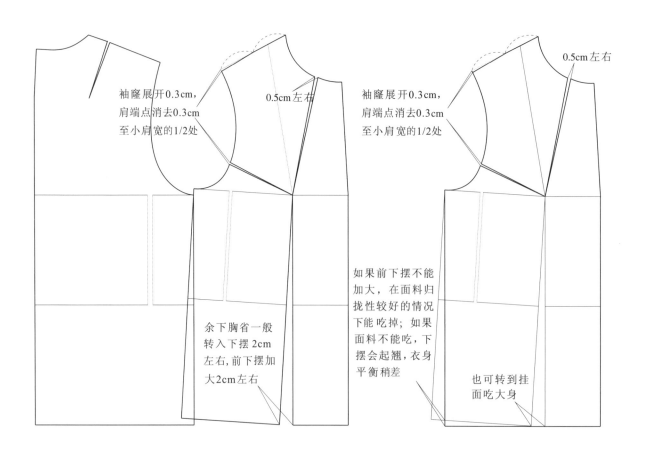

袖窿展开0.3cm，
肩端点消去0.3cm
至小肩宽的1/2处

0.5cm左右

袖窿展开0.3cm，
肩端点消去0.3cm
至小肩宽的1/2处

0.5cm左右

余下胸省一般
转入下摆2cm
左右，前下摆加
大2cm左右

如果前下摆不能
加大，在面料归
拢性较好的情况
下能吃掉；如果
面料不能吃，下
摆会起翘，衣身
平衡稍差

也可转到挂
面吃大身

3. 春夏装宽松原型转秋冬装宽松原型

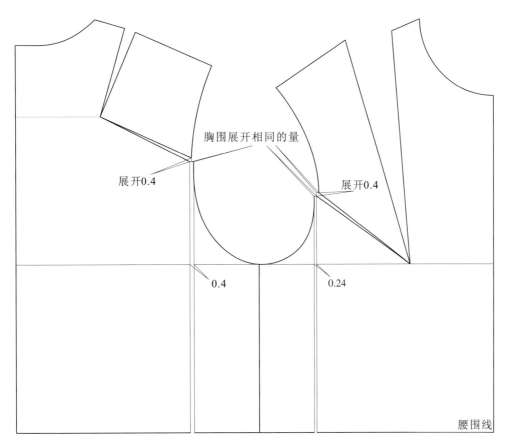

展开0.4

胸围展开相同的量

展开0.4

0.4

0.24

腰围线

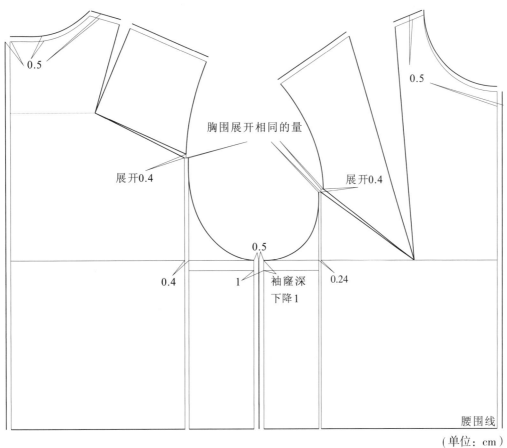

0.5

展开0.4

胸围展开相同的量

展开0.4

0.5

0.5

0.4

1

袖窿深
下降1

0.24

腰围线

（单位：cm）

二、秋冬装宽松原型结构变化

秋冬装宽松原型尺寸 （单位：cm）

部位	肩斜度	胸围	肩宽	前胸宽	后背宽	胸量	立体袖窿宽
尺寸	19°	100.3	38 ~ 39	33	36.3	12°	13.5

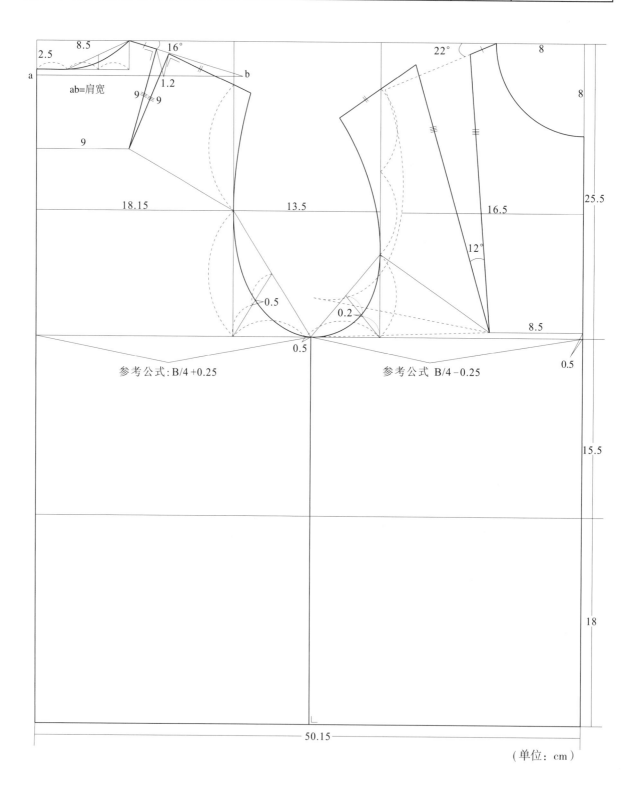

参考公式：B/4 +0.25

参考公式 B/4 -0.25

50.15

（单位：cm）

三、秋冬装宽松原型袖子结构变化

1.直袖直甩

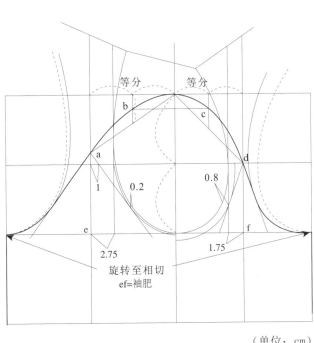

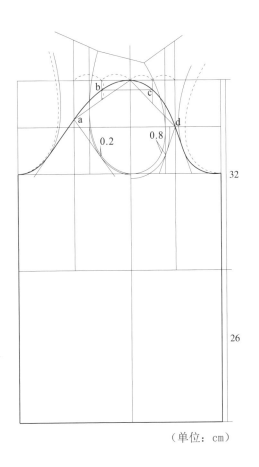

（单位：cm）

（单位：cm）

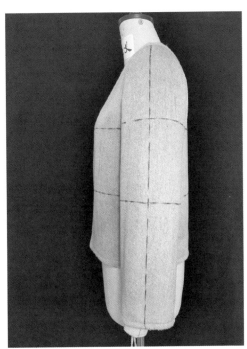

注：袖山弧线形状不是固定的，可根据实际情况进行微调，一般通过调整 a、b、c 和 d 等点的位置来完成。当 a 点向内微调且 b 点、c 点和 d 点向上微调时，袖山弧线形状则显得饱满，反之则显瘦。

2. 一片前甩锥形袖

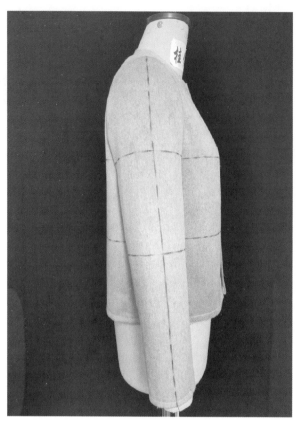

一片前甩锥形袖成衣状态

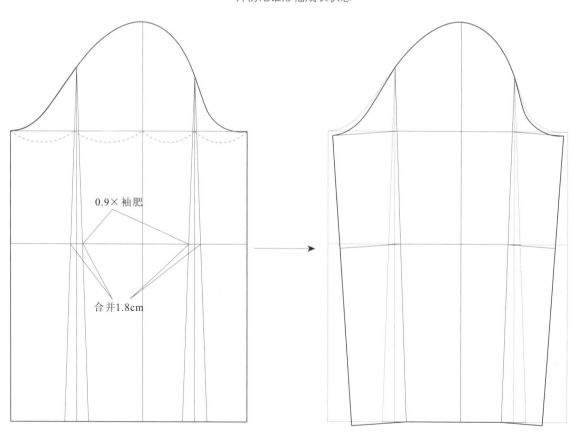

0.9×袖肥

合并1.8cm

3. 一片弯式锥形袖

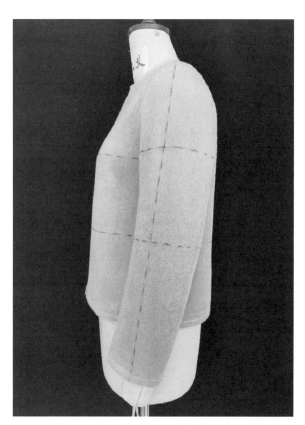

一片弯式甩锥形袖成衣状态

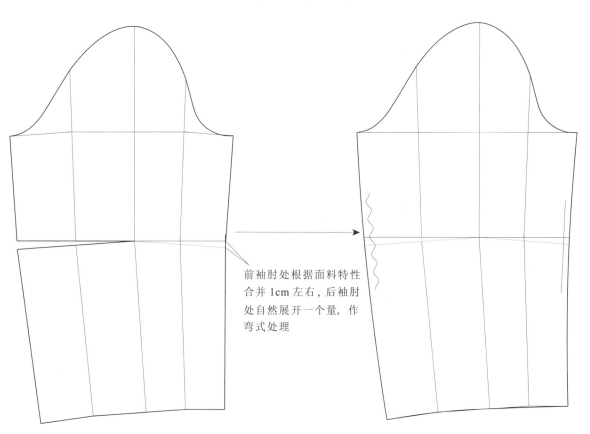

前袖肘处根据面料特性
合并1cm左右，后袖肘
处自然展开一个量，作
弯式处理

4. 西装袖

扣式袖袖型变化：

前胸宽减小约 0.5cm，后背宽加大约 0.5cm，前袖底弧线下降约 0.3cm，后袖底弧线上提约 0.3cm，侧缝前移约 0.5cm，使袖窿前移，再重新配西装袖；或者在原型的基础上调整。小袖前侧缝合并一个量，使之与前大袖缝等长，即 ab=cd。

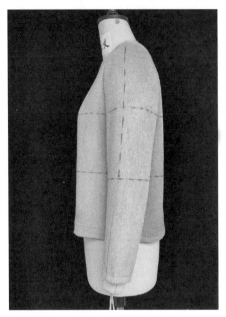

西装弯式袖

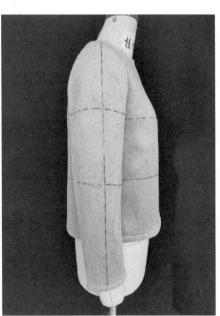

西装扣式袖

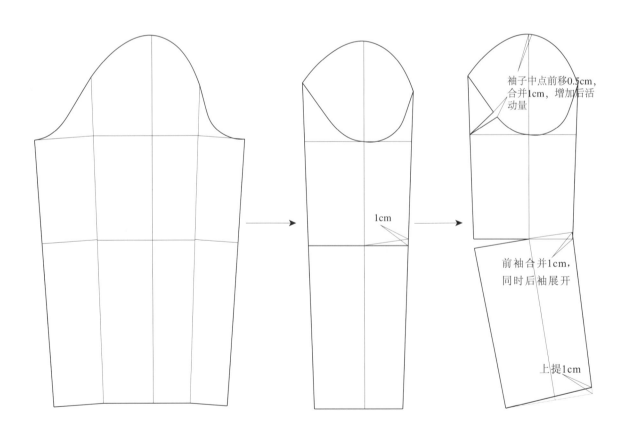

袖子中点前移0.5cm，合并1cm，增加后活动量

1cm

前袖合并1cm，同时后袖展开

上提1cm

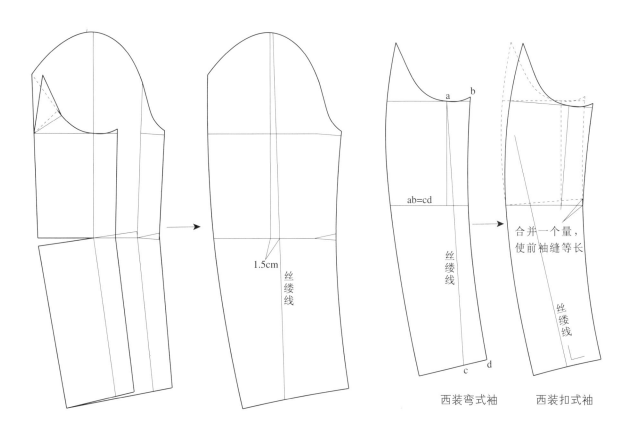

西装弯式袖   西装扣式袖

四、秋冬装宽松原型半省与无省结构变化

1. 秋冬装半省原型变化原理

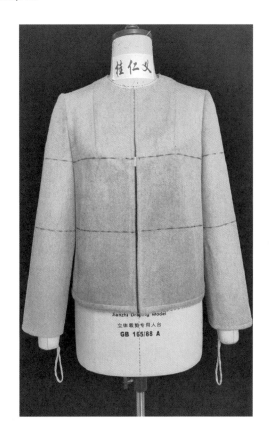

（1）总胸围不变

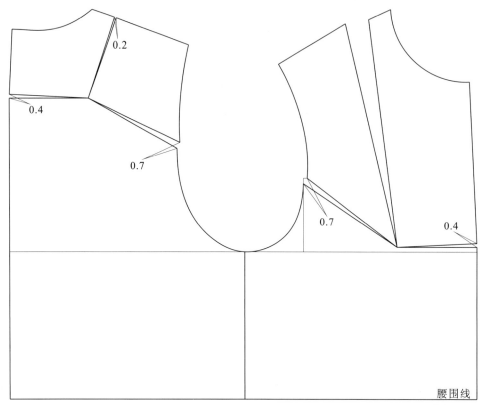

腰围线

（单位：cm）

（2）胸围不变且无后中缝

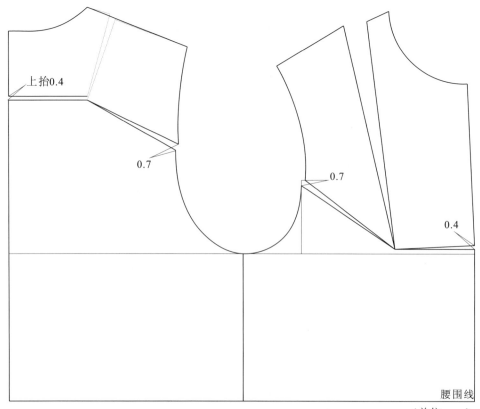

腰围线

（单位：cm）

（3）后片胸围加大

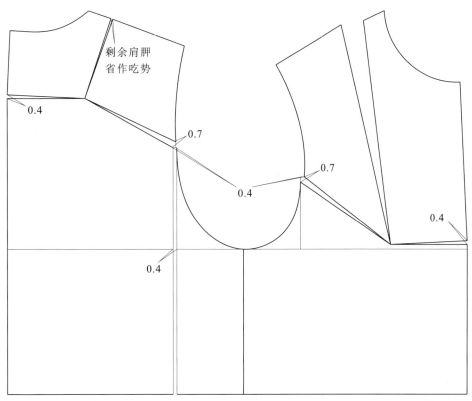

（单位：cm）

（4）前后片胸围均加大

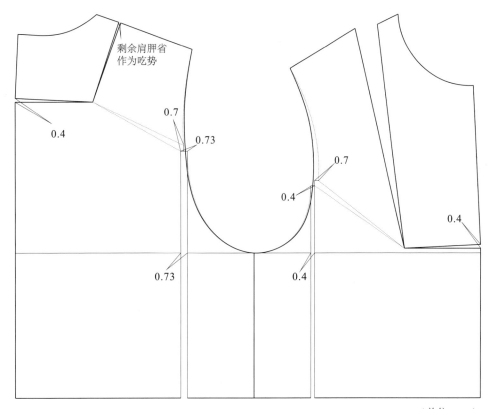

（单位：cm）

2.秋冬装无省原型变化原理

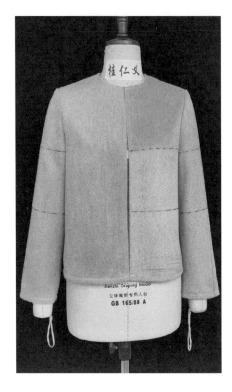

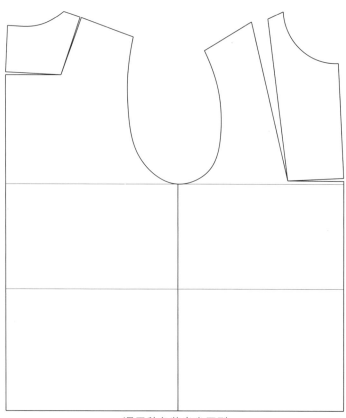

调用秋冬装半省原型

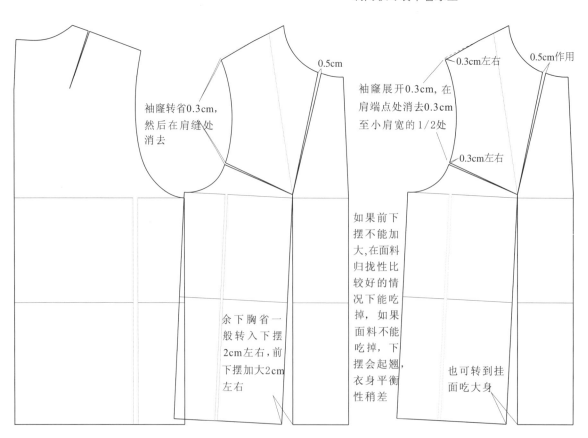

袖窿转省0.3cm，然后在肩缝处消去

0.5cm

袖窿展开0.3cm，在肩端点处消去0.3cm至小肩宽的1/2处

0.3cm左右

0.5cm作用

0.3cm左右

余下胸省一般转入下摆2cm左右，前下摆加大2cm左右

如果前下摆不能加大，在面料归拢性比较好的情况下能吃掉，如果面料不能吃掉，下摆会起翘，衣身平衡性稍差

也可转到挂面吃大身

秋冬装无省原型变化结果

第二章　宽松插肩袖衣身一次平衡与大廓型衣身二次平衡

本章要点	（1）袖子与前后衣身平衡点的原理。
	（2）插肩袖造型线的重要性，袖窿松量与面料对插肩袖的影响。
	（3）袖子窿门宽及弧度与大身窿门宽及弧度的匹配原理。
	（4）一片插肩袖、两片插肩袖、三片插肩袖、无省插肩袖和抱式插肩袖的结构应用与立体结构分析。
	（5）前袖起斜纹、袖子后甩的起因及解决方法。
	（6）宽松、大廓型插肩袖衣身与袖子的二次平衡。

第一节　春夏装宽松插肩袖结构平衡原理

一、前袖窿不放松量时衣身一次平衡

全省原型一般用于偏合体插肩西装袖。从第一章调用春夏装宽松原型及袖子。

1. 原型胸围不变

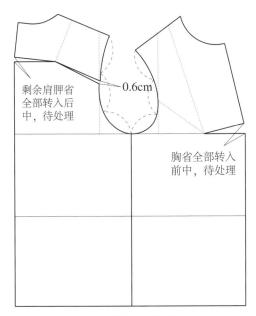

剩余肩胛省全部转入后中，待处理

0.6cm

胸省全部转入前中，待处理

春夏装宽松原型

2. 原型后胸围可加大

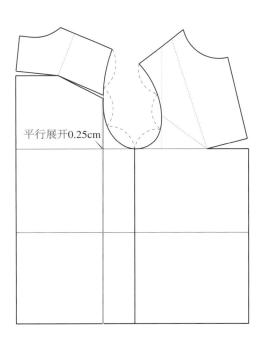

平行展开0.25cm

二、 前袖窿放松量时衣身一次平衡

半省原型。

1. 原型胸围不变

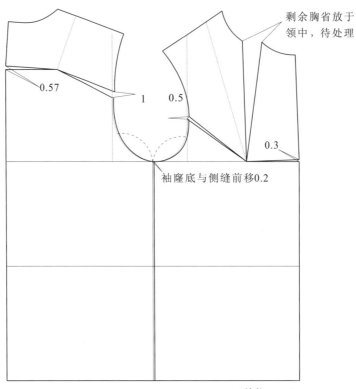

剩余胸省放于
领中，待处理

0.57   1   0.5

0.3

袖窿底与侧缝前移0.2

（单位：cm）

2. 原型胸围可加大

对于宽松插肩袖，前袖窿一般放 0.5cm 左右的松量。

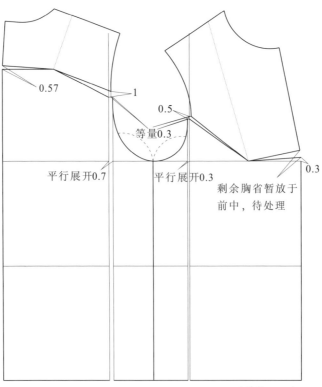

0.57   1

0.5

等量0.3

0.3

平行展开0.7   平行展开0.3

剩余胸省暂放于
前中，待处理

（单位：cm）

三、 无省宽松原型衣身一次平衡

1. 原型胸围不变

成衣前后袖窿胸背宽处松量多，胸围处松量少，也就是松量不均衡。

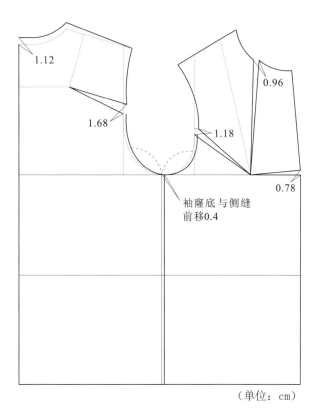

袖窿底与侧缝
前移0.4

（单位：cm）

2. 原型胸围可加大

成衣前后袖窿和胸围处同时出现均衡松量。

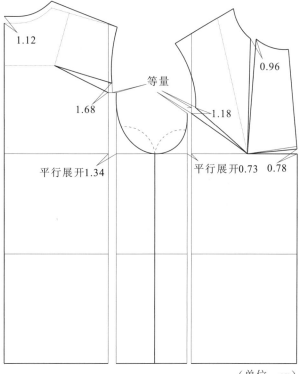

（单位：cm）

四、 袖窿宽与袖子窿门宽的联动关系

（1）插肩袖的袖窿深控制在大于 1/4 胸围左右。

（2）大身窿门宽要≤袖子窿门宽，否则袖子造型易扁，会有拉扯起扭的现象。

（3）前后袖窿底弧线要缓和一些，不能因造型显瘦而下降过多，否则会造成袖子向下拉扯的斜扭现象。

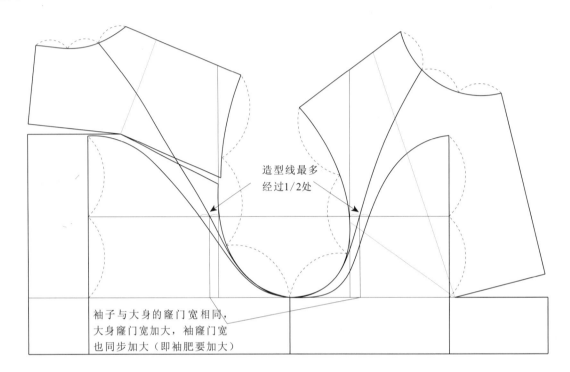

造型线最多
经过1/2处

袖子与大身的窿门宽相同，
大身窿门宽加大，袖窿门宽
也同步加大（即袖肥要加大）

五、 袖子与大身对位点的确定

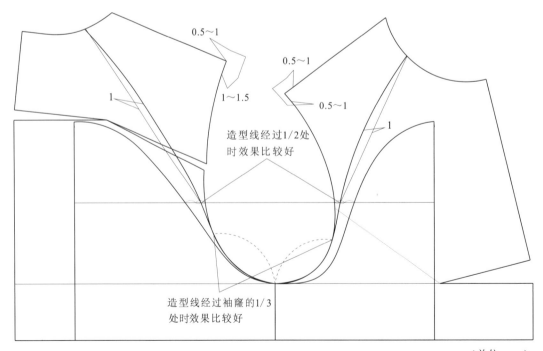

0.5~1

0.5~1

1~1.5

0.5~1

1

1

造型线经过1/2处
时效果比较好

造型线经过袖窿的1/3
处时效果比较好

（单位：cm）

六、一片插肩袖

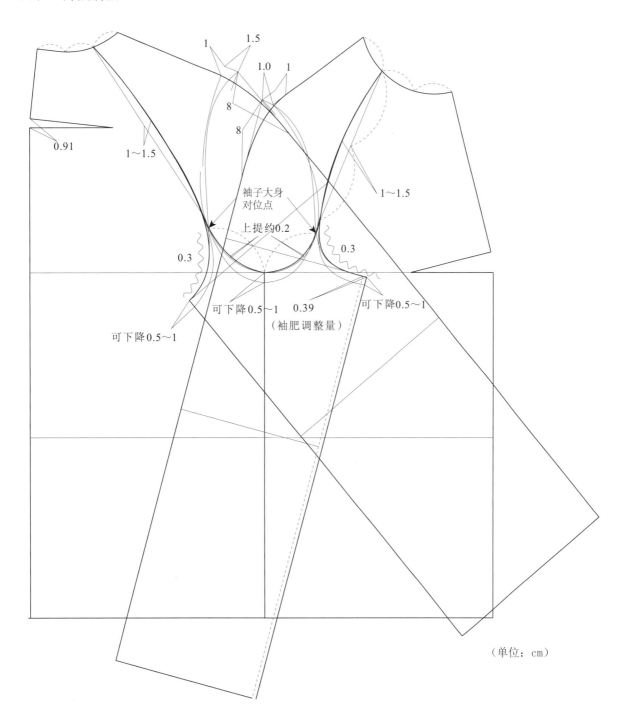

（单位：cm）

注：（1）如果以肩端点先进行对位，在前后弧长不吻合的情况下，调整袖肥大小，袖子前后各有约 0.3cm 的吃势。
　　（2）从袖山顶点向下约 8cm 处，将前后片与前后袖的对位处画顺。
　　（3）袖窿深与袖山高可下降 0.5~1cm，不需要调整活动量。

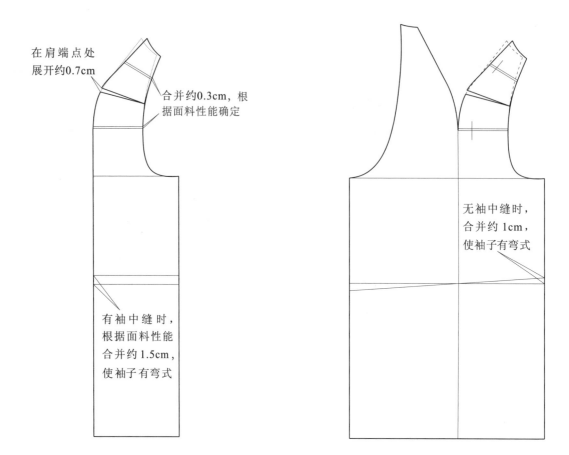

在肩端点处
展开约0.7cm

合并约0.3cm，根
据面料性能确定

无袖中缝时，
合并约 1cm，
使袖子有弯式

有袖中缝时，
根据面料性能
合并约1.5cm，
使袖子有弯式

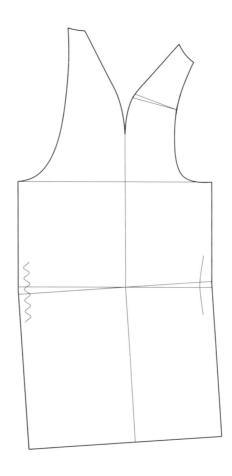

七、 插肩西装袖

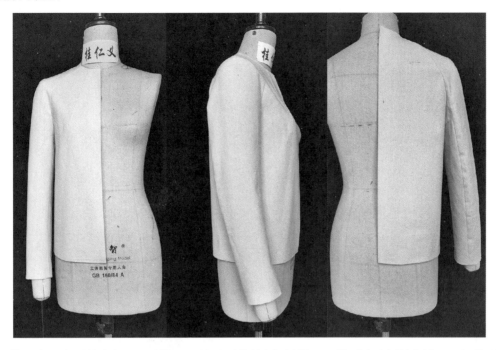

　　调用第一章的春夏装宽松原型（第 10 页）及西装袖原型（第 23 页），原型肩胛省转入一部分到袖窿内，使后者展开 0.6cm，并将宽松原型和西装袖原型按插肩袖方法拼合、对位。

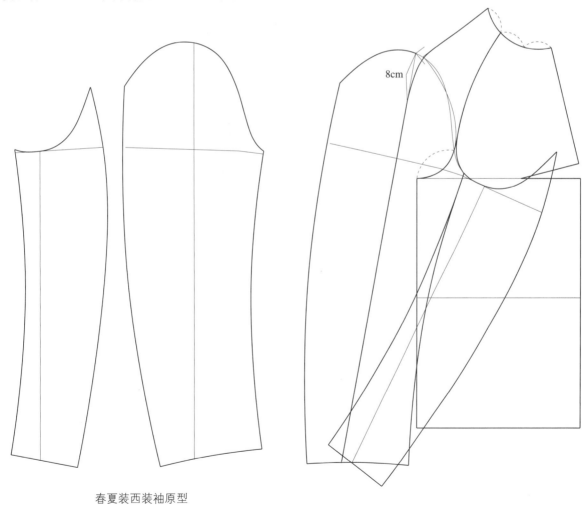

8cm

春夏装西装袖原型

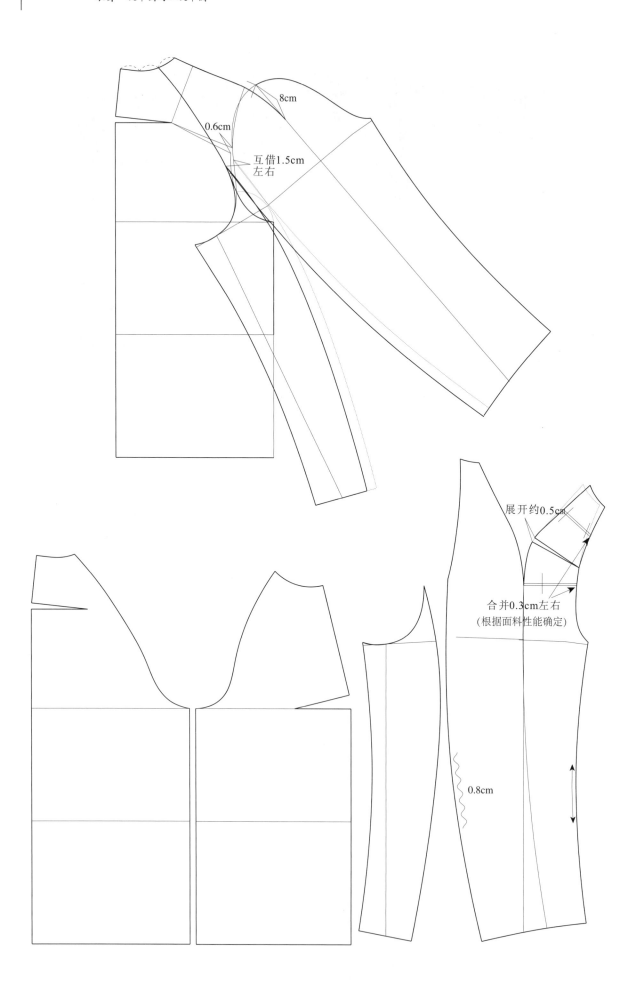

8cm

0.6cm

互借1.5cm
左右

展开约0.5cm

合并0.3cm左右
（根据面料性能确定）

0.8cm

第二节 秋冬装宽松插肩袖结构平衡原理

　　对于正常廓型插肩袖大衣，前袖窿纵向松量不宜过多，前胸围处松量也不宜过多，一般控制在 3cm 左右，即 160/84A 前胸围为 26cm ［22cm（净胸围）+1cm（内衣量）+3cm（松量）］。休闲类松量一般是前占 2/5，后占 3/5；或者前占 1/3，后占 2/3。廓型松量从后背宽向后中 3cm 左右放出来会显瘦，从肩端点处放出来会显胖，要处理衣身二次平衡，否则会出现前吊后吊或者两侧贴大腿的现象。要注意插肩袖造型线对袖型、袖肥、袖窿宽、袖子窿门宽和活动量的影响及其联动关系。大身袖窿造型线与袖子袖窿造型线不匹配会使袖子产生斜扭、拉扯现象。

　　调用第一章的秋冬装宽松原型及一片袖原型，能够处理部分胸省的款式，将原型胸省转为半省结构，不能处理胸省的款式，转为无省结构，具体根据面料性能、造型和工艺结合处理。

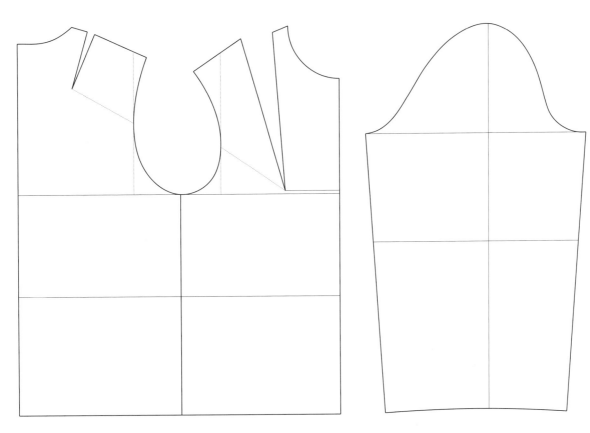

秋冬装宽松原型　　　　　　　　　　　　　　　　秋冬装宽松原型袖子

（单位：cm）

一、全省宽松原型衣身一次平衡

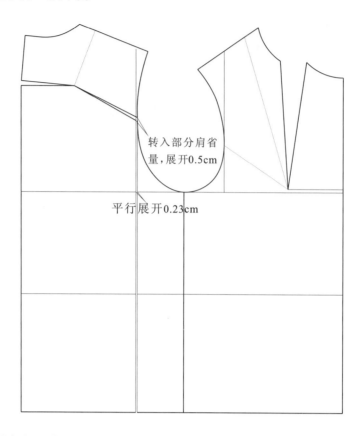

转入部分肩省
量，展开0.5cm

平行展开0.23cm

二、半省宽松原型衣身一次平衡

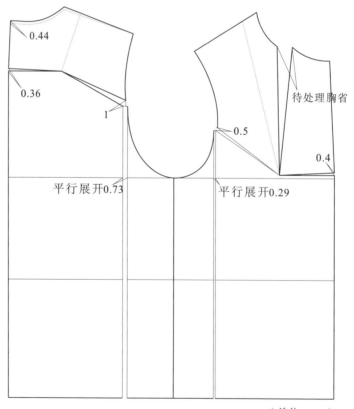

0.44

0.36

1

待处理胸省

0.5

0.4

平行展开0.73

平行展开0.29

（单位：cm）

三、无省宽松原型衣身一次平衡

1. 无后中缝

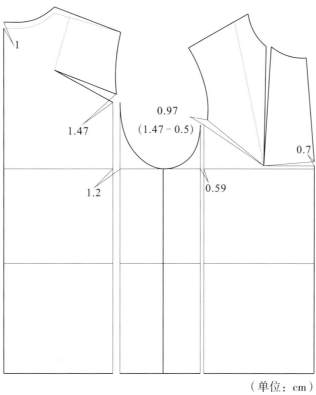

（单位：cm）

2. 有后中缝

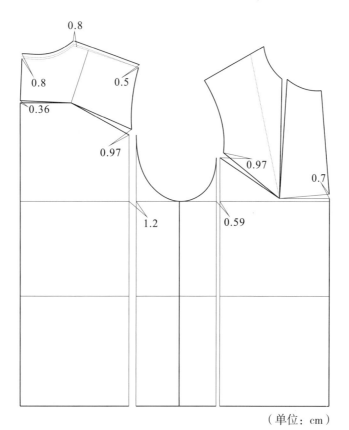

（单位：cm）

四、袖子与大身对位点的确定

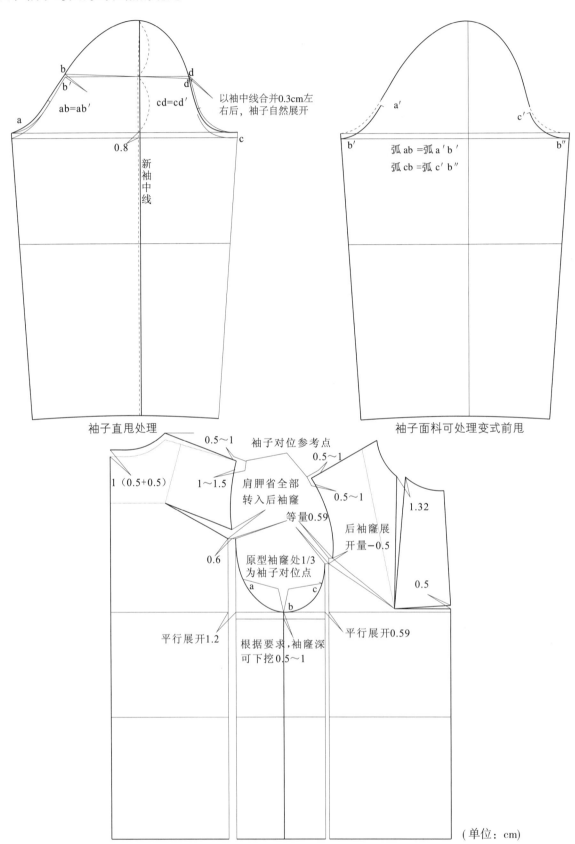

以袖中线合并0.3cm左右后，袖子自然展开

ab=ab′

cd=cd′

0.8

新袖中线

袖子直甩处理

弧 ab =弧 a′b′
弧 cb =弧 c′b″

袖子面料可处理变式前甩

0.5~1

袖子对位参考点

0.5~1

1（0.5+0.5）

1~1.5

肩胛省全部
转入后袖窿

0.5~1

1.32

等量0.59

后袖窿展
开量−0.5

0.6

原型袖窿处1/3
为袖子对位点

0.5

平行展开1.2

根据要求，袖窿深
可下挖0.5~1

平行展开0.59

（单位：cm）

注：（1）偏合体插肩袖袖底加0.6cm左右的吃势，袖子造型会圆一些，宽松廓型和休闲类袖底不能有吃势。
　　（2）对于面料不能做弯式处理的，将前袖底缝合并0.3cm左右后展开，袖会前甩，斜扭会减少，对位点同后面。
　　（3）将胸省尽量分散处理，剩余胸省量根据具体款式和面料再处理。

五、秋冬装宽松插肩袖

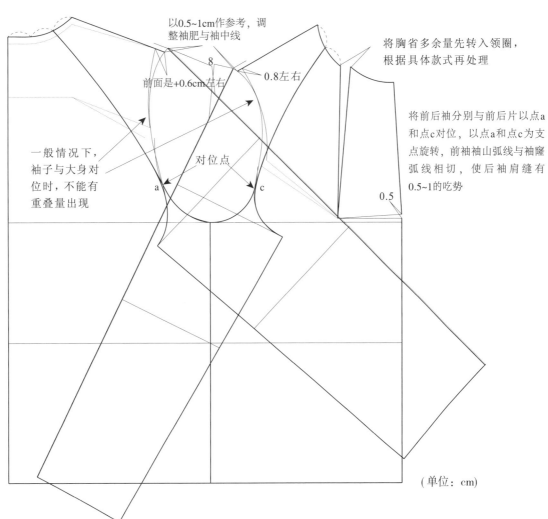

以0.5~1cm作参考，调整袖肥与袖中线

8

0.8左右

前面是+0.6cm左右

将胸省多余量先转入领圈，根据具体款式再处理

一般情况下，袖子与大身对位时，不能有重叠量出现

对位点

将前后袖分别与前后片以点a和点c对位，以点a和点c为支点旋转，前袖袖山弧线与袖窿弧线相切，使后袖肩缝有0.5~1的吃势

a

c

0.5

（单位：cm）

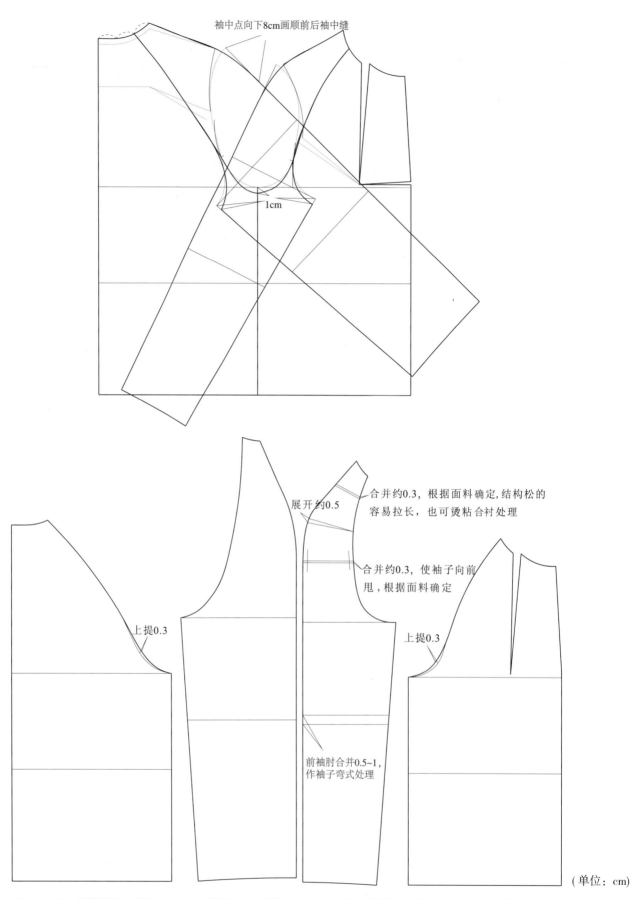

袖中点向下8cm画顺前后袖中缝

1cm

合并约0.3，根据面料确定，结构松的
容易拉长，也可烫粘合衬处理

展开约0.5

合并约0.3，使袖子向前
甩，根据面料确定

上提0.3

上提0.3

前袖肘合并0.5~1，
作袖子弯式处理

（单位：cm）

注：（1）一般情况下，袖窿与袖山在原型基础上下挖0.5~1cm，不需要调整活动量。在工作中，前后造型线调整到
　　　　与袖中线平行最好，直丝缕线上不能拉开。
　　（2）休闲类袖肘一般合并0.5cm左右。

六、大廓型衣身二次平衡

制版要求大廓型大衣胸围为 130cm，袖窿深约为 32.5cm(一般袖窿深的参考值为 B/4，但并不固定，要看里面搭配衣服袖子造型，视具体款式适当调整)，而秋冬装宽松原型的胸围约为 104cm，需要展开的胸围量为 26cm，则后片需展开 14cm，前片需展开 12cm(前后片胸围展开量根据具体款式要求进行分配，一般采用前占 2/5、后占 3/5 或前占 1/3、后占 2/3。

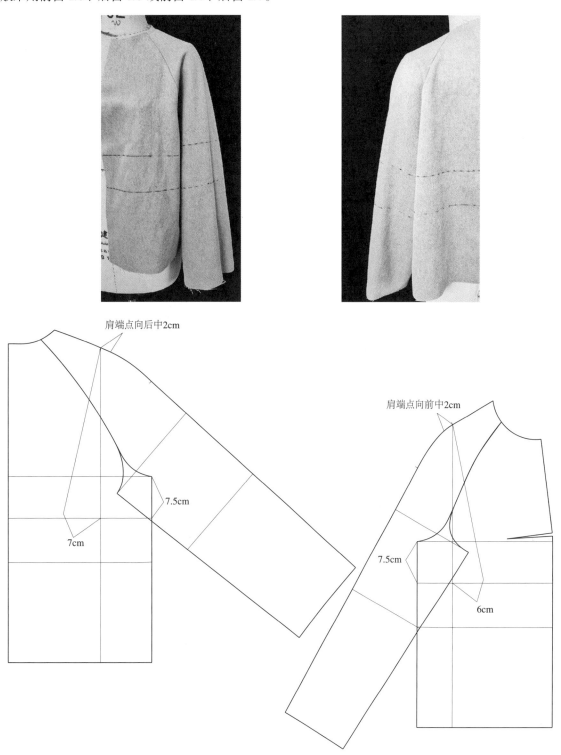

注：胸围展开量的起始位置一般是肩端点向前后中 2cm 左右，可使大廓型显瘦一点，但是展开起始位置并不固定，可以视具体款式造型确定。也可以在肩端点处展开，这样后面造型面宽而显胖。展开点缝制时，要想展开量在展开点出来，需要打剪口。如果展开三角处画顺，展开量会向袖窿移动。

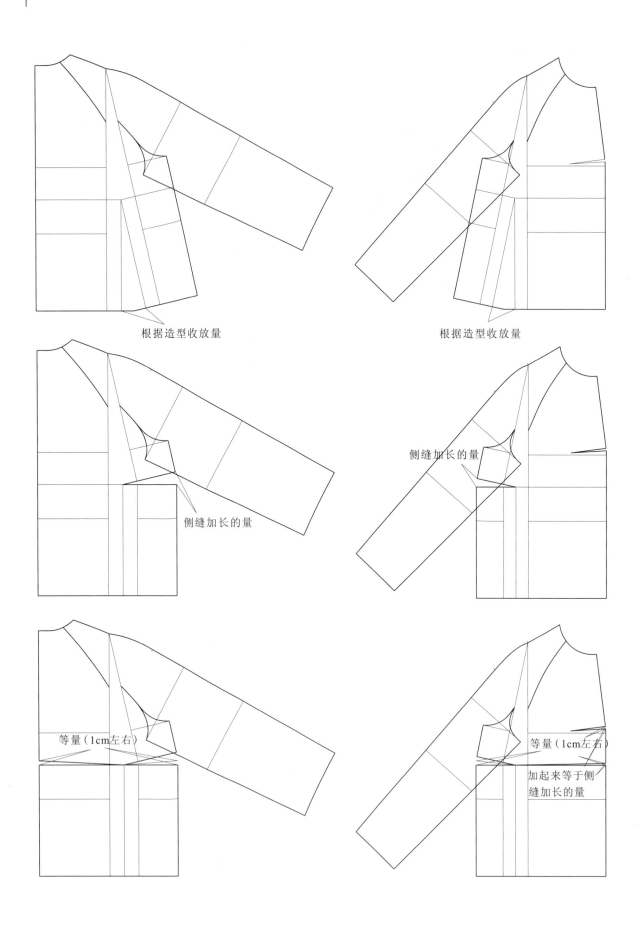

根据造型收放量

根据造型收放量

侧缝加长的量

侧缝加长的量

等量（1cm左右）

等量（1cm左右）

加起来等于侧
缝加长的量

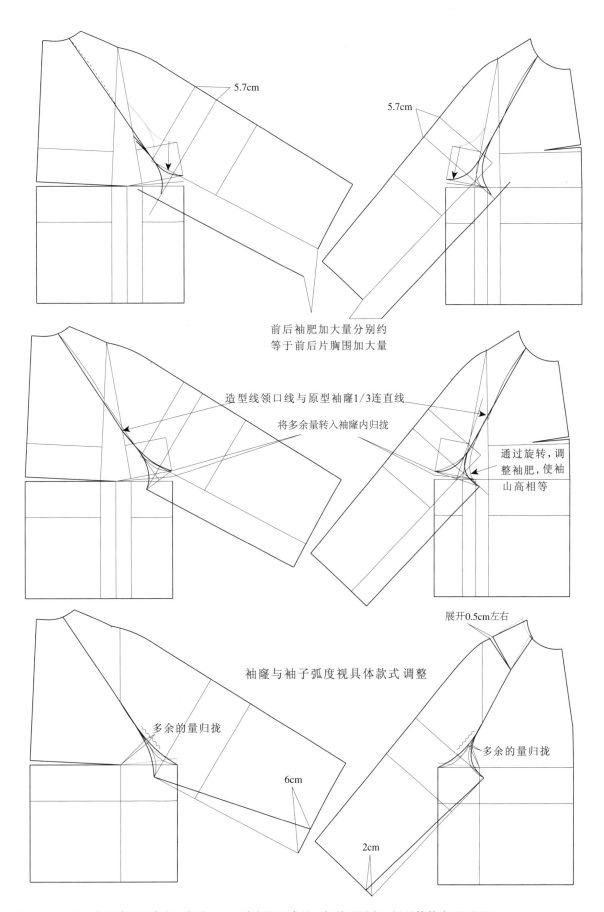

5.7cm

5.7cm

前后袖肥加大量分别约
等于前后片胸围加大量

造型线领口线与原型袖窿1/3连直线

将多余量转入袖窿内归拢

通过旋转，调
整袖肥，使袖
山高相等

展开0.5cm左右

袖窿与袖子弧度视具体款式调整

多余的量归拢

多余的量归拢

6cm

2cm

注：（1）袖山高下降量的参考一般为0.8×袖窿深下降量，但并不固定，视具体款式可以调整。
（2）将原袖窿平移到新袖窿上，再根据原袖窿弧线画出新的插肩袖弧线。

第三节　大廓型插肩袖造型结构变化

一、袖窿下降，肩部造型和胸围不变

　　胸围不变，袖窿下降，一般用于休闲类大廓型风衣，袖子会呈蝙蝠状态，袖窿底有多余量，袖窿下降量通过袖肥加大抬手量，袖底放量适当提高。

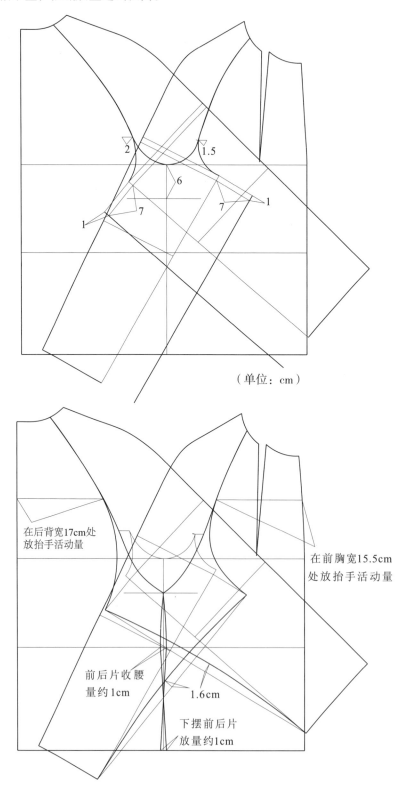

（单位：cm）

二、袖窿下降，袖肥不变

袖窿下降且袖肥不变时，要通过加大胸围来保证抬手量，也就是合体袖子、大廓型大身。活动量加放以后片为准（即：袖窿下降量＋袖山下降量≈后胸围加大量），前片活动量可以稍微少一些。

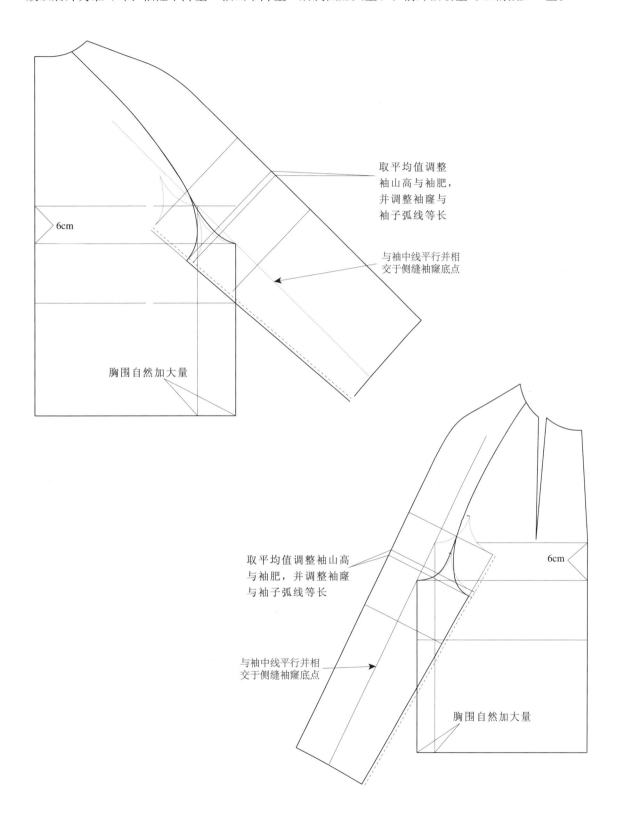

取平均值调整
袖山高与袖肥，
并调整袖窿与
袖子弧线等长

与袖中线平行并相
交于侧缝袖窿底点

6cm

胸围自然加大量

取平均值调整袖山高
与袖肥，并调整袖窿
与袖子弧线等长

与袖中线平行并相
交于侧缝袖窿底点

6cm

胸围自然加大量

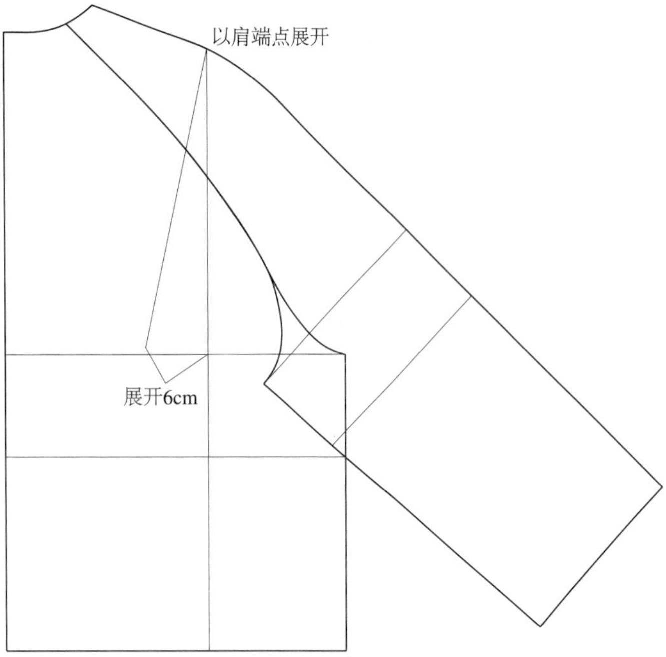

以肩端点展开

展开6cm

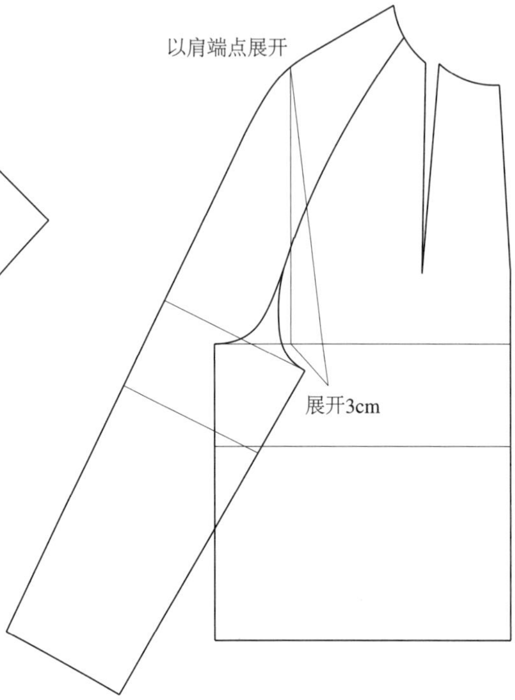

以肩端点展开

展开3cm

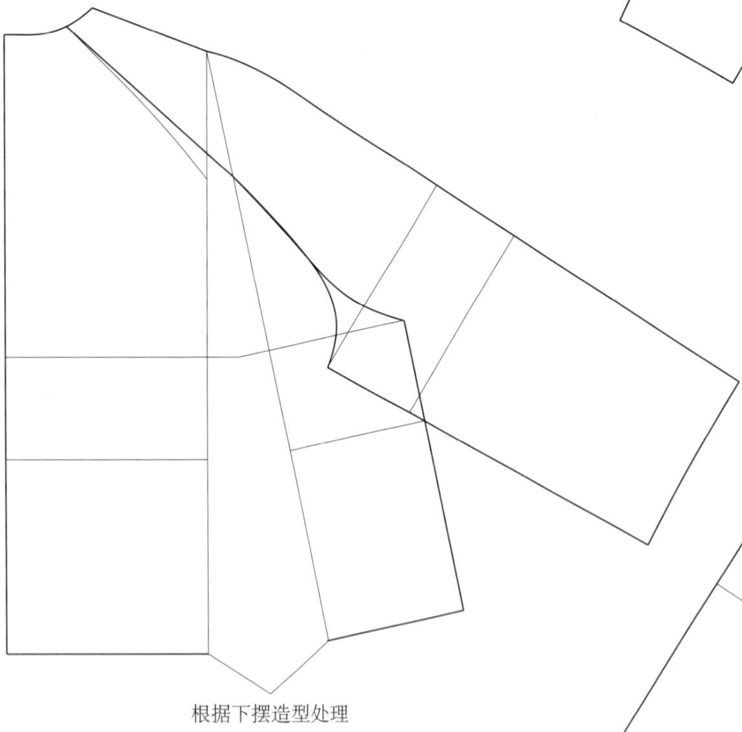

根据下摆造型处理

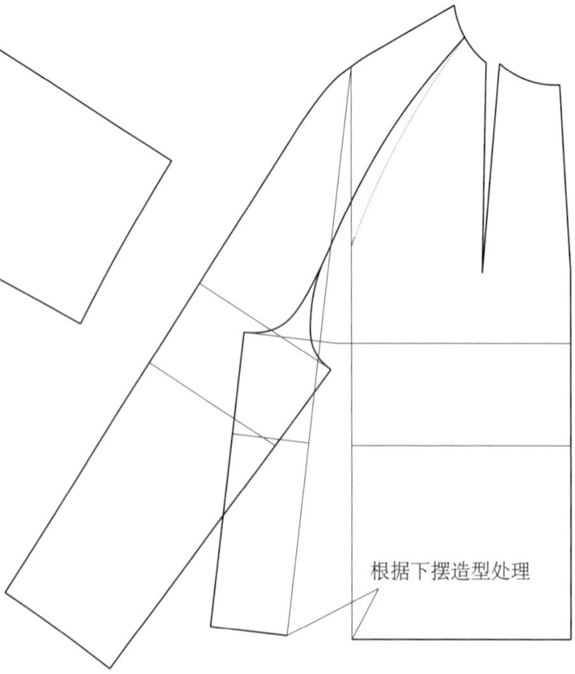

根据下摆造型处理

三、袖窿下降，胸围与袖肥互动

袖窿下降且胸围与袖肥互动，在工作中较为常见。一般是先保持前后袖的角度不变，袖窿下降，胸围对应加大的量约为 0.8× 袖窿下降量，前片约占 2/5，后片约占 3/5（即：前片胸围加大量 ≈ 0.3× 袖窿下降量，后片胸围加大量 ≈ 0.5× 袖窿下降量）。前后袖肥调整量为 0.7× 袖窿下降量，其中前袖肥加大量 =0.7× 袖窿下降量 –0.5cm 左右，后袖肥加大量 =0.7× 袖窿下降量 +0.5cm 左右。如果肩部造型不变，调整袖山高和袖肥以增加抬手量，或者通过切展前后胸围以增加抬手量。

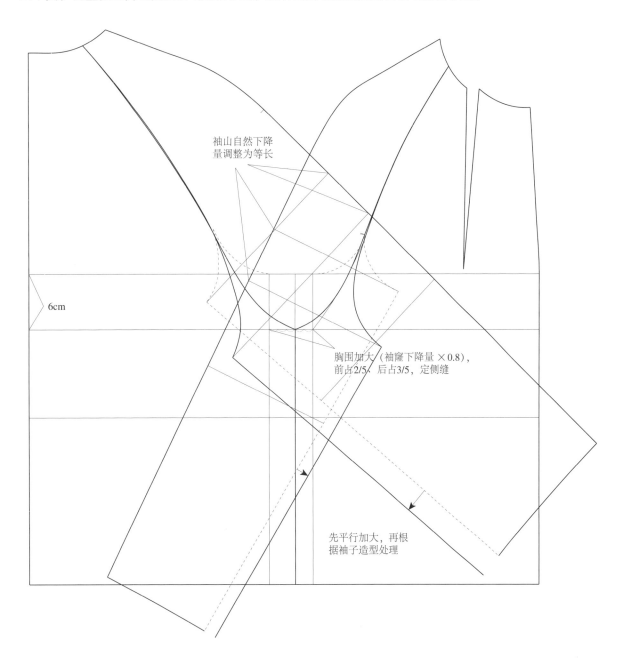

袖山自然下降
量调整为等长

6cm

胸围加大（袖窿下降量 ×0.8），
前占2/5，后占3/5，定侧缝

先平行加大，再根
据袖子造型处理

肩部造型不变时

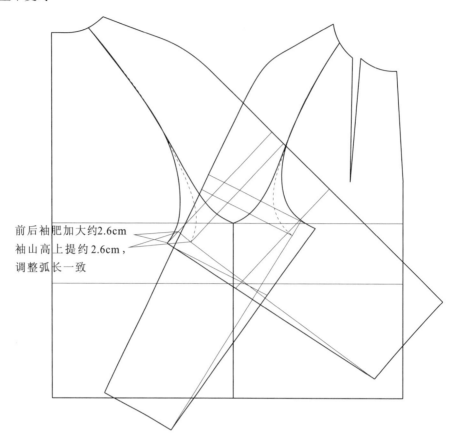

前后袖肥加大约2.6cm
袖山高上提约2.6cm，
调整弧长一致

通过展开胸围，增加抬手活动量

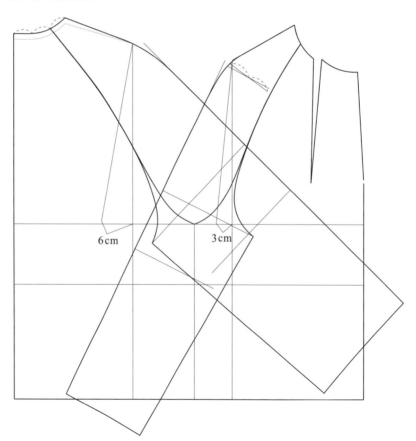

6cm　　3cm

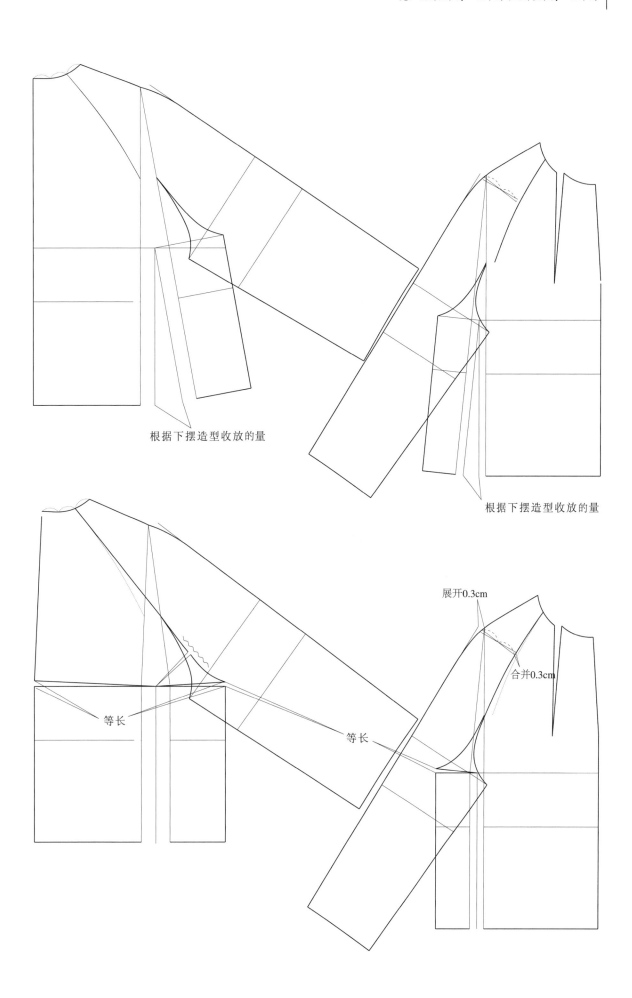

根据下摆造型收放的量

根据下摆造型收放的量

展开0.3cm

合并0.3cm

等长

等长

第四节 大廓型插肩袖的制版方法与造型分析

一、同等胸围大廓型的造型变化与立体分析

肩宽 39cm
胸围 126cm
衣长 100cm

1. 在肩端点内 2cm 处展开

调用本章第二节的插肩袖，并将胸围加大 126cm。

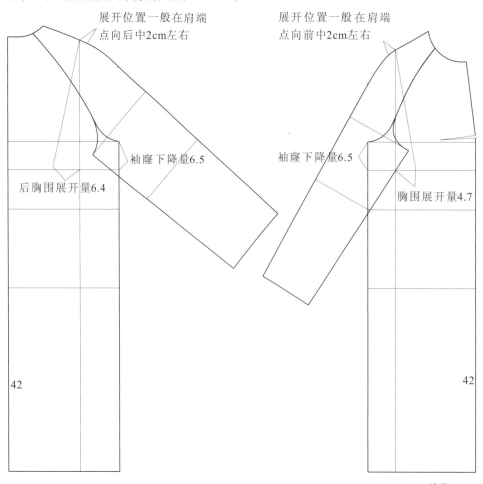

展开位置一般在肩端点向后中2cm左右

展开位置一般在肩端点向前中2cm左右

袖窿下降量6.5

袖窿下降量6.5

后胸围展开量6.4

胸围展开量4.7

42

42

（单位：cm）

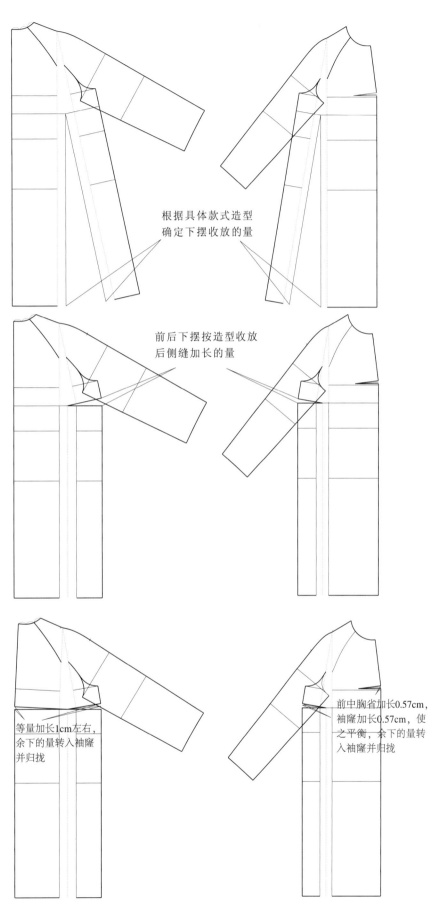

根据具体款式造型
确定下摆收放的量

前后下摆按造型收放
后侧缝加长的量

等量加长1cm左右，
余下的量转入袖窿
并归拢

前中胸省加长0.57cm，
袖窿加长0.57cm，使
之平衡，余下的量转
入袖窿并归拢

注：前片袖窿与前中加长量可小于等于后片加长量，但不能大于后片加长量。

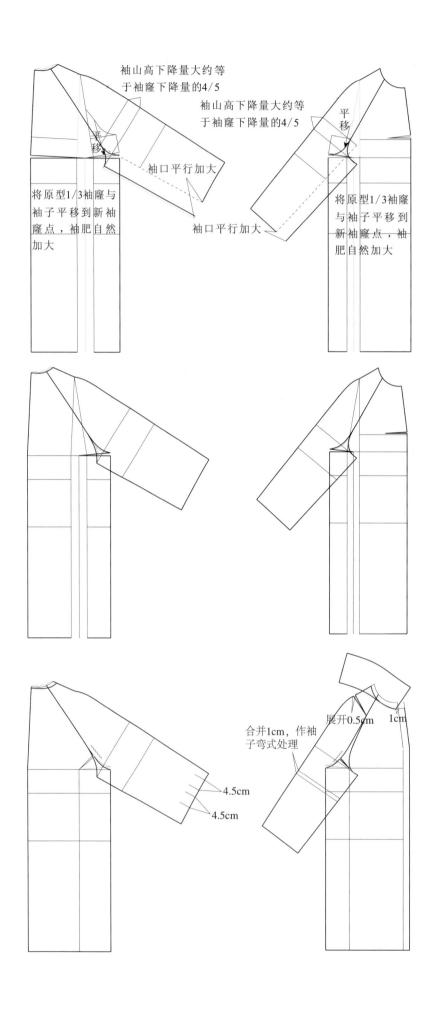

袖山高下降量大约等
于袖窿下降量的4/5

袖山高下降量大约等
于袖窿下降量的4/5

平移

袖口平行加大

将原型1/3袖窿与
袖子平移到新袖
窿点，袖肥自然
加大

平移

将原型1/3袖窿
与袖子平移到
新袖窿点，袖
肥自然加大

袖口平行加大

展开0.5cm

1cm

合并1cm，作袖
子弯式处理

4.5cm

4.5cm

2. 在插肩袖造型线处展开

后片在离后中线 15cm 处展开，前片在离前中线 16.5cm 处展开。

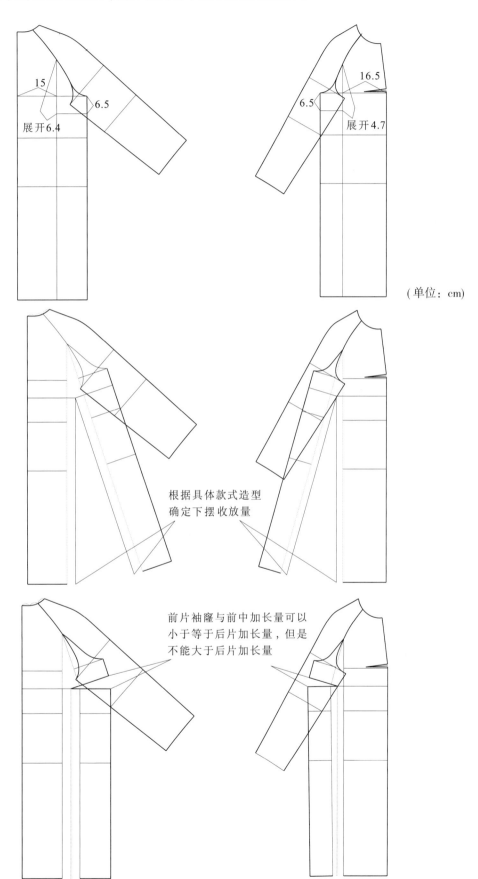

15

6.5

展开6.4

16.5

6.5

展开4.7

（单位：cm）

根据具体款式造型
确定下摆收放量

前片袖窿与前中加长量可以
小于等于后片加长量，但是
不能大于后片加长量

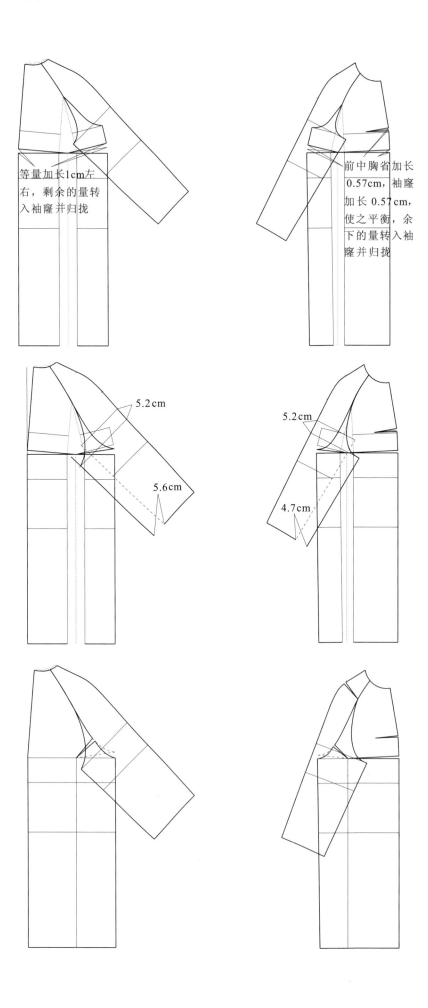

等量加长1cm左
右，剩余的量转
入袖窿并归拢

前中胸省加长
0.57cm，袖窿
加长 0.57cm，
使之平衡，余
下的量转入袖
窿并归拢

5.2cm

5.6cm

5.2cm

4.7cm

在不同位置展开同样的量，造型上会有区别。

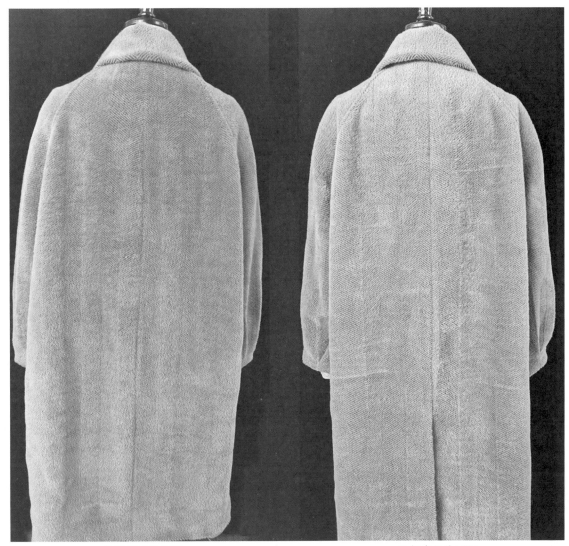

从造型线处展开　　　　　　　　　　　　　　从肩端点处展开

注：在造型线处展开，前后片造型呈蛋型，显胖一点，也就是说从造型线处展开，量不宜过多。从肩端点展开，
　　造型面窄，显瘦一点，造型大多呈 H 型。

二、大廓型插肩袖大衣松量与型的调整

　　前片一半的胸围量是 26.3cm（23cm+3.3cm），成衣效果显瘦；由于前片松量少，袖子显得干净利落；后胸围松量为 34.5cm（21cm+13.5cm），容易出现龟背与茧型，显胖。

　　前片一半的胸围量是 28.3cm（23cm+5.3cm），成衣效果显胖；由于前片松量多，容易侧移，造成袖子的量偏多；后胸围松量为 32.5cm（21cm+11.5cm），后背显瘦，偏直身造型。

1. 正常大廓型袖窿深、松量、袖肥和抬手量的变化
以胸围 122cm 为例。

调用插肩袖无省原型，如图
所示经过a、b点画顺袖窿，
袖窿下降量是胸围的1/4，
即在原型基础上下降5cm。

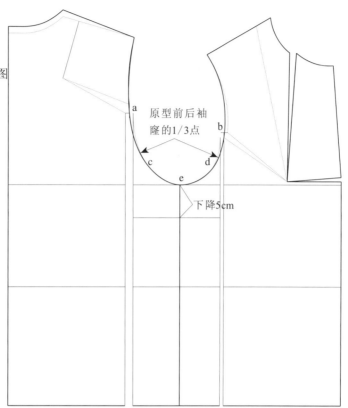

原型前后袖
窿的1/3点

下降5cm

袖山高下降量一般是袖窿下降量的0.8倍左
右，最大袖山高下降量同袖窿下降量，袖
山高下降量的多少将确定袖肥的大小，休
闲风衣类下降少一些，正常大衣类下降多
一些

调整量（0.7×袖窿
下降量+0.2~0.5cm）

调整量（0.7×袖窿
下降量 - 0.2~0.5cm）

0.8×袖窿下降量

$\widehat{ec}=\widehat{e'c'}$

$\widehat{de}=\widehat{d'e''}$

袖口平行加出袖肥的加大量

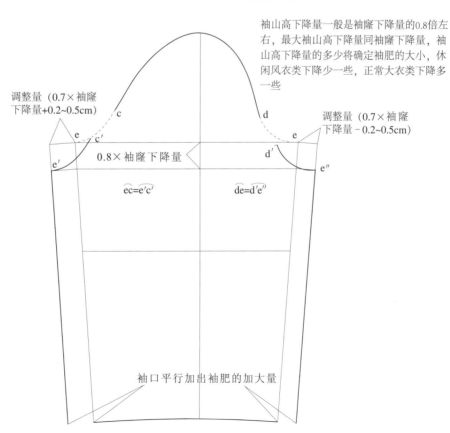

调整量参考	
袖窿下降量 X	
袖山高下降量	袖肥加大量
0	1.5X
0.1X	1.4X
0.2X	1.3X
0.3X	1.2X
0.4X	1.1X
0.5X	1.0X
0.6X	0.9X
0.7X	0.8X
0.8X	0.7X
0.9X	0.6X
1.0X	0.5X

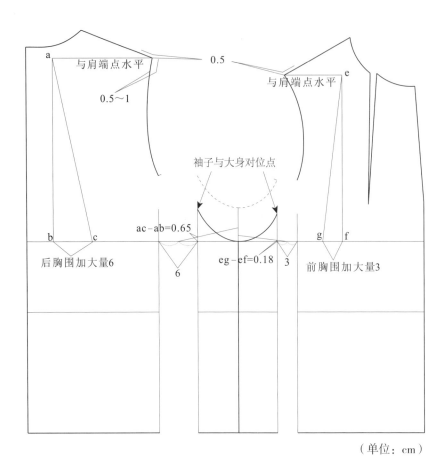

与肩端点水平

0.5

与肩端点水平

0.5～1

袖子与大身对位点

ac-ab=0.65

后胸围加大量6

eg-ef=0.18

前胸围加大量3

6

3

（单位：cm）

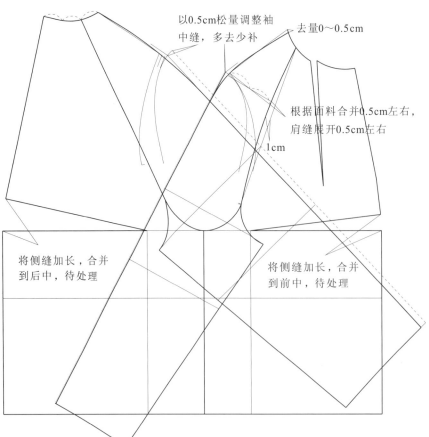

以0.5cm松量调整袖
中缝，多去少补

去量0～0.5cm

根据面料合并0.5cm左右，
肩缝展开0.5cm左右

1cm

将侧缝加长，合并
到后中，待处理

将侧缝加长，合并
到前中，待处理

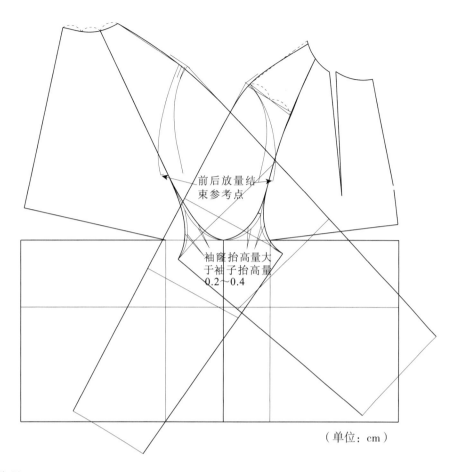

前后放量结束参考点

袖窿抬高量大于袖子抬高量0.2～0.4

（单位：cm）

二次平衡处理

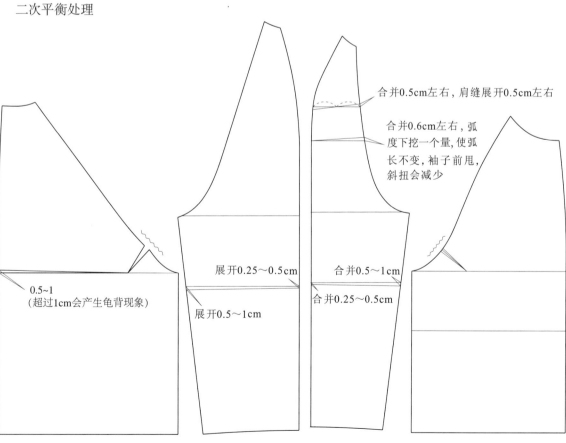

合并0.5cm左右，肩缝展开0.5cm左右

合并0.6cm左右，弧度下挖一个量，使弧长不变，袖子前甩，斜扭会减少

0.5～1
（超过1cm会产生龟背现象）

展开0.25～0.5cm

展开0.5～1cm

合并0.5～1cm

合并0.25～0.5cm

2. 前松量减小，总胸围不变

方法同前面一样，只是前后松量与造型稍微调整。

0.7×袖窿下降量+0.5cm　　0.7×袖窿下降量-0.5cm

0.8×袖窿下降量

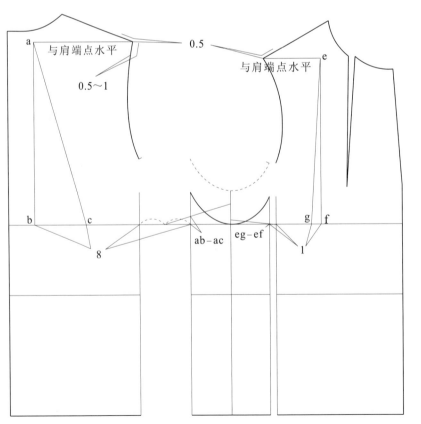

a　与肩端点水平　0.5　与肩端点水平　e

0.5～1

b　c　ab-ac　eg-ef　g　f

8　1

（单位：cm）

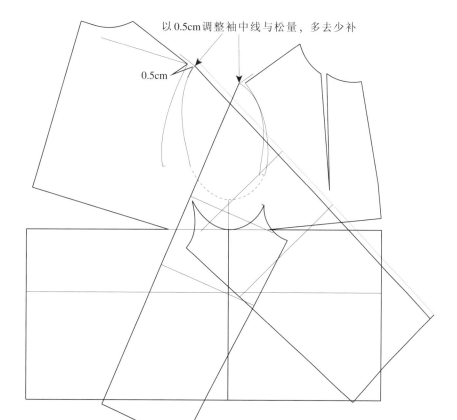

以0.5cm调整袖中线与松量，多去少补

0.5cm

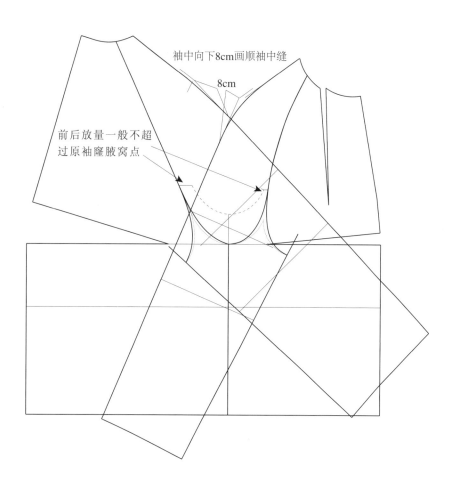

袖中向下8cm画顺袖中缝

8cm

前后放量一般不超
过原袖窿腋窝点

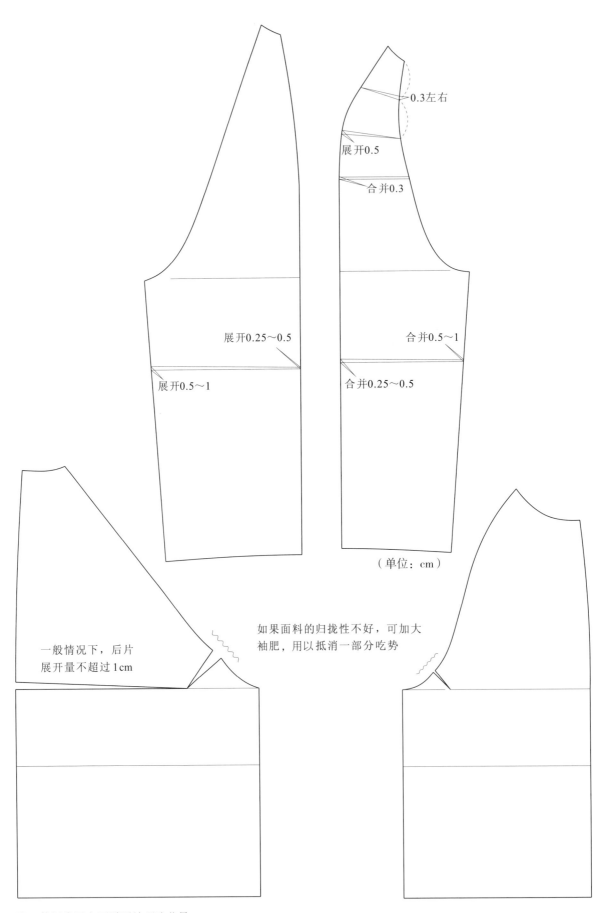

0.3左右

展开0.5

合并0.3

展开0.25~0.5

合并0.5~1

展开0.5~1

合并0.25~0.5

（单位：cm）

一般情况下，后片
展开量不超过1cm

如果面料的归拢性不好，可加大
袖肥，用以抵消一部分吃势

注：休闲类风衣不需要处理这些量。

3. 休闲风衣和束腰大廓型的制版方法

有束腰或腰带的宽松服装，其侧缝需要加长约1.5cm，故不再需要进行衣身二次平衡，袖肥一般偏大，袖窿偏深。

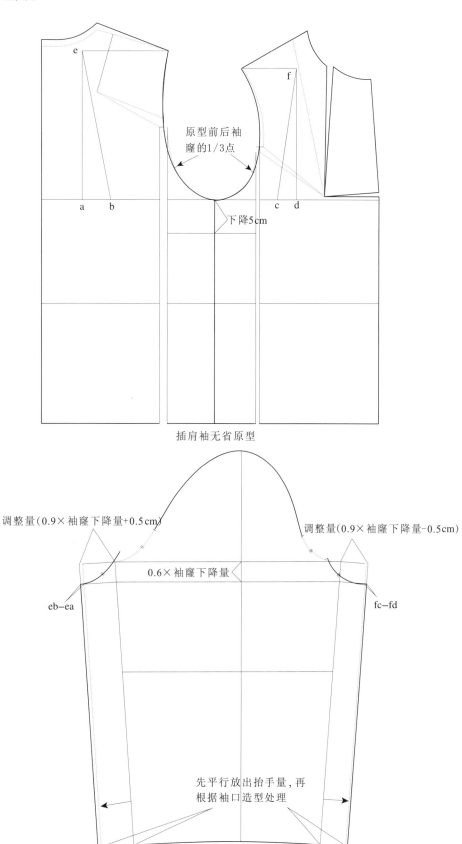

插肩袖无省原型

原型前后袖窿的1/3点

下降5cm

调整量(0.9×袖窿下降量+0.5cm)

调整量(0.9×袖窿下降量-0.5cm)

0.6×袖窿下降量

eb−ea

fc−fd

先平行放出抬手量，再根据袖口造型处理

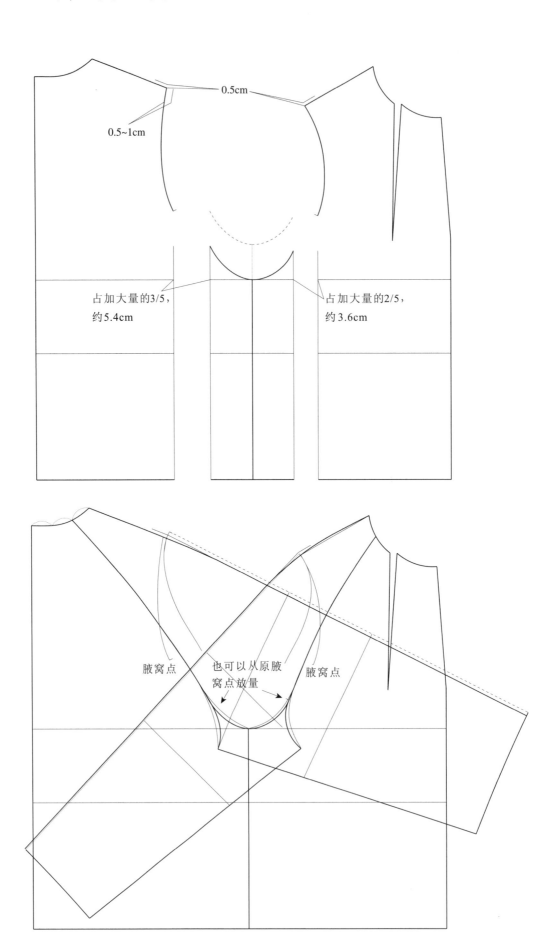

0.5cm

0.5~1cm

占加大量的3/5，
约5.4cm

占加大量的2/5，
约3.6cm

腋窝点

也可以从原腋
窝点放量

腋窝点

第五节　插肩袖风衣立体转平面

前片

本节要点

（1）巴宝莉经典宽松风衣的袖窿不会太深（袖窿参考值 B/4），袖肥不会太大，要求内搭比较合体；如果内搭比较宽松，袖窿深与袖肥均需要加大。

（2）由于袖窿不深且袖肥不大，插肩袖造型线不能太直。

（3）前领口松量放的比较多，领子造型工艺与立体吻合必须精准，否则领子会向外倒。

（4）风衣驳头要做平上口。

一、坯布尺寸的确定

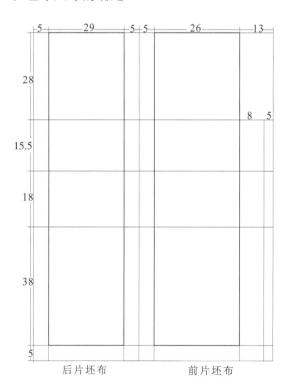

后片坯布　　　前片坯布

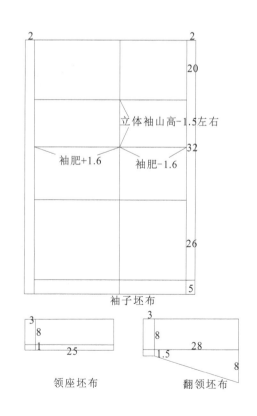

袖子坯布

领座坯布　　　翻领坯布

二 、立体制作

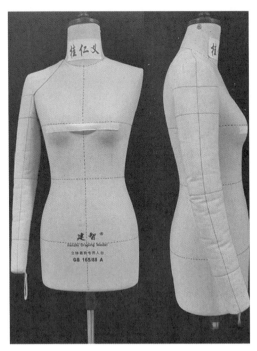

用美纹胶水平连接人台的两个胸高点，使之
在同一水平线上。手臂袖口外口距大身11cm
左右，手臂状态与人体状态一致固定

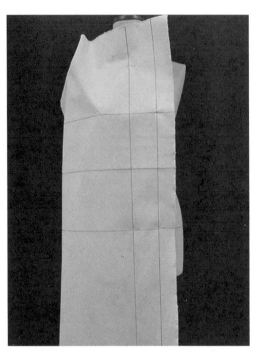

坯布前中线、胸围线与人台前中线，胸围线水
平垂直重合固定，如果面料较厚，前中平行放
0.3cm 左右（面料厚度产生的量）

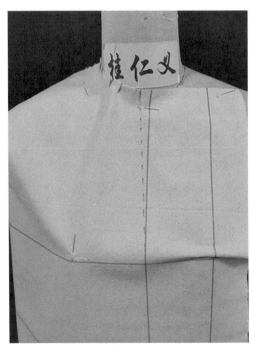

前中撇门1cm，领圈内放0.5cm 松量，沿着
颈与大身转折点，以1cm 间距打剪口至肩缝

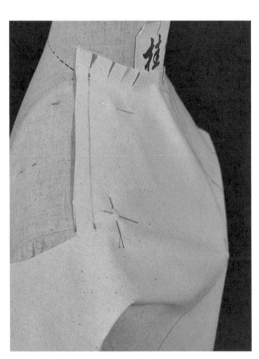

抹平肩部，肩端点处稍向上提0.3~0.5cm（处
理胸省量），标记肩缝线，预留1cm 缝分

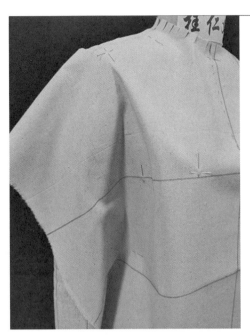

抹平袖窿、坯布胸围线，胸宽处放 2cm 松量，
即净胸围 23cm+2cm 松量 =25cm（前胸围大）

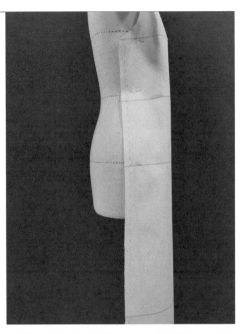

沿着人台袖窿，每隔 1cm 左右打剪口，将多
余的坯布剪去

人台胸围线向下 3.5cm 为袖窿底。人台胸围
线向上 4cm，手臂根处向外 1cm，确定前袖
窿宽转折点，标记插肩袖造型线

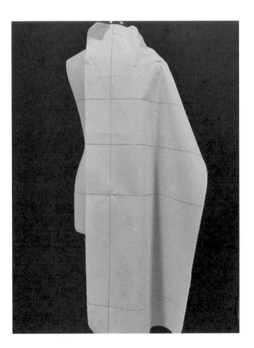

将坯布后中线、胸围线与人台后中线、胸围线
水平垂直重合固定

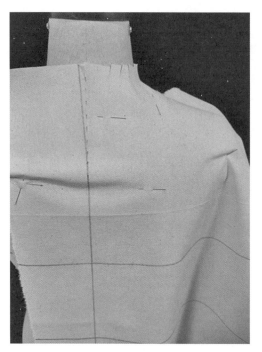

后中撇门 0.5cm 左右，沿着人台的后领圈转折点，每间隔 1cm 打剪口，后领圈放 0.1~0.2cm 的吃势至肩缝并固定

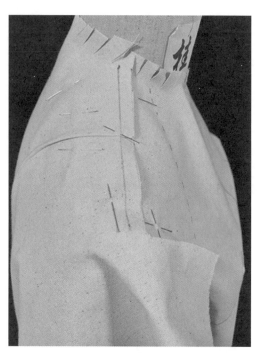

后肩缝放 0.8cm 左右的吃势，标记肩缝线并预留 1cm 缝分，剪去多余的坯布至肩端点

后背宽胸围线处放 29cm（后胸围大）−21cm（后净胸围大）=8cm 的松量，并固定，同时剪去袖窿多余的坯布

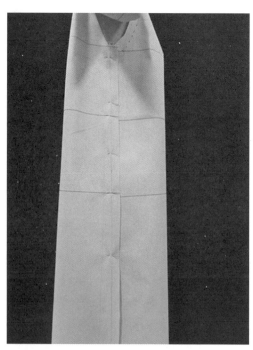

后侧缝与前侧缝搭缝固定，使前衣身平衡，预留缝分 1.5cm

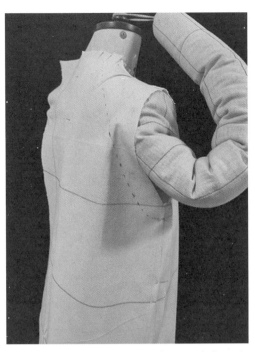

人台胸围线向上 4cm，手臂根围处向后中
1cm，确定后袖窿宽转折点，标记袖窿底、
后插肩袖造型线

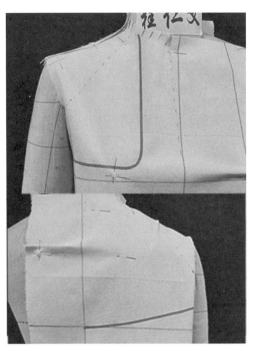

标记前后育克造型线与大小（在工作中，标记
的造型线复印即可，没有必要用坯布去做一次）

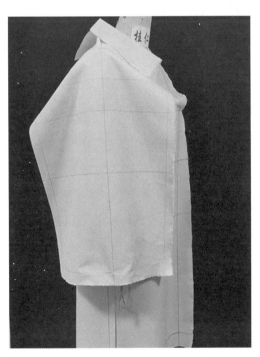

将袖子坯布的袖中点与肩端点固定，袖中线
袖口处与手臂袖中线固定，使袖子前甩

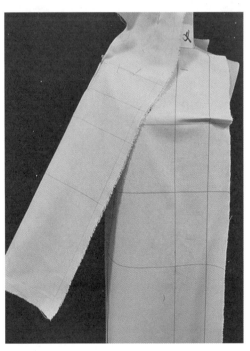

手臂抬起30°~45°（根据活动量确定），抬得
越高，袖肥活动量越大，反之越小

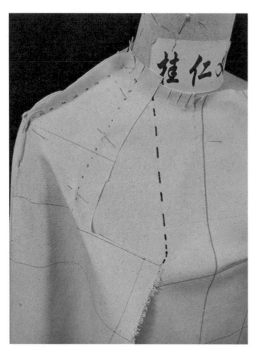

前袖子与大身呈30°角的状态，抹平肩部，
并按造型线固定

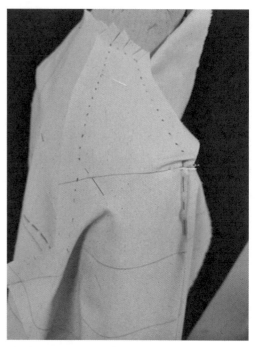

肩端点向下8cm固定袖中线，松开肩端点固定
针，在袖中点处放1cm左右的省，并固定在肩
端点上。后袖抬起量大于前袖5°，抹平肩部，
按造型线固定，肩端点处会自然产生约1cm的
量，标记后肩缝线

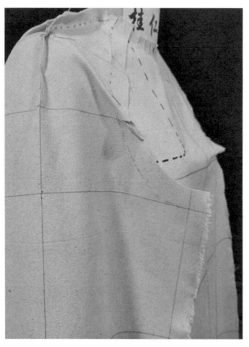

以袖山中段线向下，按大身袖窿状态大概对
称标记袖子弧度至袖肥线，并放2cm的预备
缝分

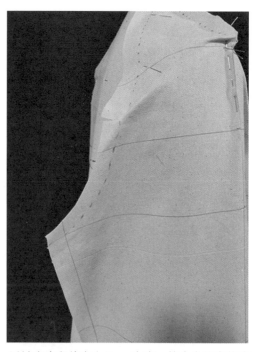

以袖山中段线向上2cm左右，按大身袖窿状态
大概对称标记袖子弧度至袖肥线，并放2cm的
预备缝分

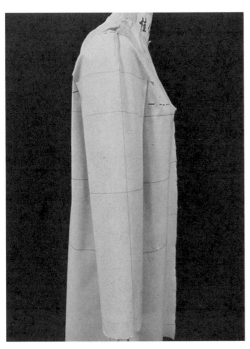

以前袖山中段线打剪口，后袖袖山中段线向
上2cm打剪口，翻过去，调整袖口大小与松
量，并固定袖底缝，标记各部位对位点。将
袖子取下来修正调整

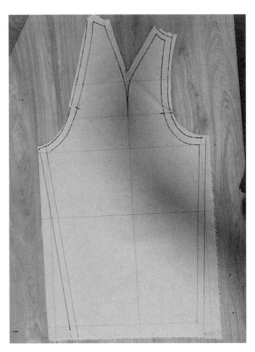

将袖子取下来画顺线条，再次标记对位点，同
时核对造型弧线长度是否一致，并调整。预放
1.5cm缝分回样再调整

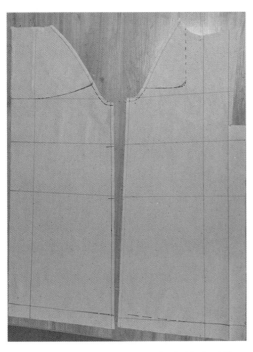

将坯布取下来，修顺下摆、插肩袖造型线、
前后育克，标记侧缝对位点，并复制前后育
克

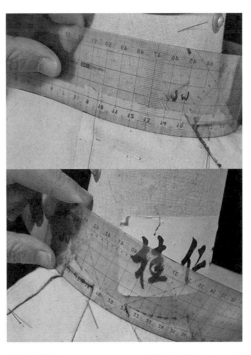

以后领圈向下0.3~0.5cm，后领弧长10cm,用
直角标记后领弧线。前领圈向下2.5cm，以横
开领大用直角标记前领弧线，领圈状态偏鸡心
一点

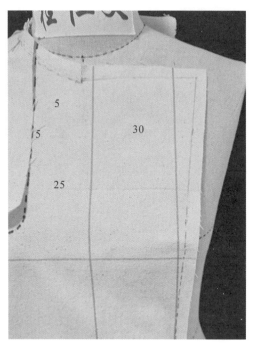

以坯布前中线向内 1~1.5cm，标记驳头大小
约 12cm，稍上抬 1cm 左右，画顺门襟线，
并放 1cm 缝分

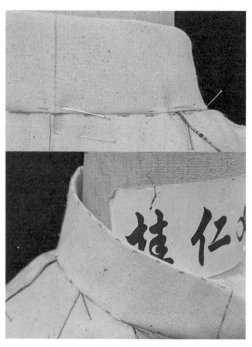

以后领座高 4cm 渐变至前中 3.2cm。通过领
坯布下口上下调整领口松量，并标记领座宽

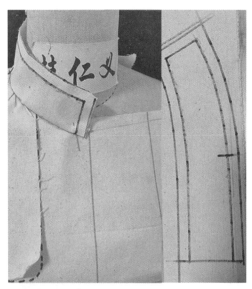

将领座取下来修顺，标记对位点，并放 1cm
缝分，回样查看领上口松量离脖子 0.5cm
作参考，领上口大一般要达到 40cm 左右

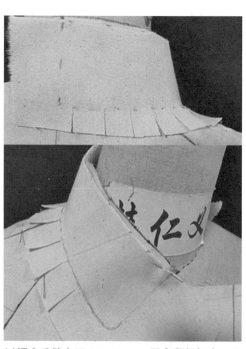

以领座毛缝向下 0.2~0.5cm 固定翻领坯布，通
过翻领内口上下调整翻领外弧吻合度，并标记
翻领造型

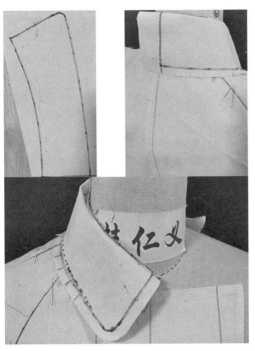

将翻领取下来修顺，再回样调整造型与内外弧
吻合度

前正面立裁回样状态

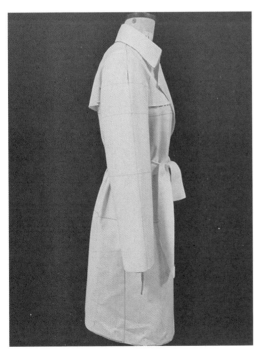

侧面立裁回样状态

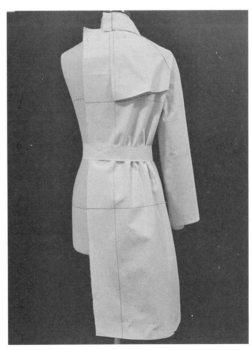

后面立裁回样状态

三、 立体转平面

调用秋冬装插肩袖后中有缝原型及一片袖。

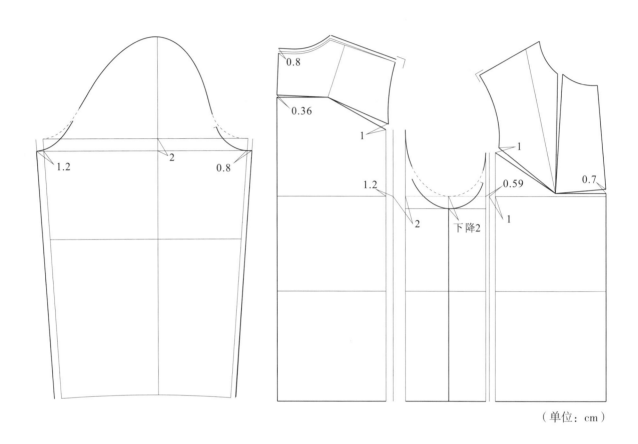

（单位：cm）

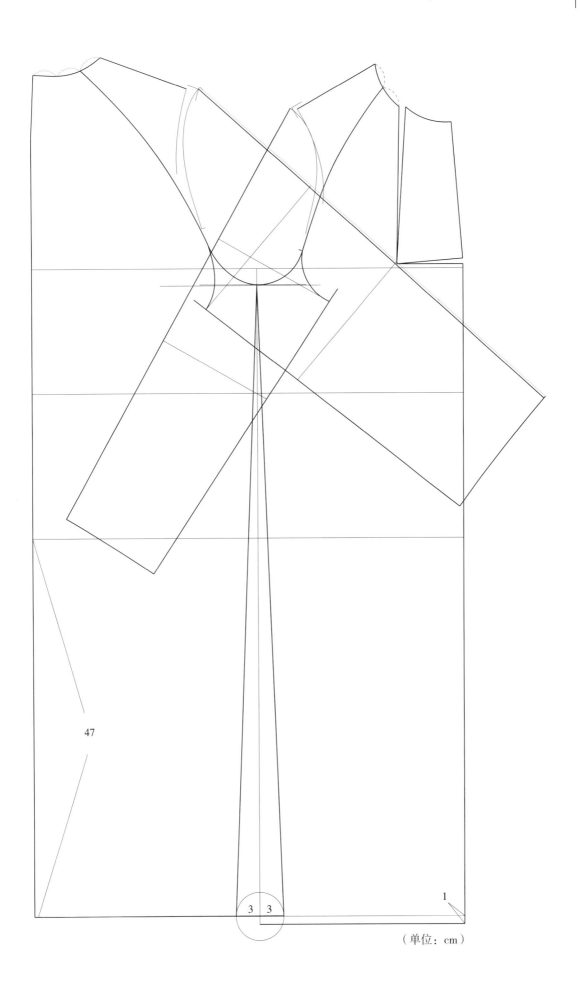

47

1

3　3

（单位：cm）

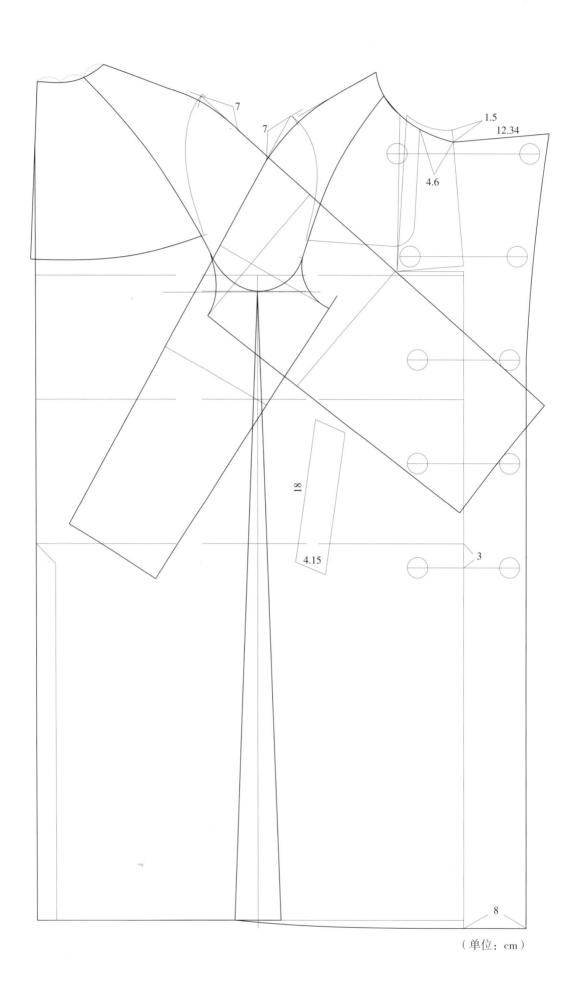

（单位：cm）

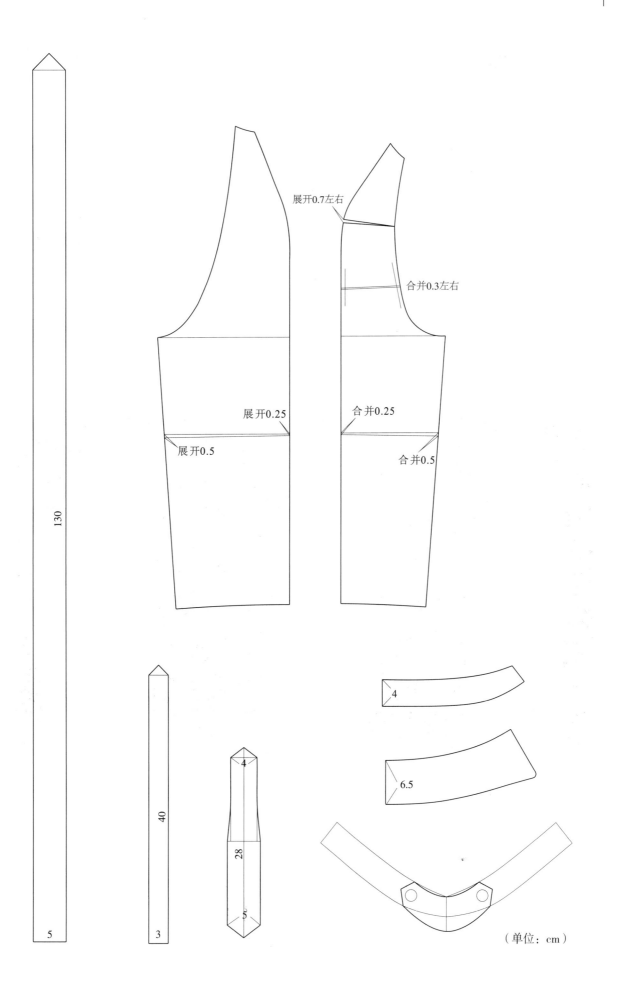

展开0.7左右

合并0.3左右

130

展开0.25

展开0.5

合并0.25

合并0.5

40

4

28

5

4

6.5

5

3

5

（单位：cm）

第三章 落肩袖衣身一次平衡与大廓型衣身二次平衡

本章要点

（1）落肩袖主要包含小落肩、中落肩、大落肩、平装落肩、圆装落肩、合体落肩、宽松落肩、抱式落肩和混合落肩等。

（2）胸省、肩胛省平衡分散与落肩量、胸围的联动关系。

（3）落肩量、袖窿与袖山下降量、抬手活动量、造型放量与袖肥之间的平衡变化原理。

（4）落肩袖袖窿宽与袖窿吃势的结构原理。

（5）大廓型衣身与袖子的二次平衡。

（6）落肩袖常见弊病的调整。

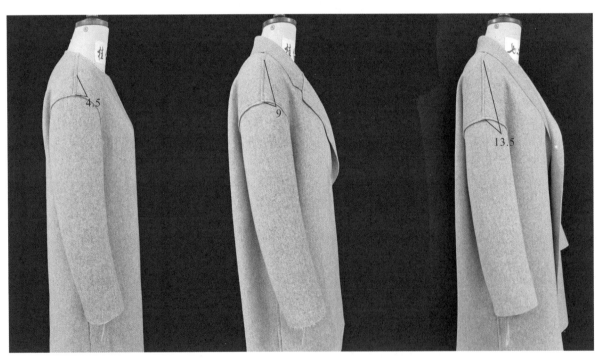

胸围 102cm 小落肩袖　　　　　胸围 116cm 中落肩袖　　　　　胸围 132cm 大落肩袖

第一节　宽松落肩袖结构平衡原理

要点分析：

（1）落肩袖最好用半省结构原型，无法转完全部省量的，只能用无省结构。

（2）落肩量越大，袖窿越深，袖窿状态应越来越缓，胸背宽也相应变宽。

（3）袖窿越深，袖窿宽可相应减小。

（4）落肩袖的落肩部分大多为斜丝缕方向，故落肩量会加大 0.5~1cm，袖窿弧线相应缩短 0.5~1cm，袖山要减窄 0.5~1cm。

（5）落肩袖的袖窿宽＝手臂根围的直径 +1cm 左右的松量。

从第一章调用秋冬装宽松原型及袖子。

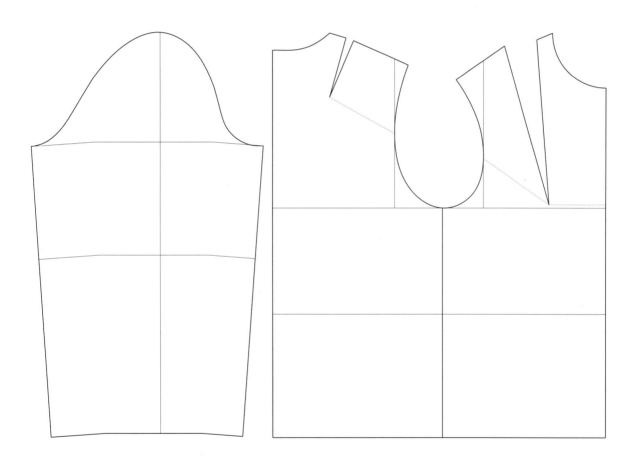

一、半省原型衣身一次平衡

1. 后中无缝且原型胸围不变

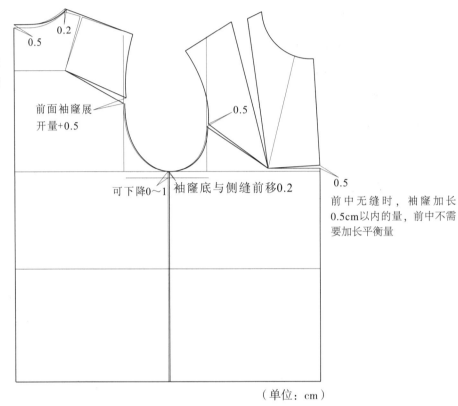

后中无缝时, 直接抬高0.5cm; 横开领加大约0.2cm, 装领时吃进去

0.5
0.2

前面袖窿展开量+0.5

0.5

0.5

可下降0~1 袖窿底与侧缝前移0.2

前中无缝时, 袖窿加长0.5cm以内的量, 前中不需要加长平衡量

（单位：cm）

2. 后中有缝且原型胸围可加大

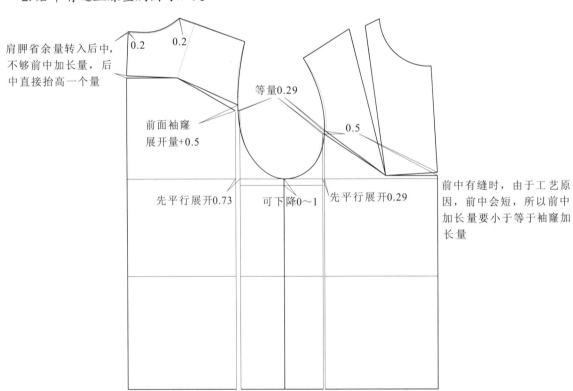

肩胛省余量转入后中, 不够前中加长量, 后中直接抬高一个量

0.2   0.2

等量0.29

前面袖窿展开量+0.5

0.5

先平行展开0.73   可下降0~1   先平行展开0.29

前中有缝时, 由于工艺原因, 前中会短, 所以前中加长量要小于等于袖窿加长量

（单位：cm）

二、无省原型衣身一次平衡

1. 后中无缝且胸围可加大

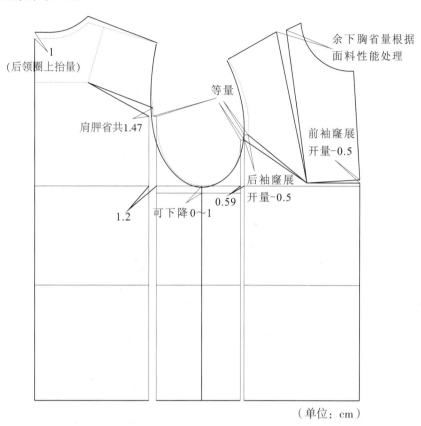

1
(后领圈上抬量)

余下胸省量根据
面料性能处理

等量

肩胛省共1.47

前袖窿展
开量-0.5

后袖窿展
开量-0.5

1.2

可下降0～1

0.59

（单位：cm）

2. 后中有缝且胸围不变

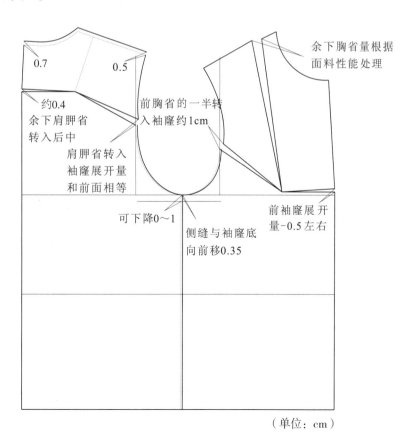

0.7

0.5

余下胸省量根据
面料性能处理

约0.4
余下肩胛省
转入后中

前胸省的一半转
入袖窿约1cm

肩胛省转入
袖窿展开量
和前面相等

可下降0～1

前袖窿展开
量-0.5左右

侧缝与袖窿底
向前移0.35

（单位：cm）

三、小落肩袖

落肩量 4.5cm，胸围 102cm。

小落肩有两种：

（1）胸围不大且能用 1/2 胸省时，用半省秋冬装宽松原型，效果会更好。

（2）胸围偏宽松且不能转部分胸省时，只能用无省结构。

（3）落肩量在 4.5cm 以内时，一般不需要下降袖窿深和袖山高，可按照"袖窿长 =B/2+3cm"左右调整袖窿下降量，袖子底部最好有吃势。

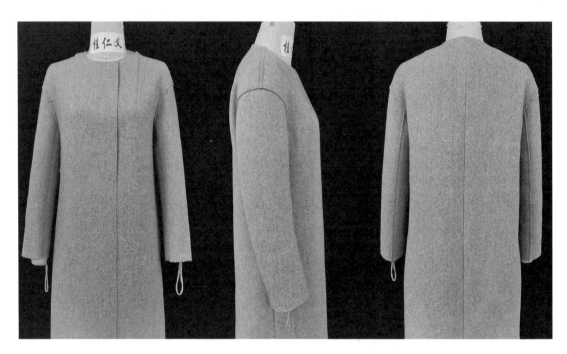

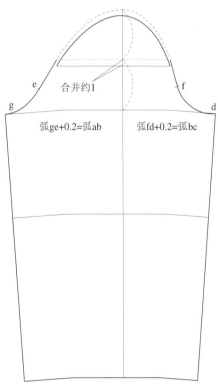

（单位：cm）

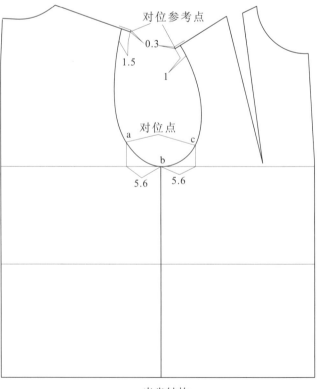

半省结构

以点a和点c旋转，以对位参考点调整袖中线与袖肥，多去少补

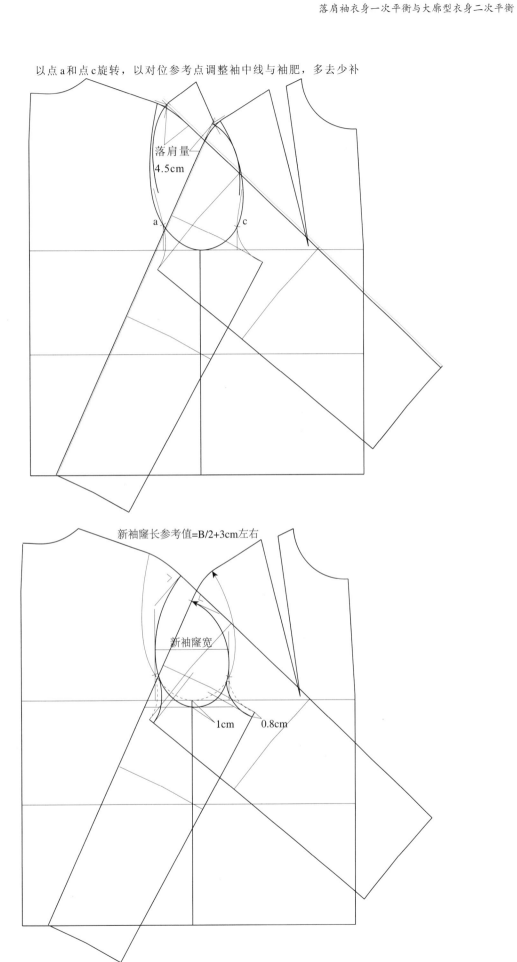

新袖窿长参考值=B/2+3cm左右

以点a和点c旋转，以对位参考点调整袖中线与袖肥，多去少补

袖子前直甩与袖子反吃势

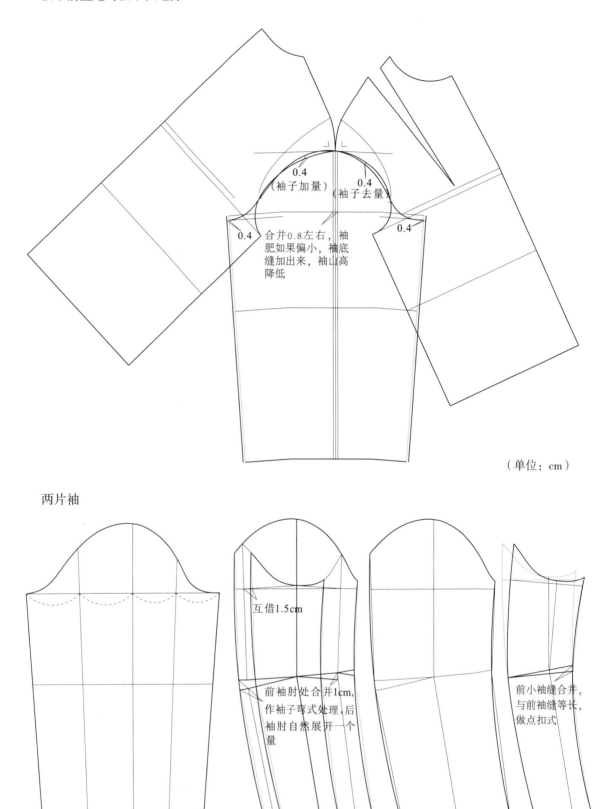

0.4
（袖子加量）

0.4
（袖子去量）

0.4

0.4

合并0.8左右，袖
肥如果偏小，袖底
缝加出来，袖山高
降低

（单位：cm）

两片袖

互借1.5cm

前袖肘处合并1cm，
作袖子弯式处理，后
袖肘自然展开一个
量

上提1cm

前小袖缝合并，
与前袖缝等长，
做点扣式

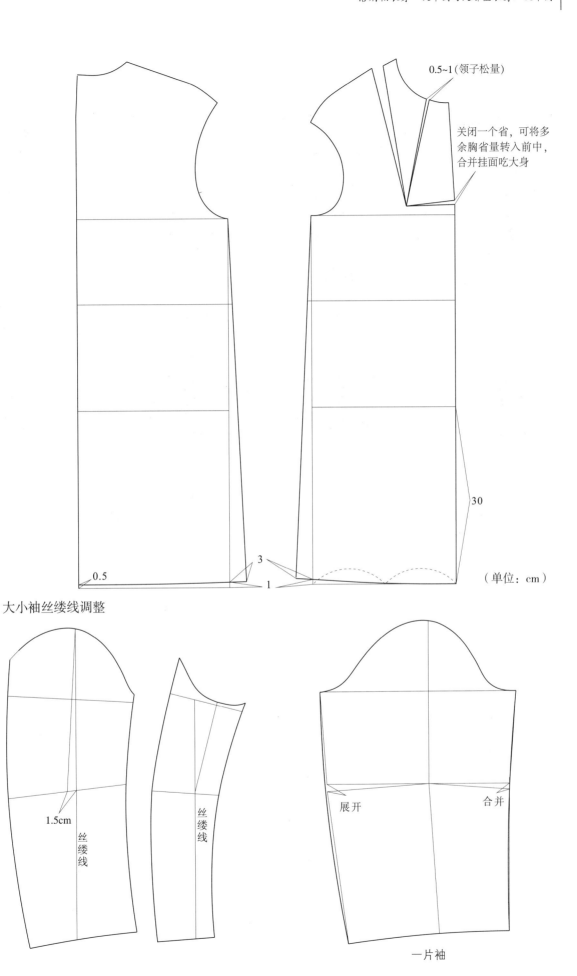

0.5~1（领子松量）

关闭一个省，可将多
余胸省量转入前中，
合并挂面吃大身

30

3

0.5

1

（单位：cm）

大小袖丝缕线调整

1.5cm

丝缕线

丝缕线

展开　　　　合并

一片袖

四、中落肩袖

落肩量 9.5cm，胸围 116cm。

1. 胸围与袖肥联动

调用落肩袖秋冬装宽松无省结构：袖窿下降量可按"B/4+2cm 左右"确定，再用身袖联动放量，前后面将在肩端点处出来，造型会显宽，在胸围加大量不多的情况下，不需要增加调整量。

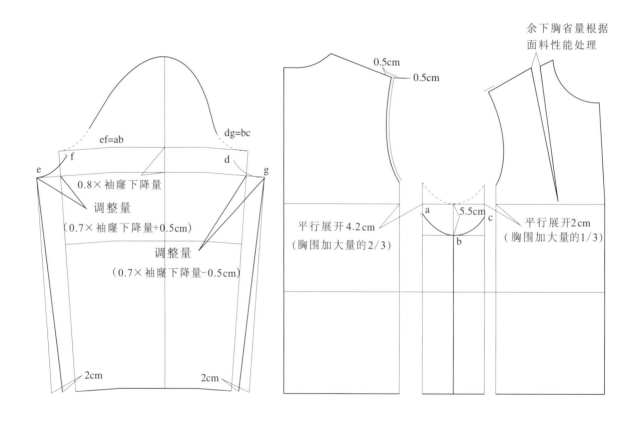

以点 a 和点 c 旋转，以 0.5cm 作为参考调整袖中线，多去少补。

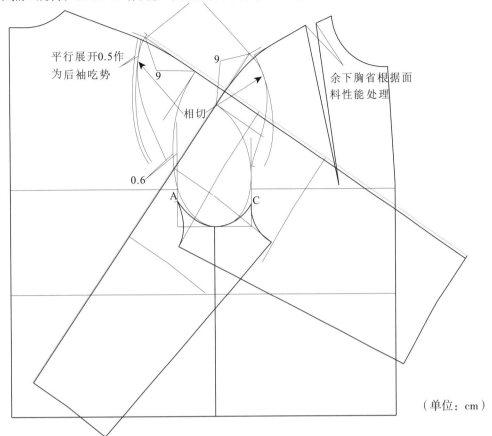

平行展开0.5作
为后袖吃势

9

9

相切

余下胸省根据面
料性能处理

0.6

A   C

（单位：cm）

调整袖窿与袖子，使其弧长相等，以袖底缝为准，多去少补。

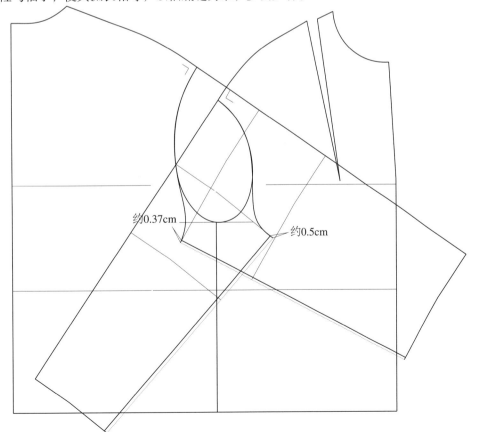

约0.37cm

约0.5cm

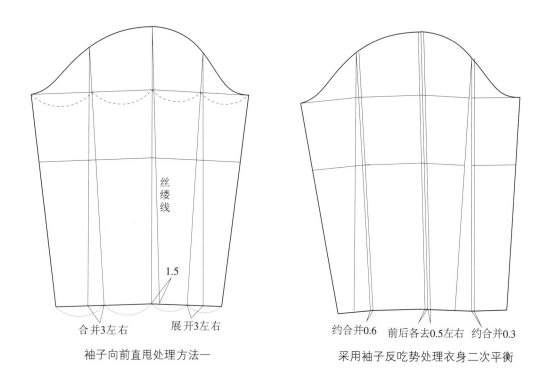

丝
缕
线

1.5

合并3左右   展开3左右

袖子向前直甩处理方法一

约合并0.6   前后各去0.5左右   约合并0.3

采用袖子反吃势处理衣身二次平衡

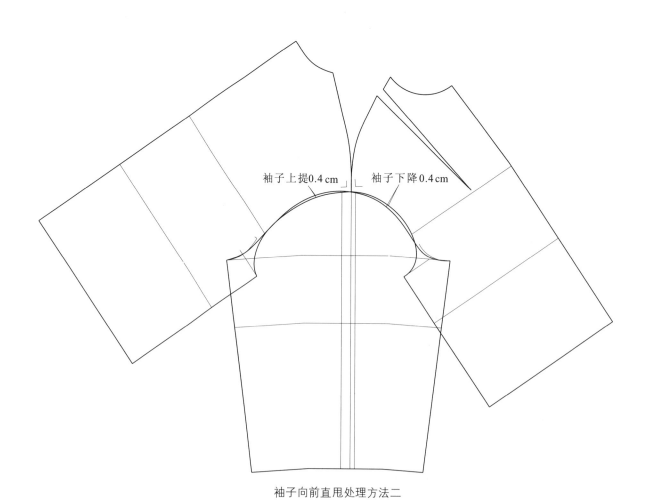

袖子上提0.4 cm   袖子下降0.4 cm

袖子向前直甩处理方法二

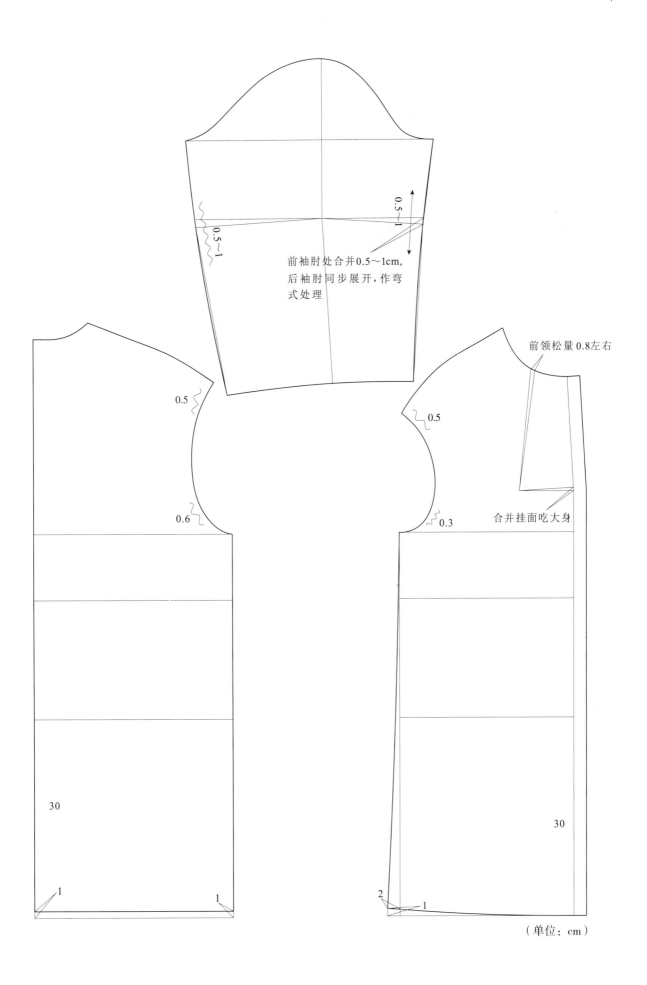

0.5~1

0.5~1

前袖肘处合并0.5～1cm，
后袖肘同步展开，作弯
式处理

前领松量0.8左右

0.5

0.5

0.6

0.3

合并挂面吃大身

30

30

1

1

2

1

（单位：cm）

五、大落肩袖

落肩量 13.5cm，胸围 132cm。

1. 袖肥与胸围联动

调用落肩袖秋冬装天省结构（本书第 95 页上面的图），袖窿下降量可按 "B/4+2cm 左右" 确定，再利用身袖联动放量。

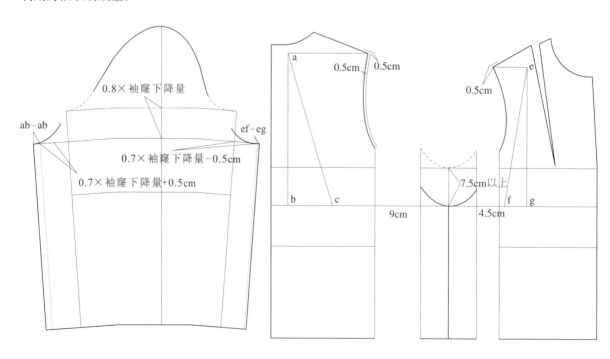

（1）方法一：在肩端点向前后中 3cm 左右处展开并对位时，穿着效果较显瘦。

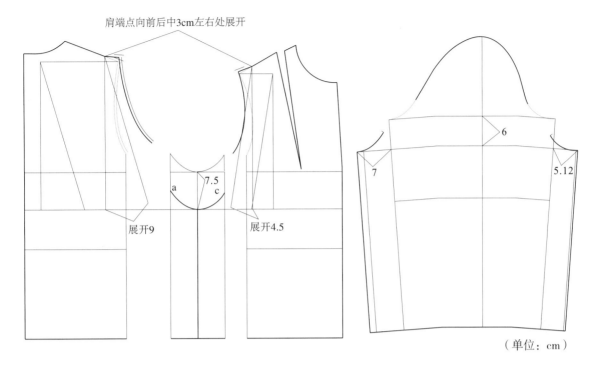

（单位：cm）

将袖子与大身分别以点 a 和点 c 对位，以点 a 和点 c 旋转，以 0.5cm 为参考确定袖中线，多去少补。

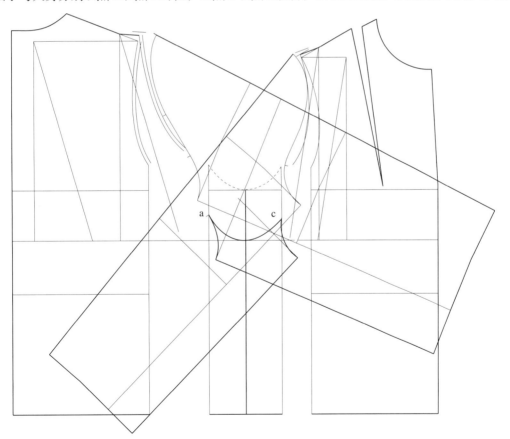

（2）方法二：从肩端点处放量，穿着效果会显面宽显胖。

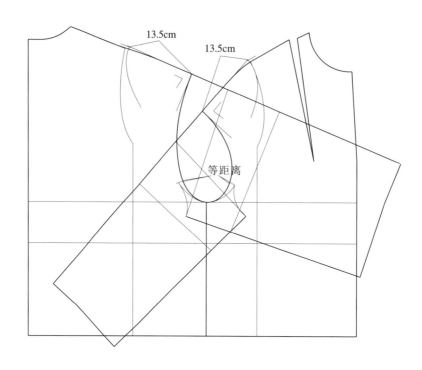

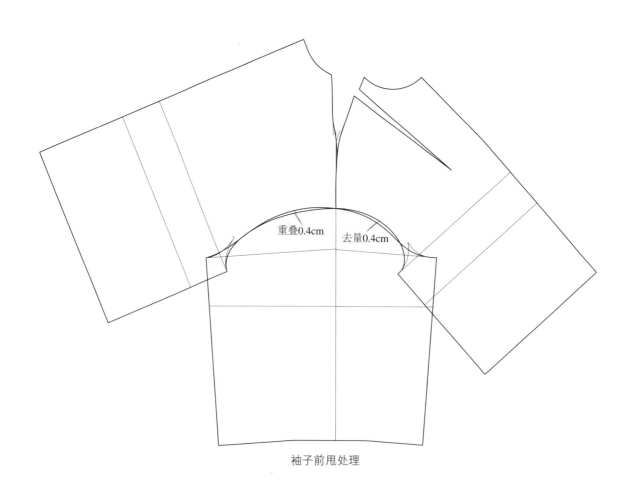

袖子前甩处理

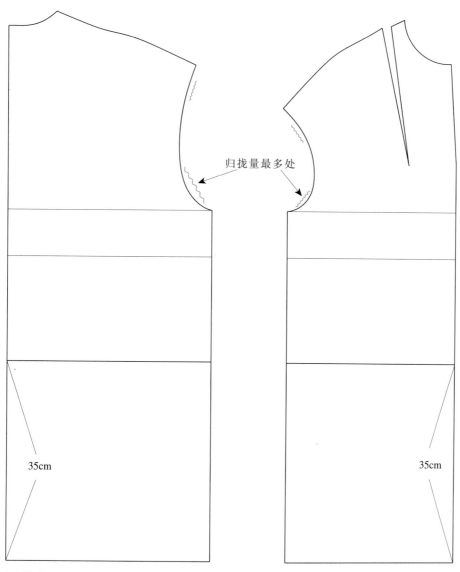

归拢量最多处

35cm

35cm

后中不转量时：
后袖窿弧长-2cm（ac－ab）-0.5cm

前中不转量时：
前袖窿弧长-2cm（ef－eg）-0.5cm

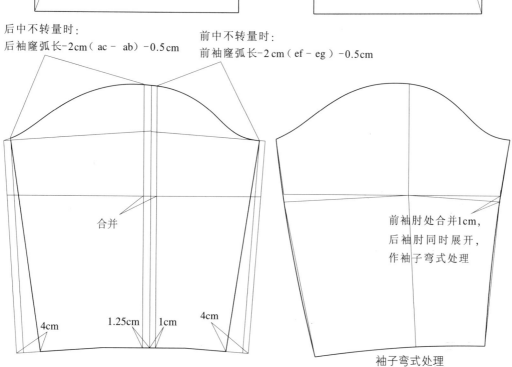

合并

前袖肘处合并1cm，
后袖肘同时展开，
作袖子弯式处理

4cm   1.25cm   1cm   4cm

袖子弯式处理

六、落肩袖活动量的变化

1. 胸围不变

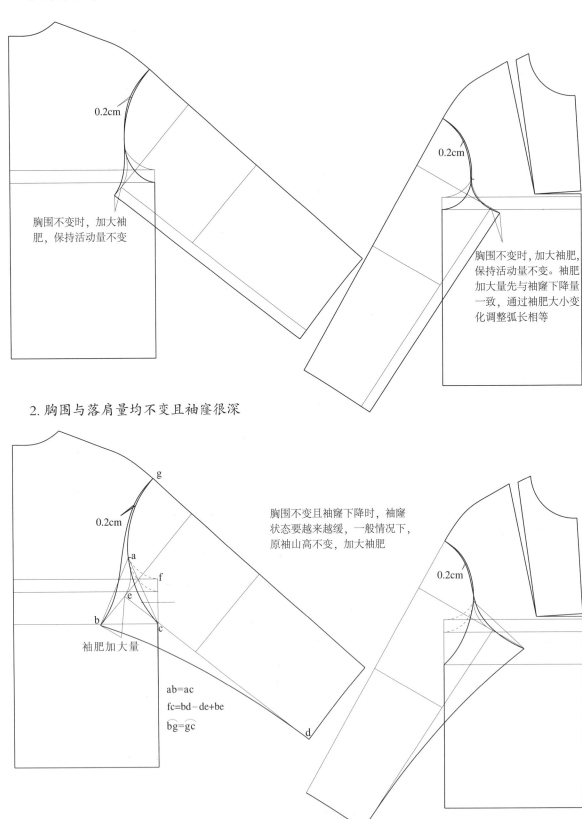

0.2cm

胸围不变时，加大袖
肥，保持活动量不变

0.2cm

胸围不变时，加大袖肥，
保持活动量不变。袖肥
加大量先与袖窿下降量
一致，通过袖肥大小变
化调整弧长相等

2. 胸围与落肩量均不变且袖窿很深

g

0.2cm

a

f

e

b

c

袖肥加大量

d

ab=ac
fc=bd－de+be
bg=gc

胸围不变且袖窿下降时，袖窿
状态要越来越缓，一般情况下，
原袖山高不变，加大袖肥

0.2cm

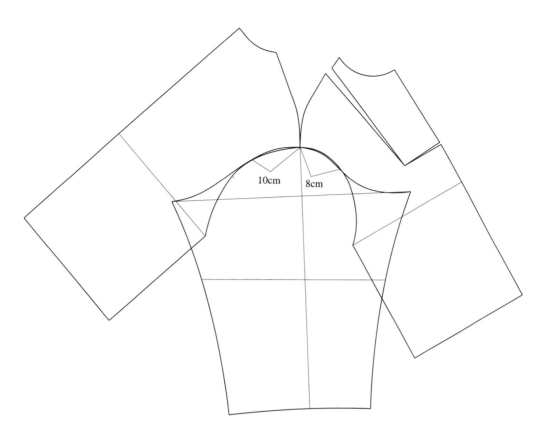

注：后袖窿 10cm 左右，前袖窿 8cm 左右，要与大身吻合，否则会不平整，袖中会起吊。

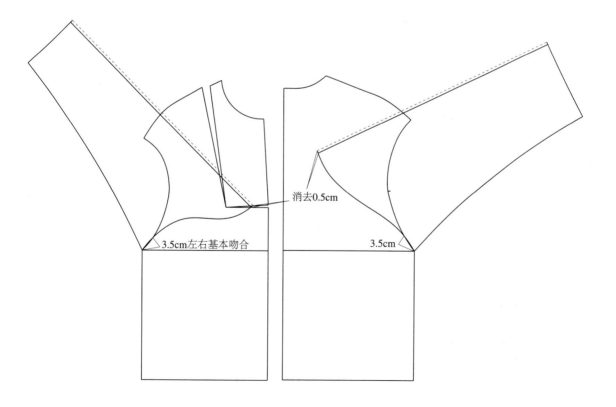

3. 袖肥活动量不变

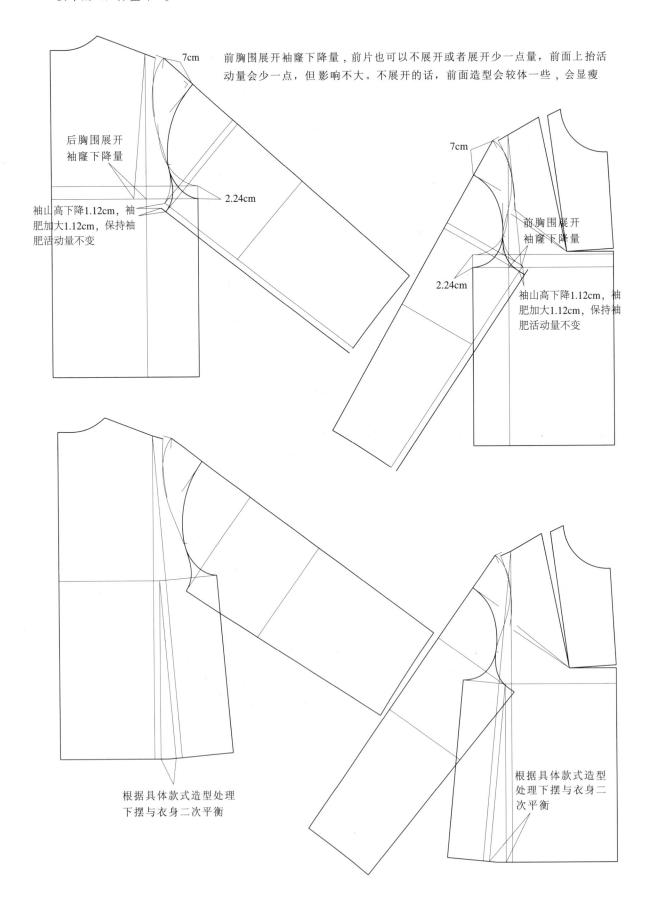

前胸围展开袖窿下降量，前片也可以不展开或者展开少一点量，前面上抬活动量会少一点，但影响不大。不展开的话，前面造型会较体一些，会显瘦

7cm

后胸围展开
袖窿下降量

袖山高下降1.12cm，袖肥加大1.12cm，保持袖肥活动量不变

2.24cm

7cm

前胸围展开
袖窿下降量

2.24cm

袖山高下降1.12cm，袖肥加大1.12cm，保持袖肥活动量不变

根据具体款式造型处理
下摆与衣身二次平衡

根据具体款式造型处理下摆与衣身二次平衡

4. 袖肥不变

袖肥不变时，调用半省结构小落肩：落肩量 9cm。袖肥不变时，要通过加大胸围来增加抬手量，加量位置可以移动，一般情况下，肩端点向前后中 2cm 左右。

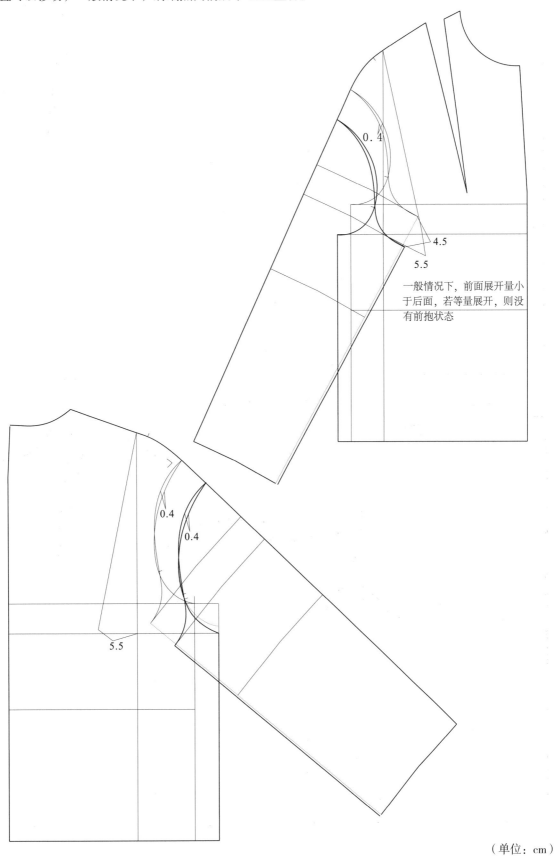

0.4

4.5

5.5

一般情况下，前面展开量小于后面，若等量展开，则没有前抱状态

0.4

0.4

5.5

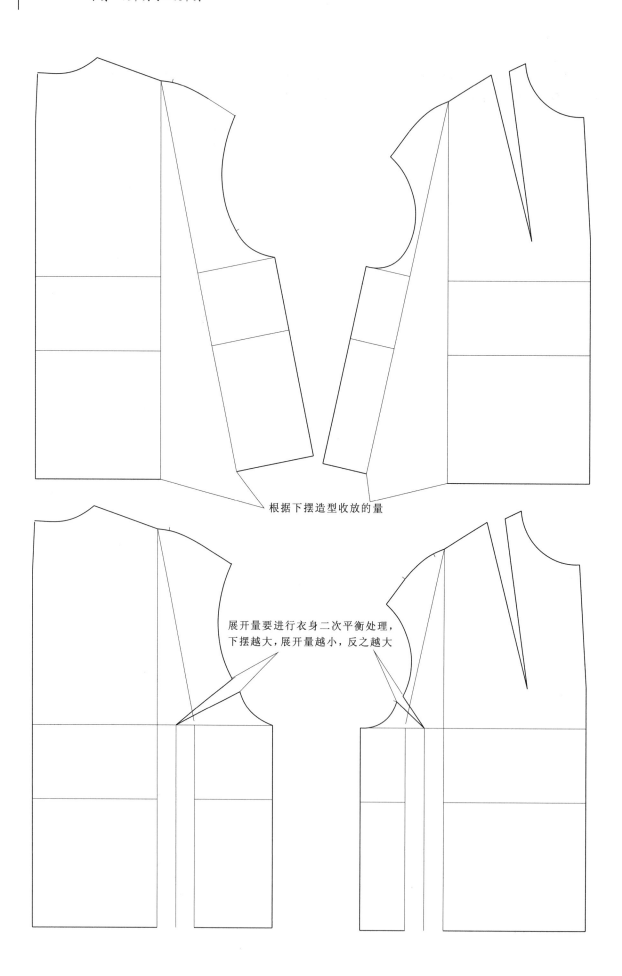

根据下摆造型收放的量

展开量要进行衣身二次平衡处理，
下摆越大，展开量越小，反之越大

5. 袖窿、袖山、袖肥、胸围与落肩量的联动关系

前后展开量计算方法：
前展开量 = 袖窿下降量 + 袖山下降量 – 前胸围加大量 – 袖肥加大量
后展开量 = 袖窿下降量 + 袖山下降量 – 后胸围加大量 – 袖肥加大量

注：上述公式得到的数值只是作为参考，
实际展开量视具体款式确定。

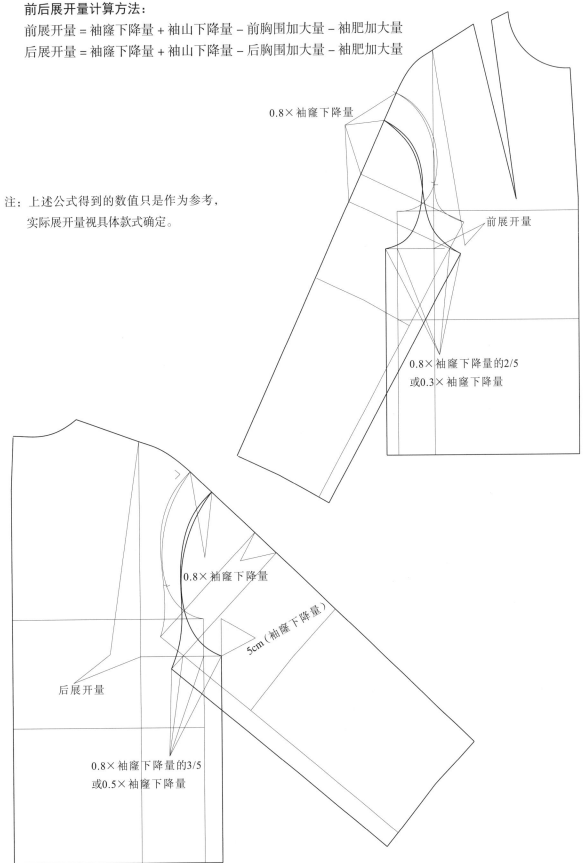

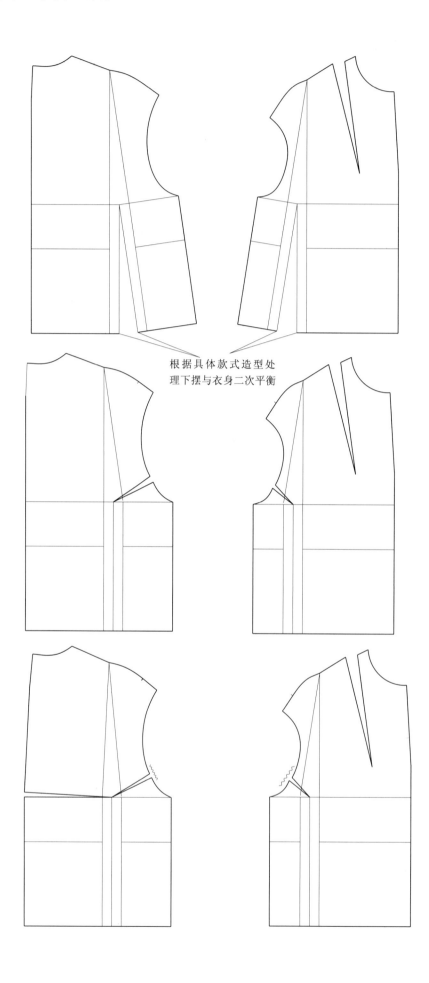

根据具体款式造型处
理下摆与衣身二次平衡

6. 大廓型衣身二次平衡

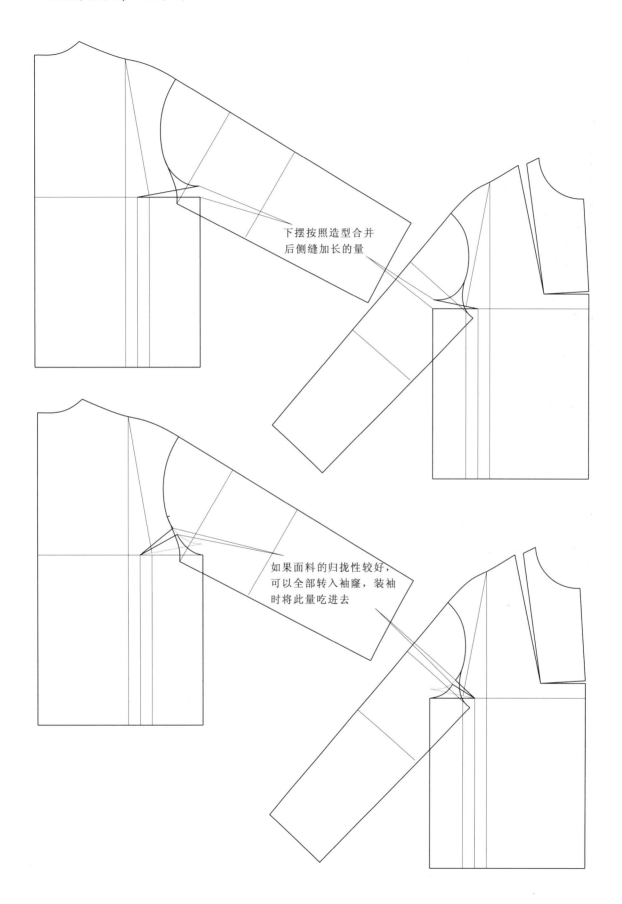

下摆按照造型合并
后侧缝加长的量

如果面料的归拢性较好，
可以全部转入袖窿，装袖
时将此量吃进去

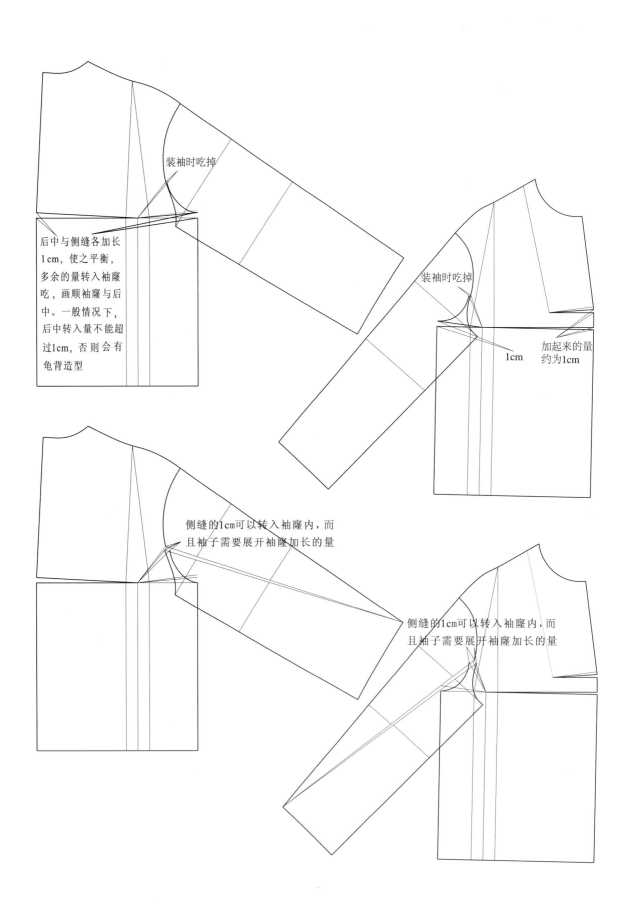

装袖时吃掉

后中与侧缝各加长
1cm，使之平衡，
多余的量转入袖窿
吃，画顺袖窿与后
中。一般情况下，
后中转入量不能超
过1cm，否则会有
龟背造型

装袖时吃掉

1cm

加起来的量
约为1cm

侧缝的1cm可以转入袖窿内，而
且袖子需要展开袖窿加长的量

侧缝的1cm可以转入袖窿内，而
且袖子需要展开袖窿加长的量

7. 大廓型联动结构变化

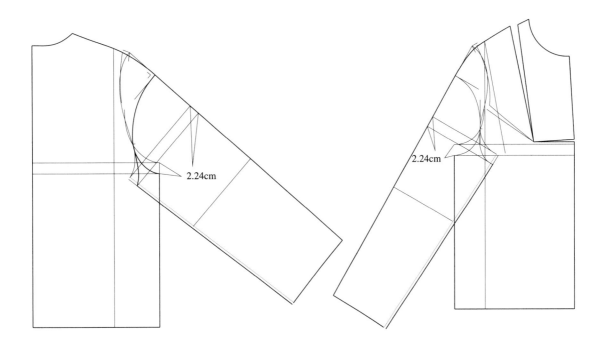

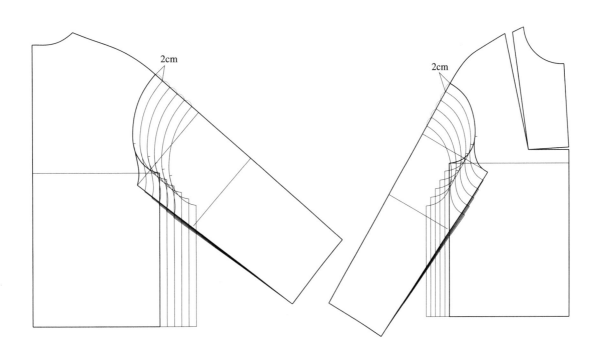

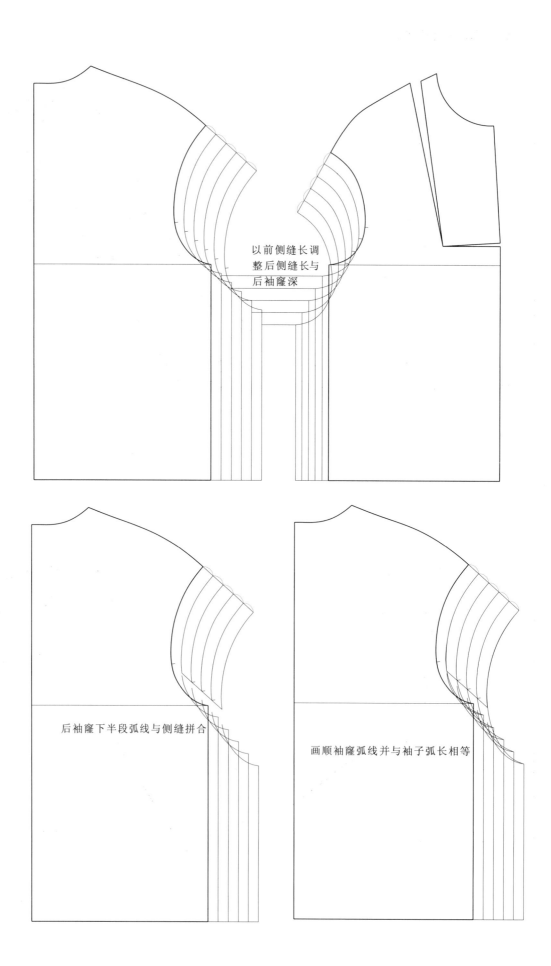

以前侧缝长调
整后侧缝长与
后袖窿深

后袖窿下半段弧线与侧缝拼合

画顺袖窿弧线并与袖子弧长相等

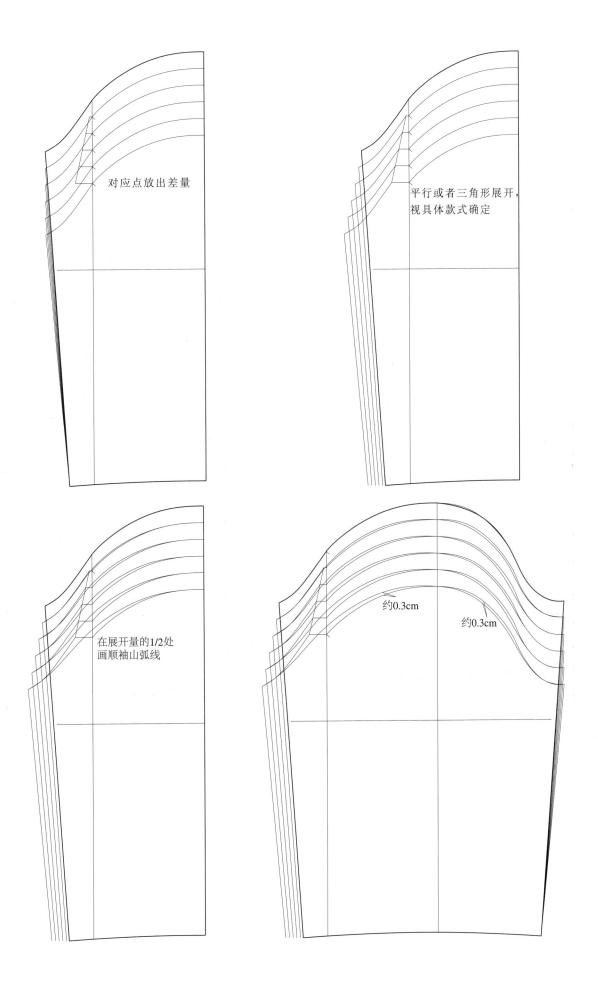

对应点放出差量

平行或者三角形展开，
视具体款式确定

在展开量的1/2处
画顺袖山弧线

约0.3cm

约0.3cm

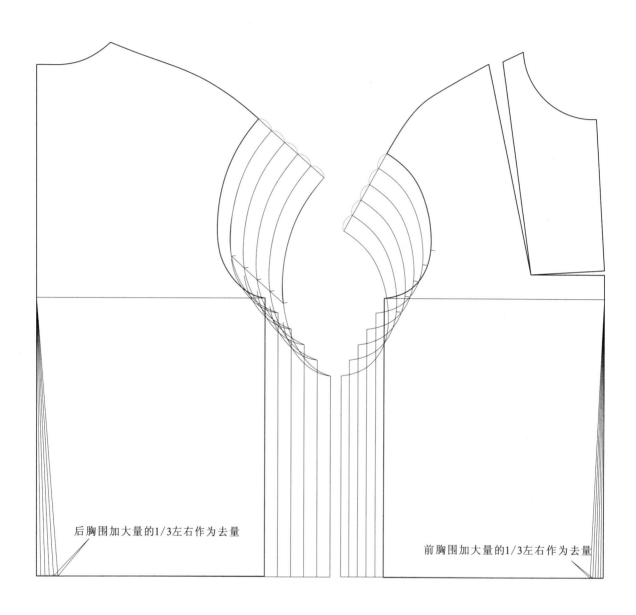

后胸围加大量的1/3左右作为去量

前胸围加大量的1/3左右作为去量

8.袖窿深与袖山高同步下降

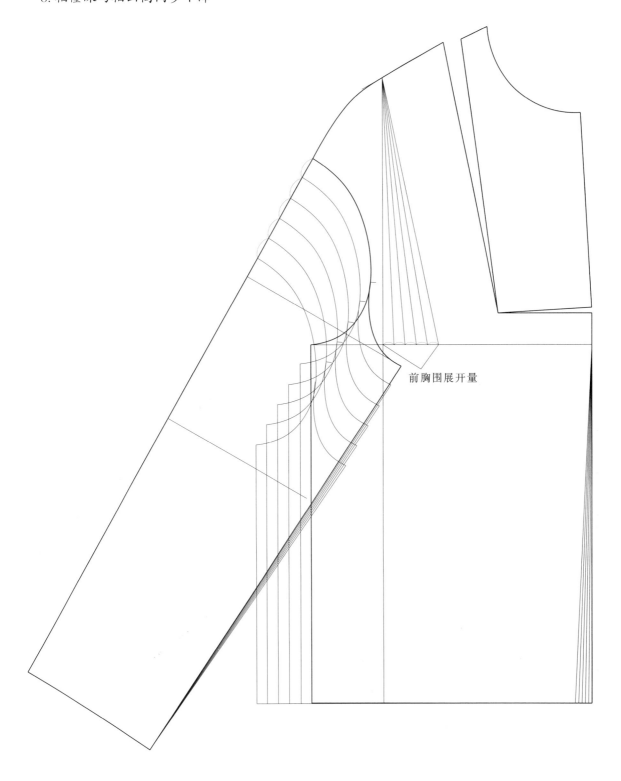

前胸围展开量

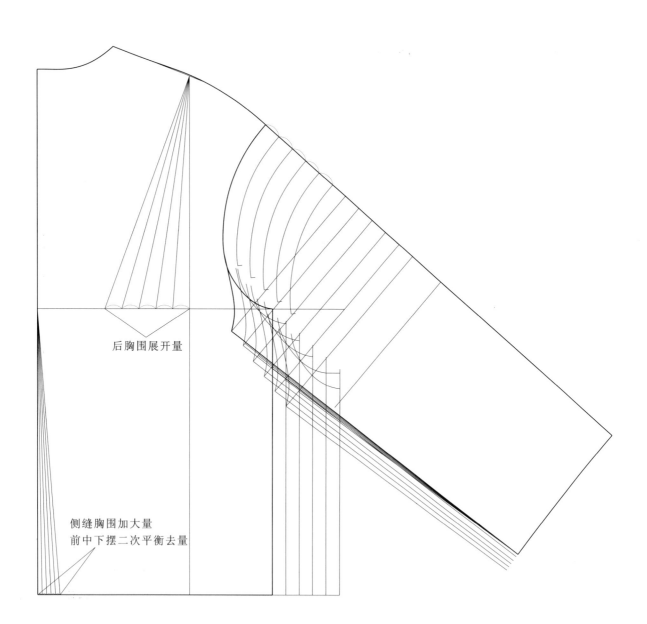

后胸围展开量

侧缝胸围加大量
前中下摆二次平衡去量

第二节 大廓型落肩袖案例要点分析与立体转平面

本节要点

（1）落肩袖的胸省与肩省的平衡分散处理。

（2）中落肩西装扣式袖的结构处理。

（3）手工双面呢大衣版型的调整。

一、坯布尺寸的确定

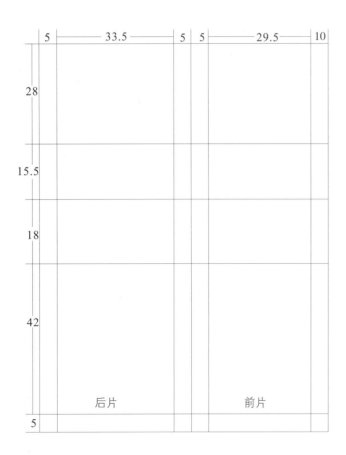

（单位：cm）

二、立体制作

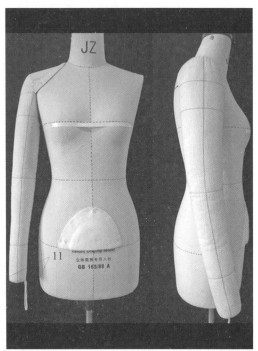

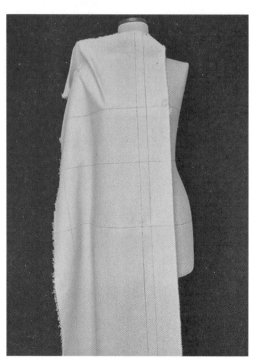

用美纹胶将两个胸高点贴平，腹部臀围线与前中线处用棉垫垫起来，使其与两个胸高点处于同一垂直面上。固定手臂，使手臂外口在自然状态下与大身距离约11cm

将坯布的胸围线和前中线与人台的胸围线和前中线对准，坯布的前中线垂直向下

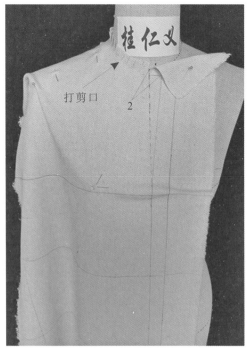

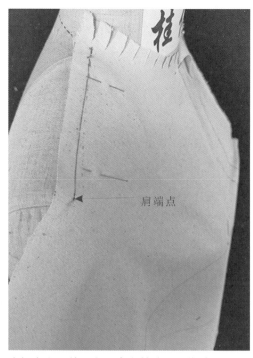

前领口处劈门2cm左右，将多余的松量放入胸围线处，然后沿着颈部与大身的转折点，每隔1cm打剪口，并画出前领圈

在坯布上沿着人台画出肩缝线（可偏前一点），并预留约1.5cm的缝分，将多余的坯布从肩端点处剪去

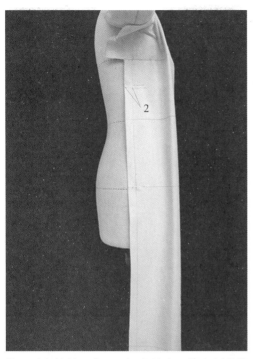

将手臂上抬并固定，让坯布的胸围线和侧缝线
与人台的胸围线和侧缝线对准，并使坯布的侧
缝线垂直向下，预留约2cm的缝分，将多余的
坯布剪去。在袖窿深处固定坯布，胸宽处会产
生活动量

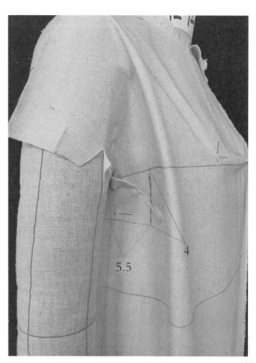

在袖窿处打剪口，将腋窝处多余的松量固定，并
标记出前袖窿宽约5.5cm

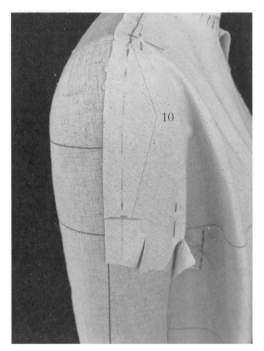

肩端点向下拔开一个量，肩端点下向10cm的
袖折线处放1cm的松量，标记出袖中线和落肩
量约10cm，并预留1.5cm的缝分，剪去多余
的坯布

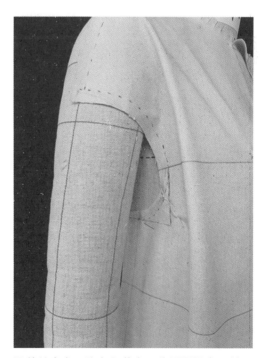

沿着袖窿宽、胸宽和落肩三处画顺袖窿，并预
留约1.5cm的缝分，剪去多余的坯布

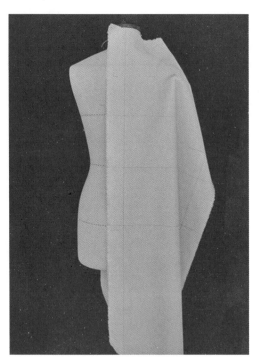

后片坯布的胸围线和后中线与人台的胸围线和后中线对准，并使坯布的后中线垂直向下

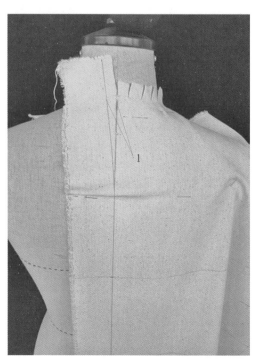

后领口劈门约1cm。胸围越大，劈门越大。沿着颈部与大身的转折点，每隔1cm打剪口，并画出后领圈

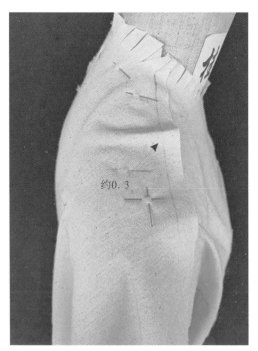

按照前肩缝线画出后肩缝线，预留0.3cm左右的吃势，并预留约1.5cm的缝分，剪去多余的坯布

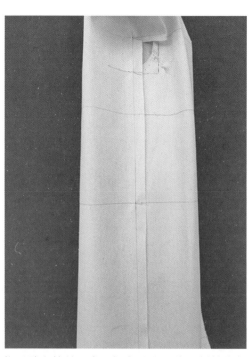

将手臂上抬并固定，坯布的胸围线和侧缝线与人台的胸围线和侧缝线对准，并使坯布的侧缝线垂直向下，预留约2cm缝分。在袖窿深处将坯布固定，背宽处会产生一个活动量

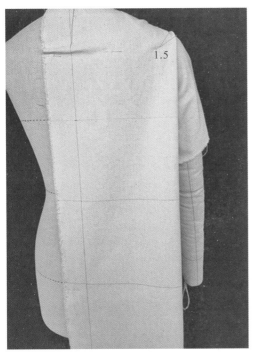

在肩端点内约 1.5cm 处，折出后背松量，越靠近后中，两边就越窄，就越显瘦

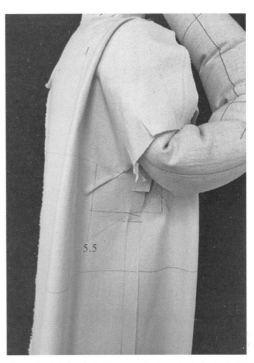

在袖窿处将坯布打剪口，将后腋窝处多余的松量固定，并画出后袖窿宽约 5.5cm

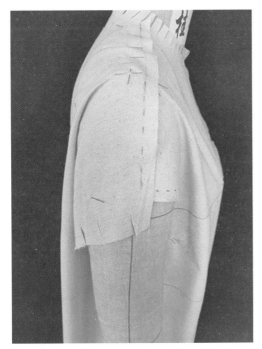

在肩端点向下 10cm 的袖直线处放出约 1.5cm 的松量，并标记出袖中线，预留约 1.5cm 的缝分，剪去多余的坯布

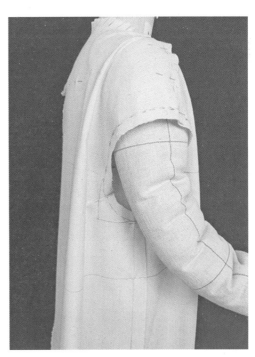

沿着袖窿宽、背宽和落肩三处画顺袖窿，并预留约 1.5cm 的缝分

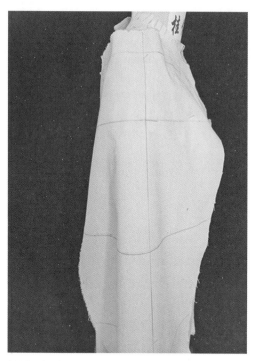

将袖子坯布的肩端点与人台的肩端点固定，袖口
处袖中线与手臂袖口处袖中线固定

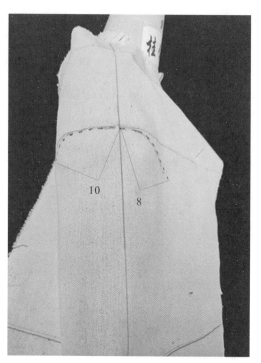

将袖子与手臂拉开一个抬手量，与大身成30°～
45°，沿着袖窿缝，前袖片标记出8cm左右，
后袖片标记出10cm左右

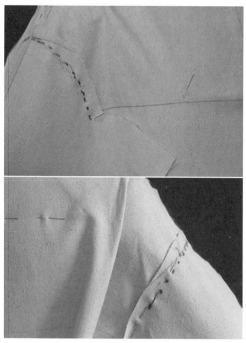

将袖子坯布沿着袖窿固定到腋窝处，大约在胸围
线处，按照前后腋窝点打剪口，按照前后袖窿宽
反折，调整袖口大小，然后从人台上取下来，再
进行调整

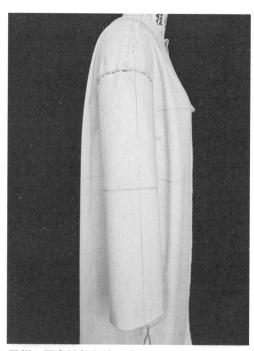

回样，固定袖长和袖口造型

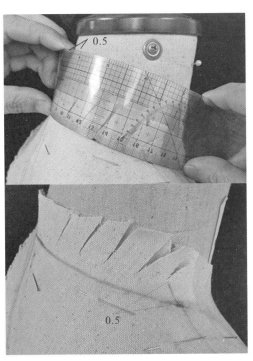

在人台领圈的基础上横开领外放 1.5cm，同时保持翻折线与大身有约 0.5cm 的松量，标记出后领圈

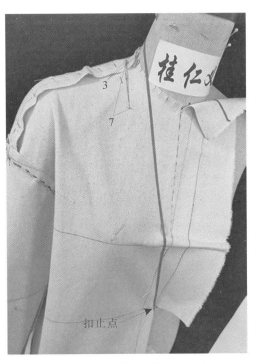

在领座高约 3cm 处画出翻折线至扣止点（腰围线），并标记出前领圈。前领圈与翻折线呈平行状态，长度约 7cm，且与后领圈之间圆顺过渡

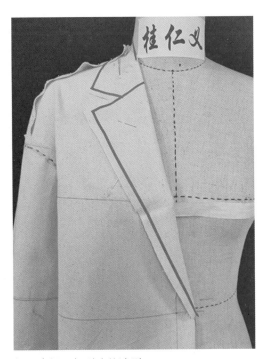

标记出领子与驳头的造型

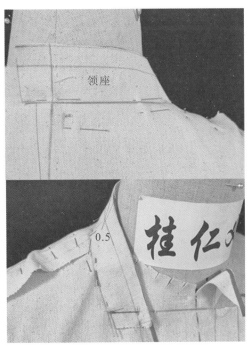

固定领座，使翻领与脖子之间有约 0.5cm 的松量，并标记出前领座大小

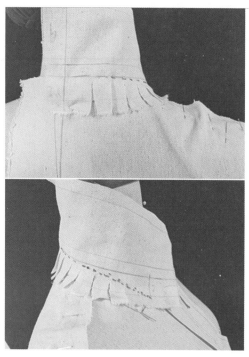

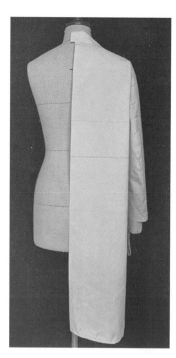

将翻领与领座固定，从后中线内 2.5cm 处开始
打剪口，在保证翻领与脖子有 0.5cm 的松量的
情况下，一直固定到前领圈，并画出标记，在
固定过程中拔开一个量，也可以边固定边翻过
来检查外领弧是否吻合

将翻领翻过来，按照造型线和翻领宽度，通过打
剪口的办法，调整外领弧大小。然后将坯布全部
取下来，修顺后，重新固定到人台上复样

正面效果图　　　　　　　　背面效果图　　　　　　　　侧面效果图

三、立体转平面

调用秋冬装宽松原型。

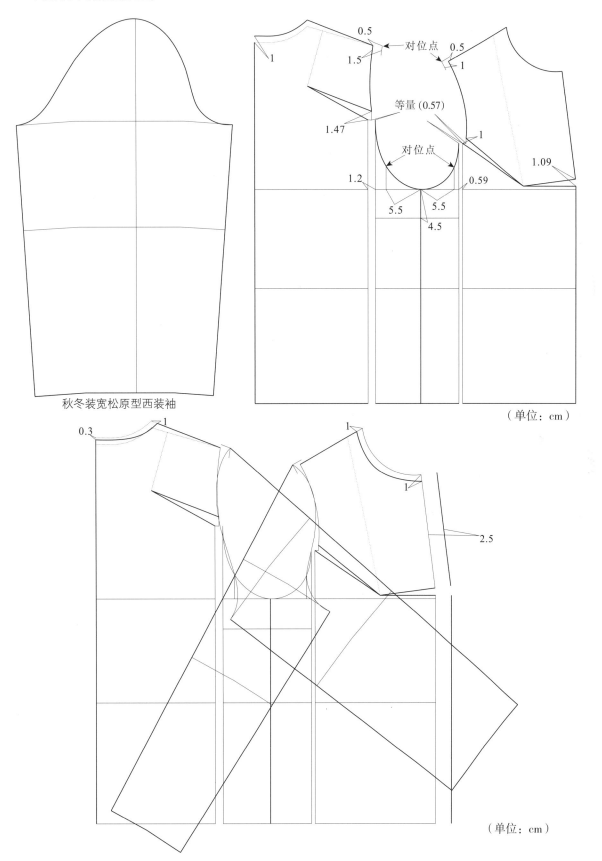

秋冬装宽松原型西装袖

（单位：cm）

（单位：cm）

※ 胸围与袖肥加量分析

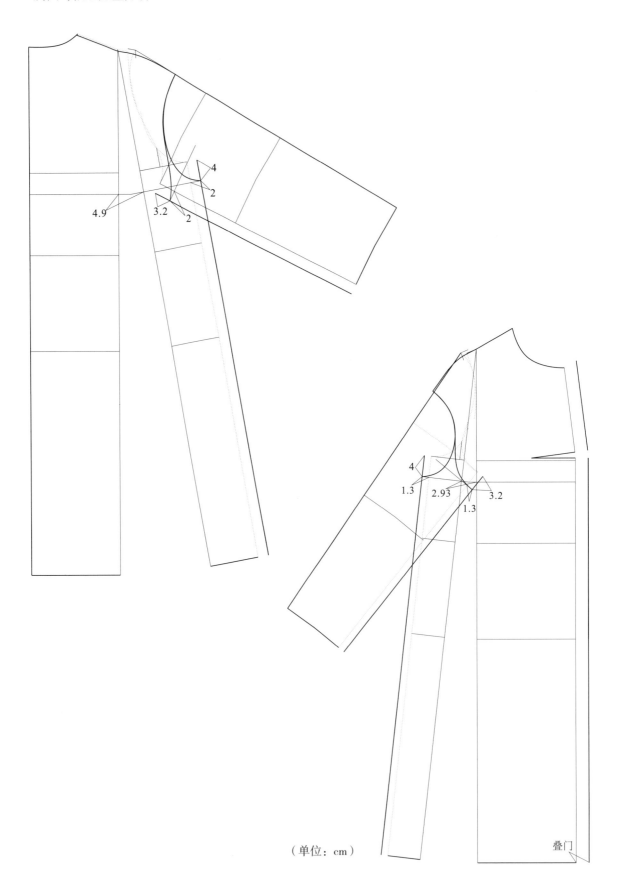

（单位：cm）

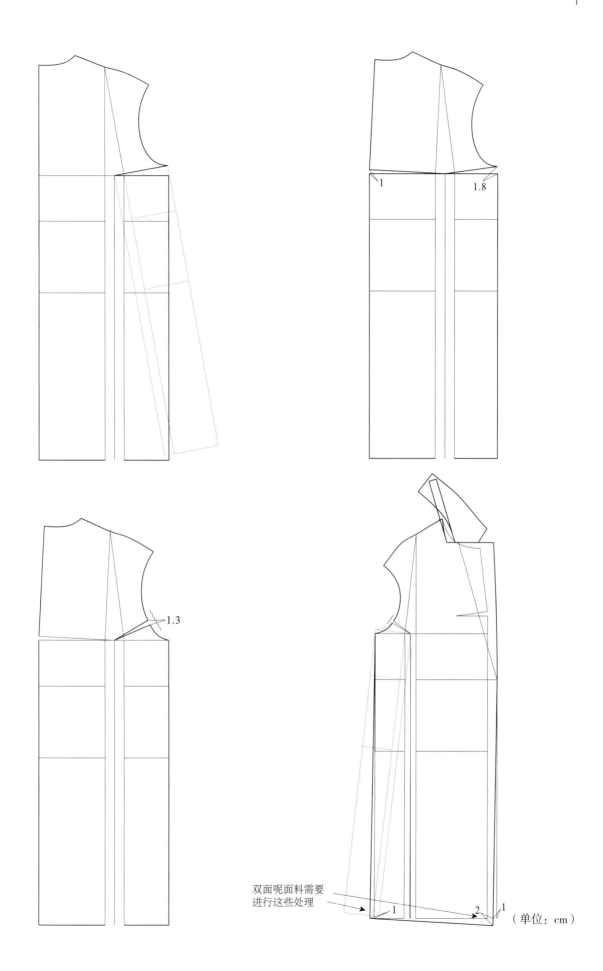

双面呢面料需要
进行这些处理

（单位：cm）

※ 西装袖制作

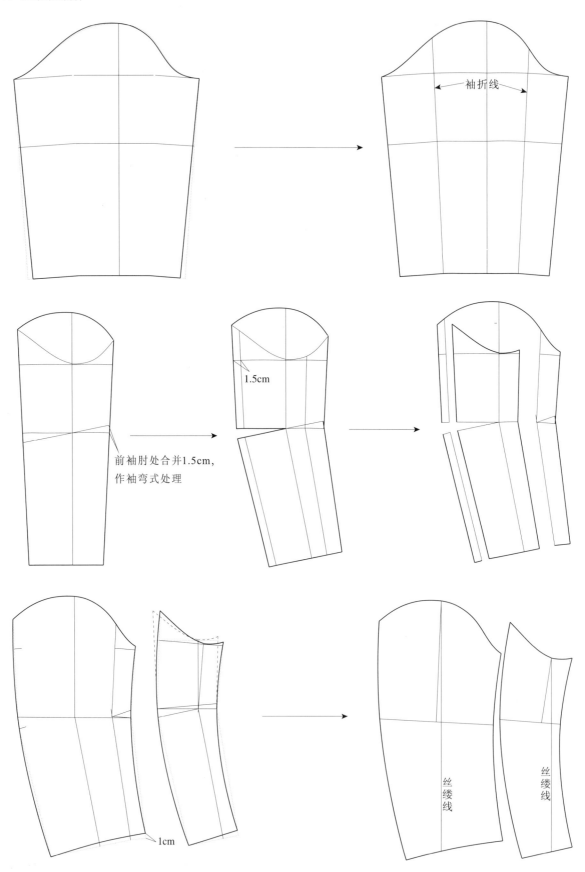

袖折线

1.5cm

前袖肘处合并1.5cm，
作袖弯式处理

1cm

丝缕线

丝缕线

第四章 连身袖衣身一次平衡与大廓型衣身二次平衡

第一节 半连身袖结构平衡原理

本章要点

（1）半连身袖与半省插肩袖的结构一样，只是连身袖部分为斜丝缕线方向，袖长容易长出来，要根据面料性能调整。

（2）袖弯式比较好处理，前袖肘处合并 2cm 左右即可。

（3）连身插角袖，袖窿松量与落肩袖无省原型一样松量，袖窿宽控制在手臂围 26cm（直径 8.2cm）+1cm 松量左右。

（4）大廓型衣身二次平衡原现。

半连身袖

一、半连身袖衣身一次平衡

调用秋冬装宽松原型及袖子。

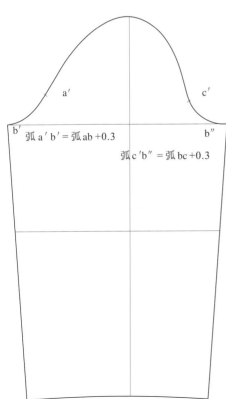

秋冬装宽松原型袖子

弧 a′b′ = 弧 ab +0.3

弧 c′b″ = 弧 bc +0.3

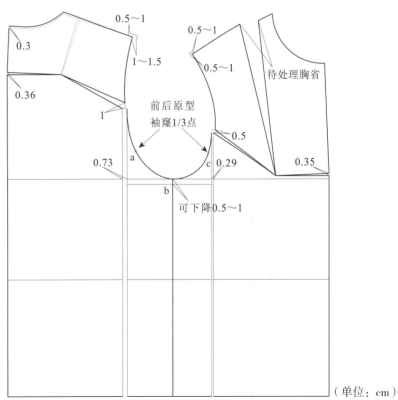

0.5～1

0.3

1～1.5

0.36

0.5～1

0.5～1

待处理胸省

1

前后原型袖窿1/3点

0.5

0.73

a

c 0.29

0.35

b

可下降0.5～1

秋冬装宽松原型

（单位：cm）

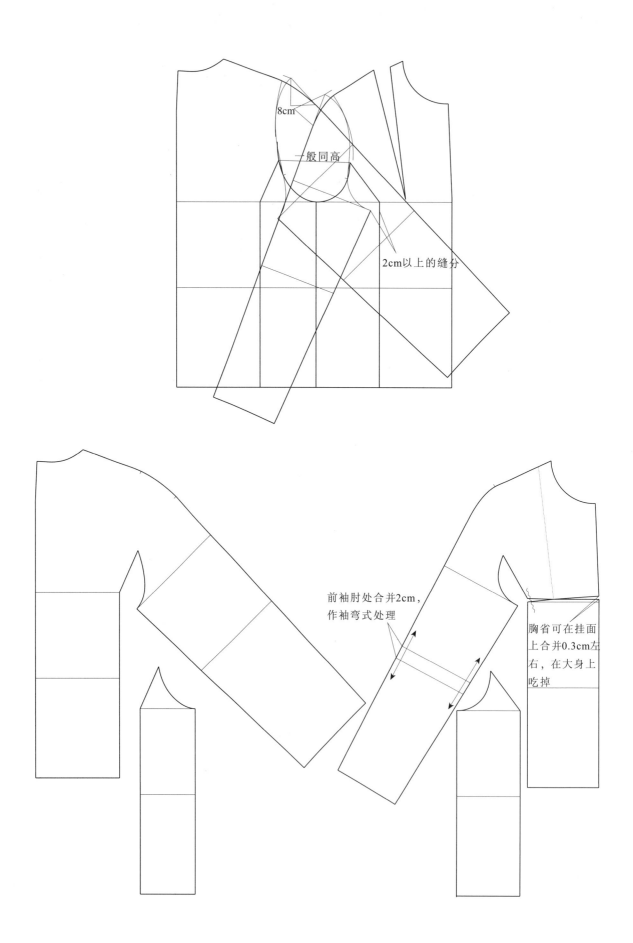

8cm

一般同高

2cm以上的缝分

前袖肘处合并2cm，
作袖弯式处理

胸省可在挂面
上合并0.3cm左
右，在大身上
吃掉

二、插角连身袖

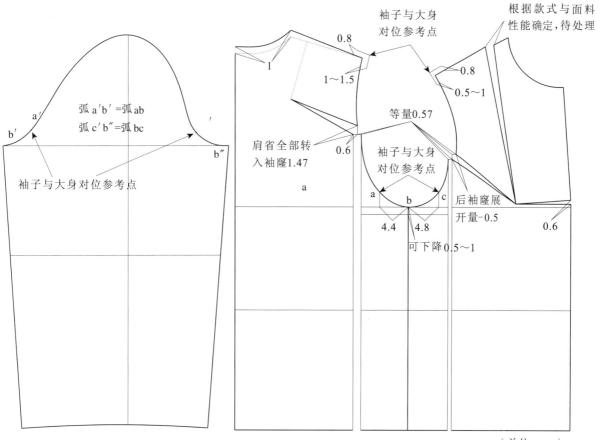

弧 a′b′=弧 ab
弧 c′b″=弧 bc

袖子与大身对位参考点

袖子与大身对位参考点

根据款式与面料性能确定,待处理

0.8
1~1.5
0.8
0.5~1

肩省全部转入袖窿1.47

等量0.57

袖子与大身对位参考点

0.6

a

a b c

4.4 4.8

后袖窿展开量-0.5

0.6

可下降0.5~1

（单位：cm）

按0.8cm对位点调整袖中线，多去少补

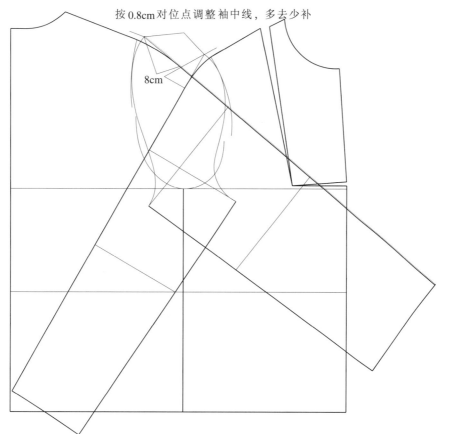

8cm

1. 袖子插直条

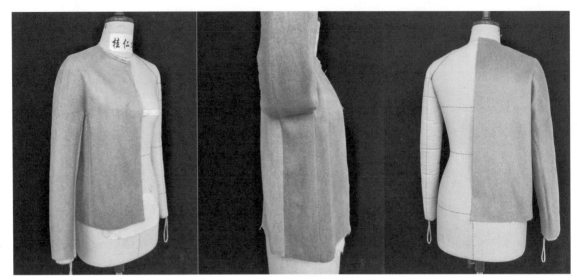

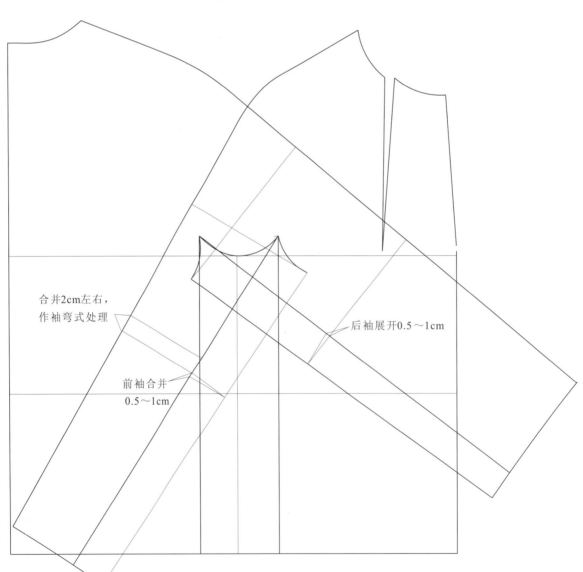

合并2cm左右,
作袖弯式处理

后袖展开0.5~1cm

前袖合并
0.5~1cm

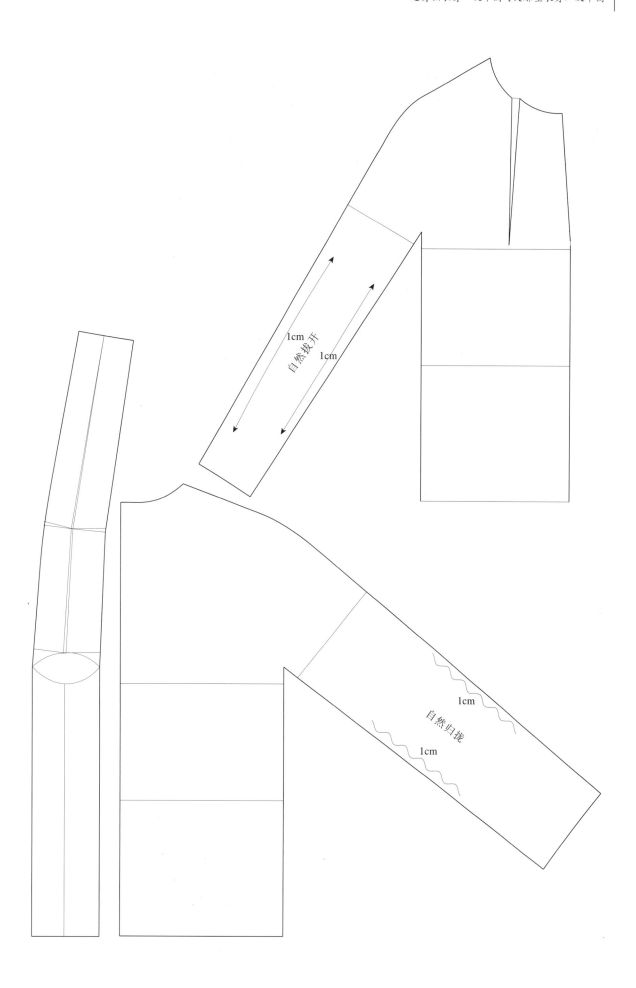

1cm 自然拨开 1cm

1cm 自然归拢 1cm

2.袖子插三角

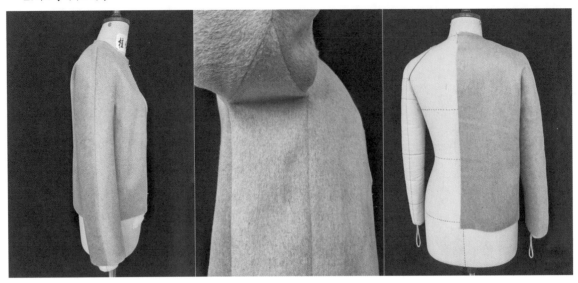

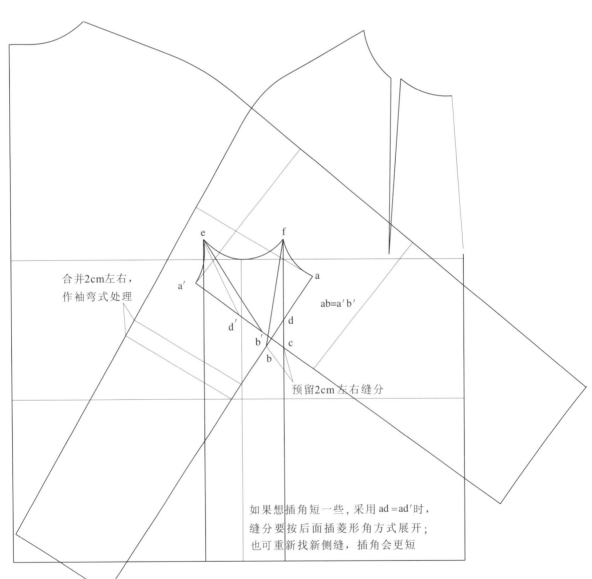

合并2cm左右，
作袖弯式处理

ab=a′b′

预留2cm左右缝分

如果想插角短一些，采用 ad =ad′时，
缝分要按后面插菱形角方式展开；
也可重新找新侧缝，插角会更短

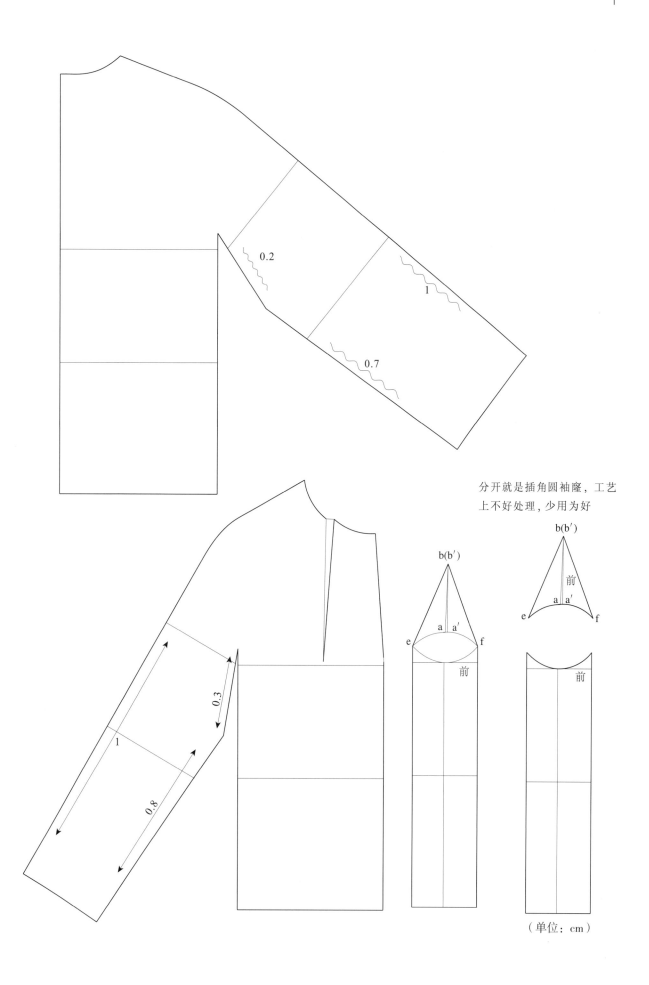

分开就是插角圆袖窿，工艺
上不好处理，少用为好

（单位：cm）

3. 大身插三角

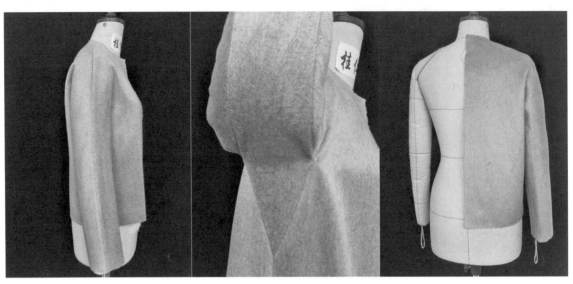

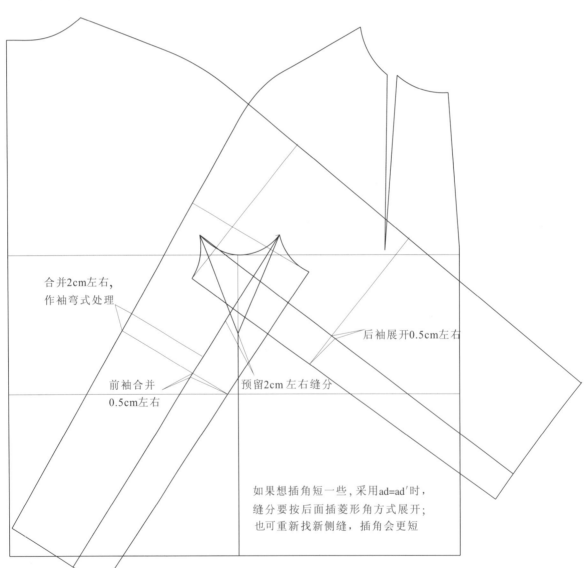

合并2cm左右,
作袖弯式处理

后袖展开0.5cm左右

前袖合并
0.5cm左右

预留2cm左右缝分

如果想插角短一些,采用ad=ad′时,
缝分要按后面插菱形角方式展开;
也可重新找新侧缝,插角会更短

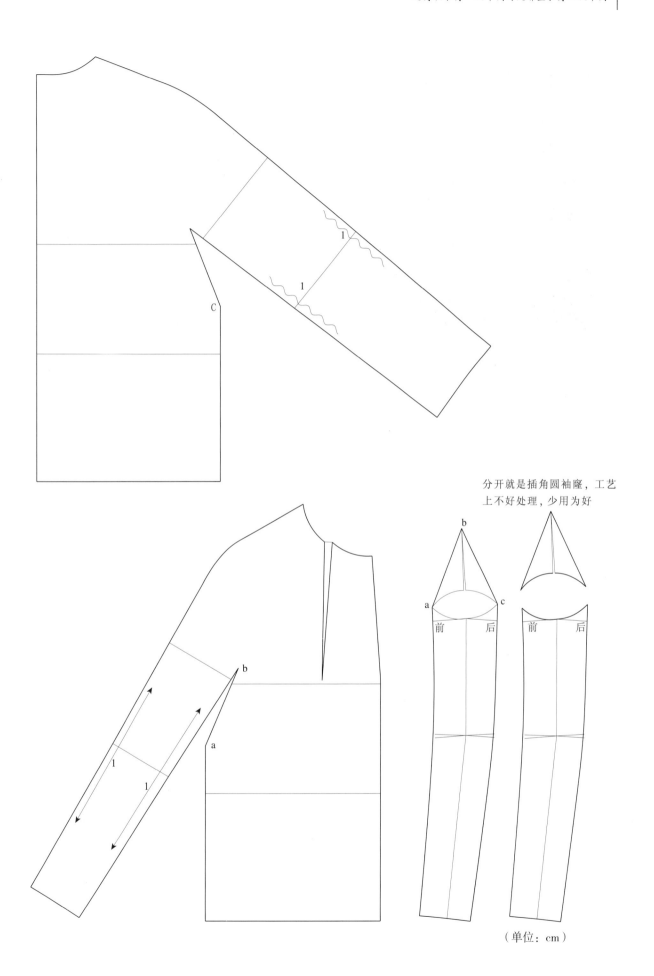

分开就是插角圆袖窿，工艺
上不好处理，少用为好

（单位：cm）

4. 插菱形角

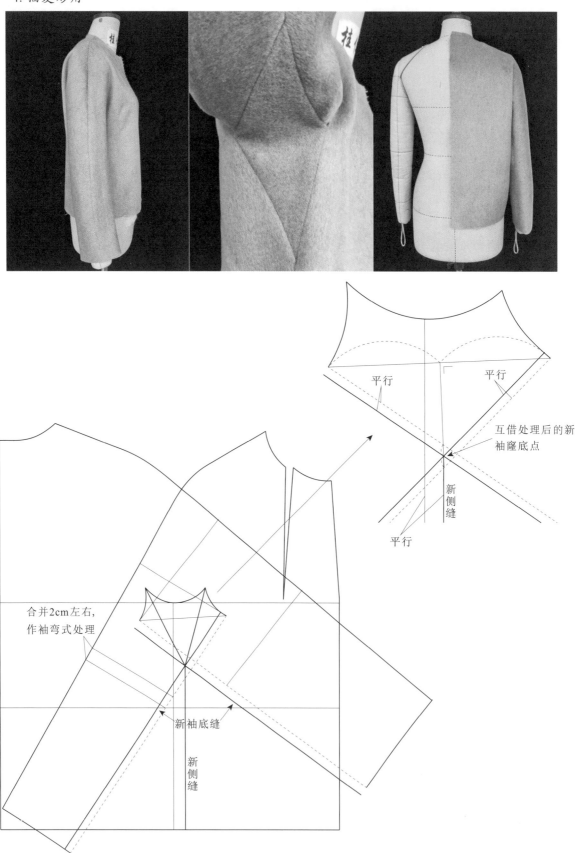

互借处理后的新
袖窿底点

平行

平行

平行

新
侧
缝

合并2cm左右,
作袖弯式处理

新袖底缝

新
侧
缝

※ 连身插角袖的袖窿底添加缝分处理

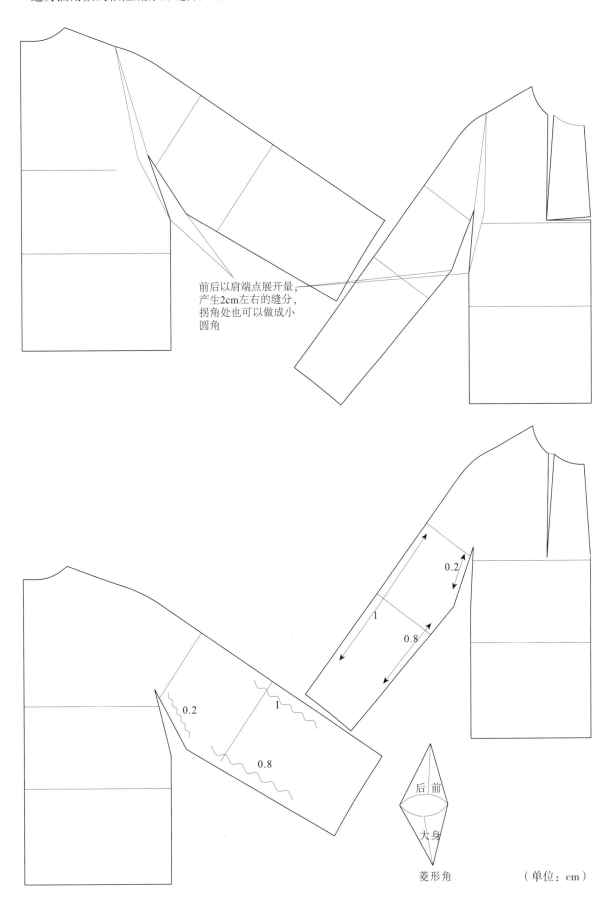

前后以肩端点展开量，
产生2cm左右的缝分，
拐角处也可以做成小
圆角

0.2

1

0.8

0.2

1

0.8

后 前

大身

菱形角 （单位：cm）

三、双排扣插菱形角连身袖大衣立体转平面

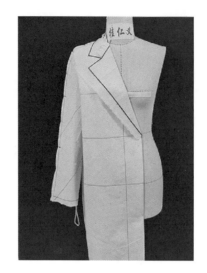

1. 要点分析

（1）大廓型立体加量规律。

（2）大廓型插菱形角袖窿深的确定。

（3）菱形角宽度与衣身二次平衡的关系。

（4）袖弯式量立体形成原理。

（5）大廓型衣身二次平衡原理。

（6）通过立体分析前袖起斜扭的原因。

2. 坯布尺寸的确定

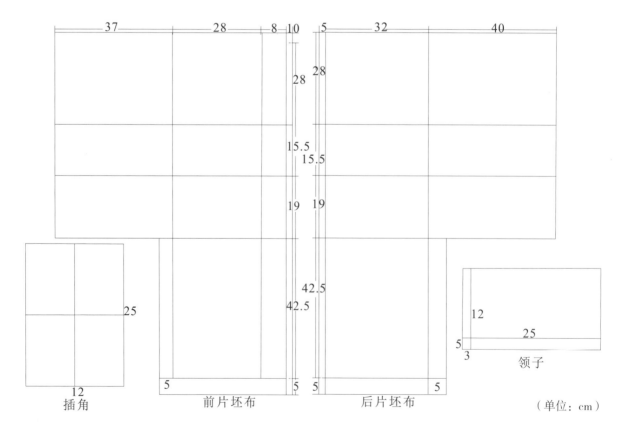

插角　　　　　　前片坯布　　　　　　后片坯布　　　　　领子　　　（单位：cm）

3. 立体制作

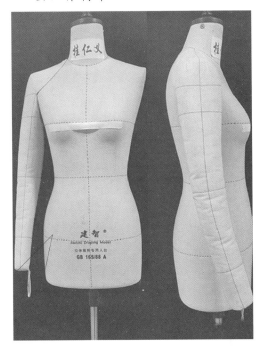

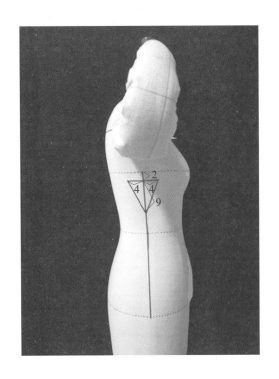

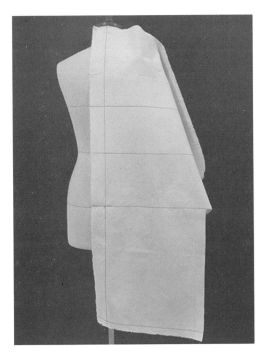

将坯布胸围线、后中线与人台胸围线、后中线水平垂直重合固定

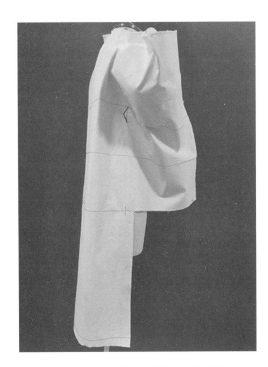

将坯布侧缝与人台侧缝、三围线水平垂直固定，并标注袖窿深

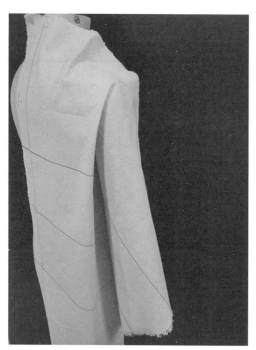

放下手臂与坯布,在袖窿内放 0.5cm 左右的衣身
二次平衡量,将多余的量先推至肩缝处,以肩端
点固定造型面松量,也可从肩端点向内 2cm 左右
固定造型面,松量约 11cm(会显瘦一点)

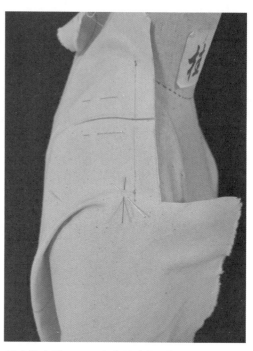

后肩缝内放 0.8cm 左右的吃势,标记肩缝线,并
预留 1.5cm 缝分

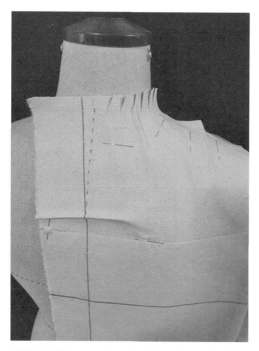

后领圈内放 0.3cm 左右的吃势,并以颈与大身为
转折点,间距 1cm 打剪口,将多余量推至后中,
约 0.8cm 左右,标记后中线。后中会产生 0.8cm
左右的撇门量

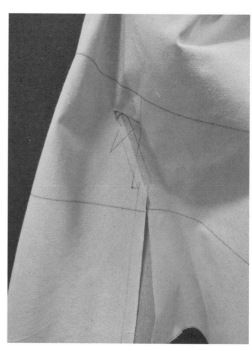

侧缝向前移 1cm,袖窿深处先向下 9cm,后袖窿宽
(4cm+1cm)标记插角,预放 2cm 缝分,并在
插角处固定针,侧缝预放 1.5cm 缝分

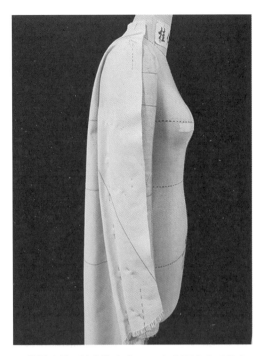

以手臂后袖折线，坯布胸围线对应处放 4~5cm 松量至袖口，固定的同时注意袖底缝与袖中缝的吃势要一样

沿着袖中缝、袖底缝向内 2cm 左右固定在手臂上，会产生吃势量，袖口处预放 4cm 缝分渐变至肩端点处 1.5cm

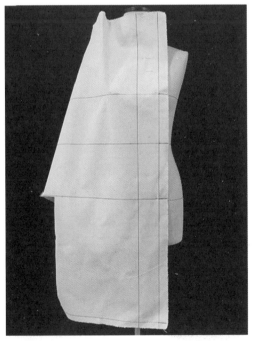

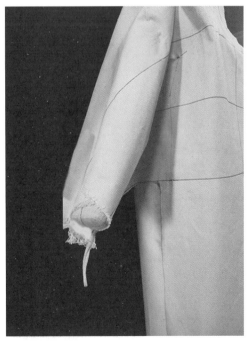

将坯布胸围线、前中线与人台胸围线、前中线水平垂直重合固定。前中平行放 0.3cm（双排扣胶装面料厚度产生的围度量）

前片坯布臀围线、侧缝线与后片坯布臀围线、侧缝线水平垂直对位固定侧缝至胸围线以下 3.5cm。侧缝向前中 4cm 固定插角处

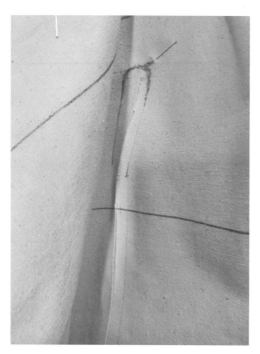

袖窿深向下 9cm，前袖窿宽（4cm–1cm）标记
插角预放 2cm 缝分，侧缝处放 1.5cm 缝分，并
在插角处先固定

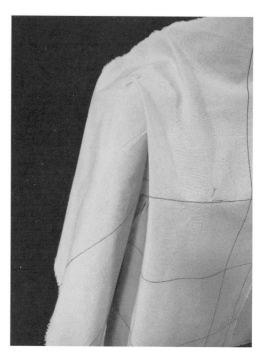

前袖窿放 0.5cm 左右的衣身二次平衡量，将多余
的量推至肩缝处，以肩端点固定前造型面松量约
5cm

抹平肩缝，将多余的量推至前中，标记肩缝线并
预留 1.5cm 缝分

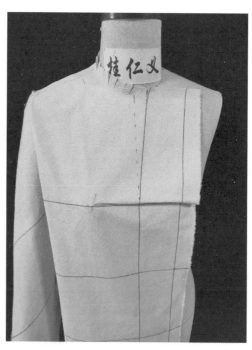

将多余的量推至前中，以 1cm 间距打剪口至颈
与大身转折点，标记前中线，将产生撇门约 1.5cm

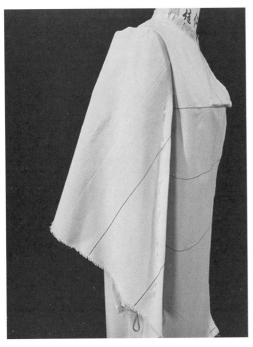

以坯布胸围线处水平对应处，前手臂袖折线位置放出 3~4cm 袖肥松量，并固定至袖口，注意袖中缝与袖底缝的拔量均衡

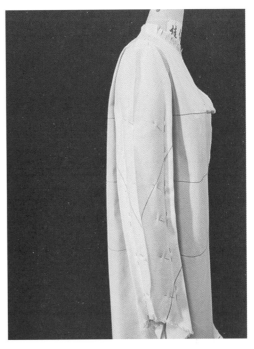

先剪去一部分，将袖中缝与袖底缝拔开一个量(约 2cm) 进行袖弯式处理，并固定

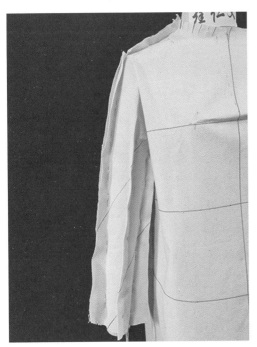

抓缝袖中缝与袖底缝，并标记对位点，按袖长 58cm+3cm（袖口折边）修剪袖子

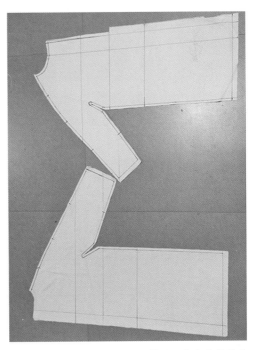

取下来修顺线条，放 1.5cm 缝分，将多余的缝分剪去，回样，看是否需要再调整

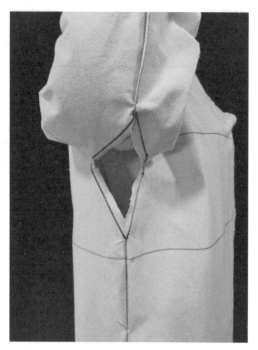

回样，将手臂抬起，向上固定

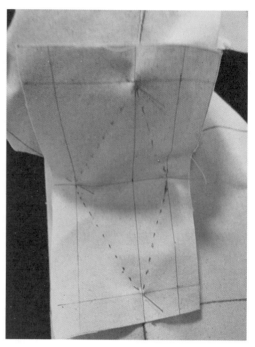

将四个点对准固定，并标记出插角大小

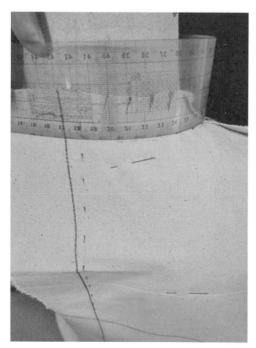

用放码尺垂直后中线上口放 0.5~0.8cm 松量，后领弧长 10cm，直尺向前倾斜标记后领弧线

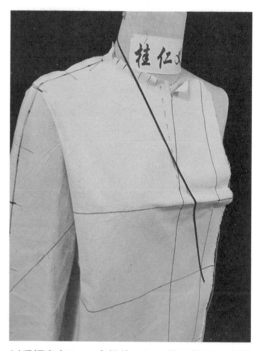

以后领座高 4cm，肩领处 3.2cm 叠门宽 7cm 点标记翻折线至腰围线

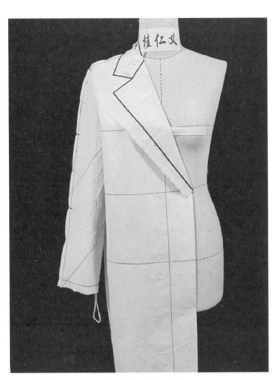

以翻领宽 6cm, 标记翻领与驳头造型

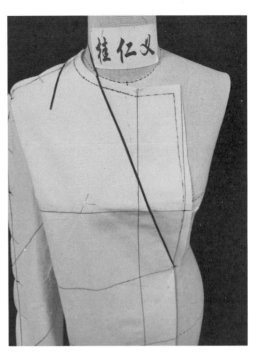

将驳头翻过来，标记串口线与前领圈，并预放 1cm 缝分

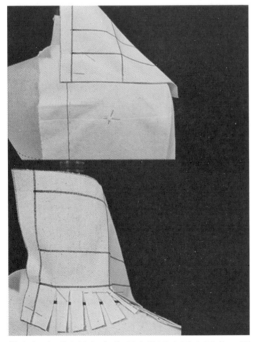

将领坯布后中线与大身后中线重合垂直固定，领圈处后中往肩缝方向 2cm 固定，从此处开始间距 1cm 打剪口，将翻领翻过来，找里外松量至肩缝，并将领下口拔开 0.6cm 左右

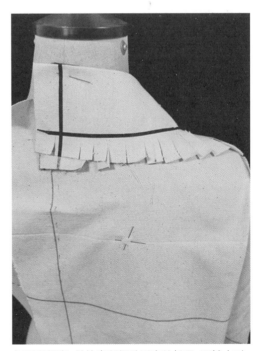

标记翻领宽，并检查翻领外弧度的松量，不够大时，打剪口放开一个量；如果外弧偏大，在坯布上合并一个量

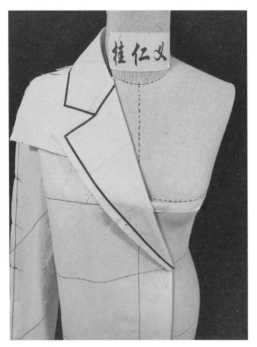

标记驳头大小、对位点，取下来修正回样

正面立裁效果图

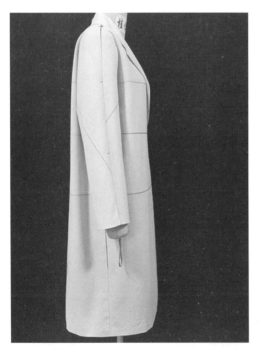

侧面立裁效果图

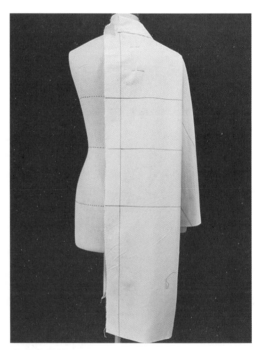

背面立裁效果图

双排扣插菱形角连身大衣成衣正面效果图

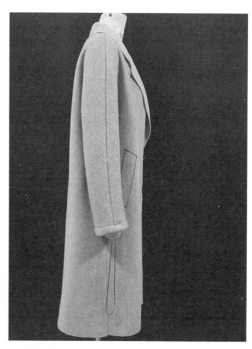

双排扣插菱形角连身大衣成衣侧面效果图

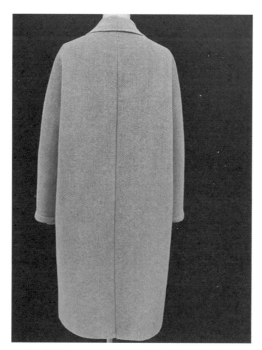

双排扣插菱形角连身大衣成衣背面效果图

4. 立体转平面

方法一：调用秋冬装原型，将其转化为无省原型

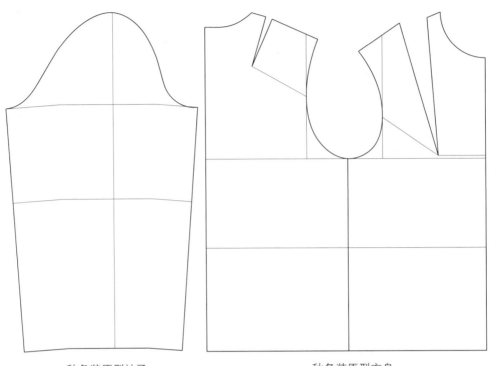

秋冬装原型袖子　　　　　　　　　　　秋冬装原型衣身

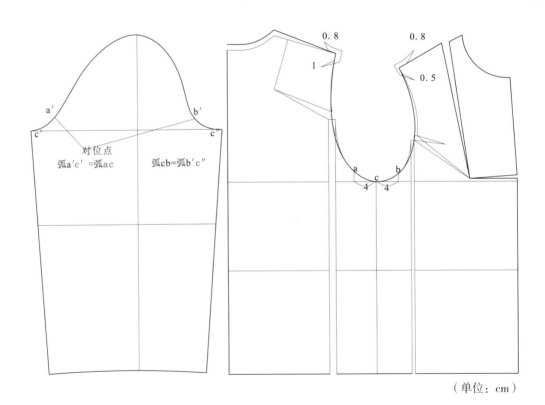

（单位：cm）

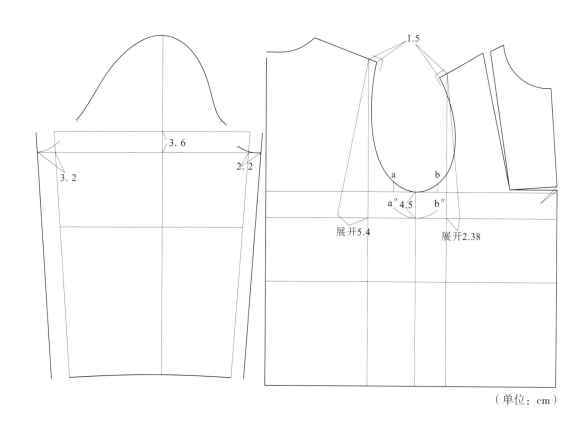

（单位：cm）

展开后侧缝加长的量先放在前后中,待处理

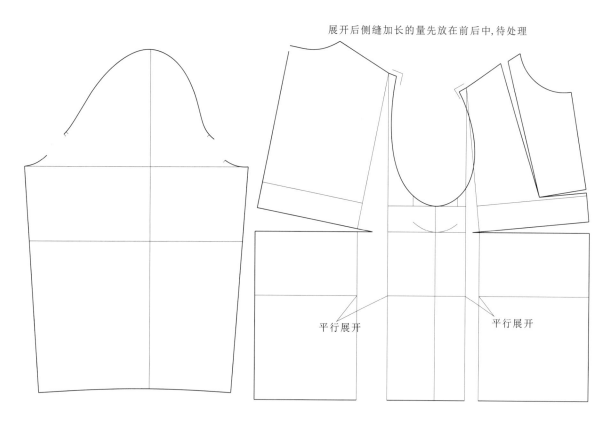

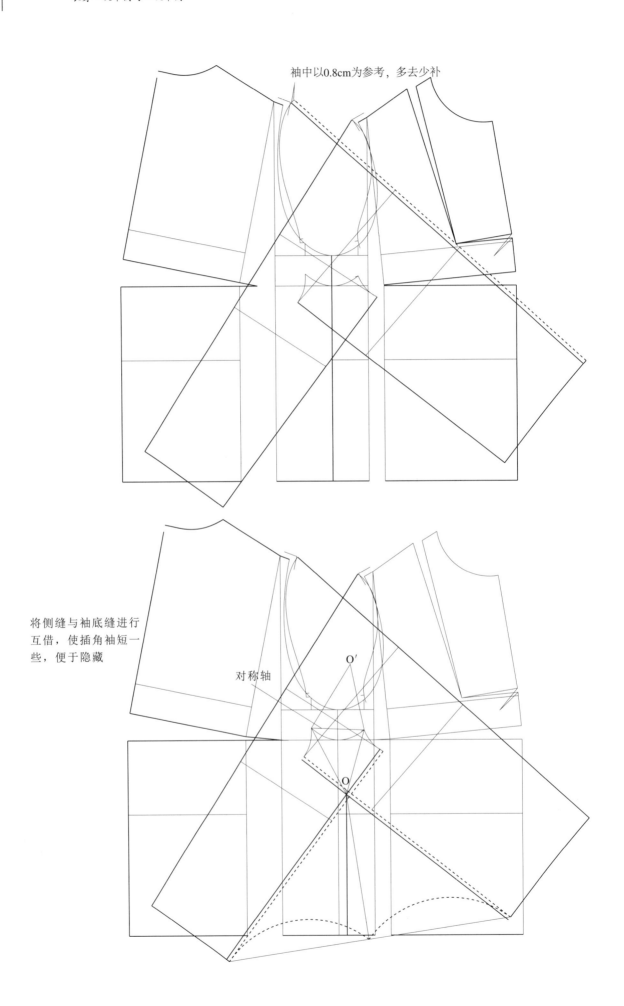

袖中以0.8cm为参考，多去少补

将侧缝与袖底缝进行
互借，使插角袖短一
些，便于隐藏

对称轴

O′

O

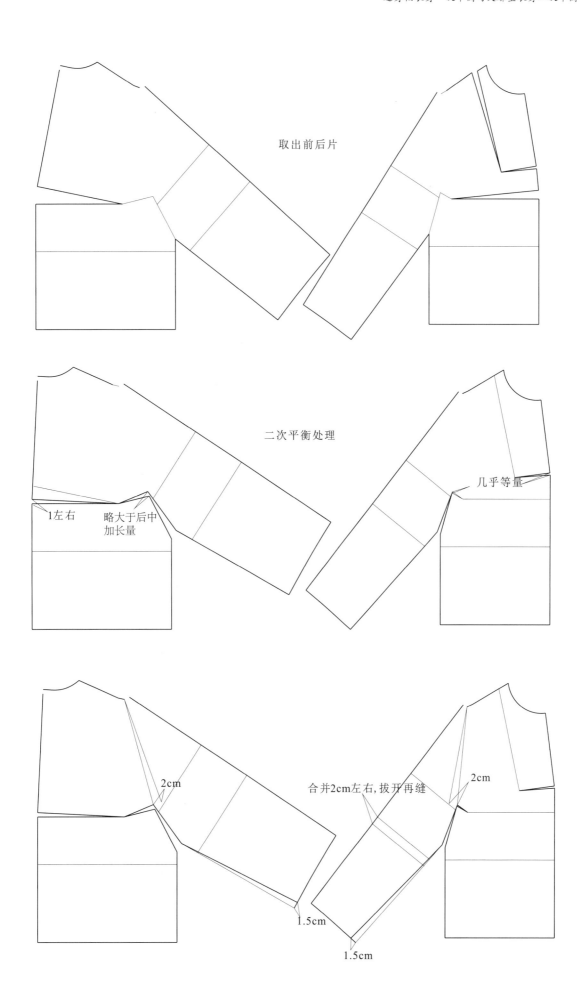

取出前后片

二次平衡处理

几乎等量

1左右

略大于后中
加长量

2cm

2cm

合并2cm左右,拔开再缝

1.5cm

1.5cm

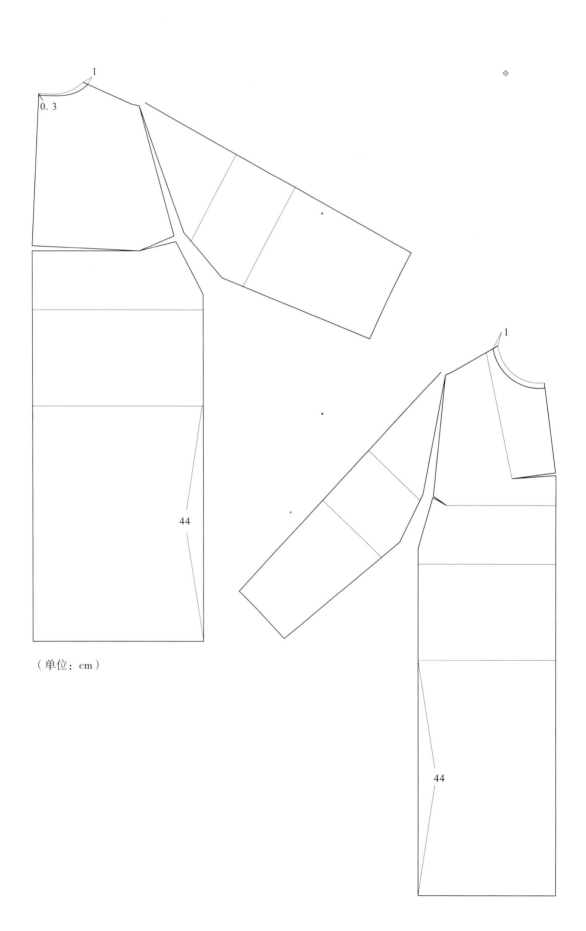

（单位：cm）

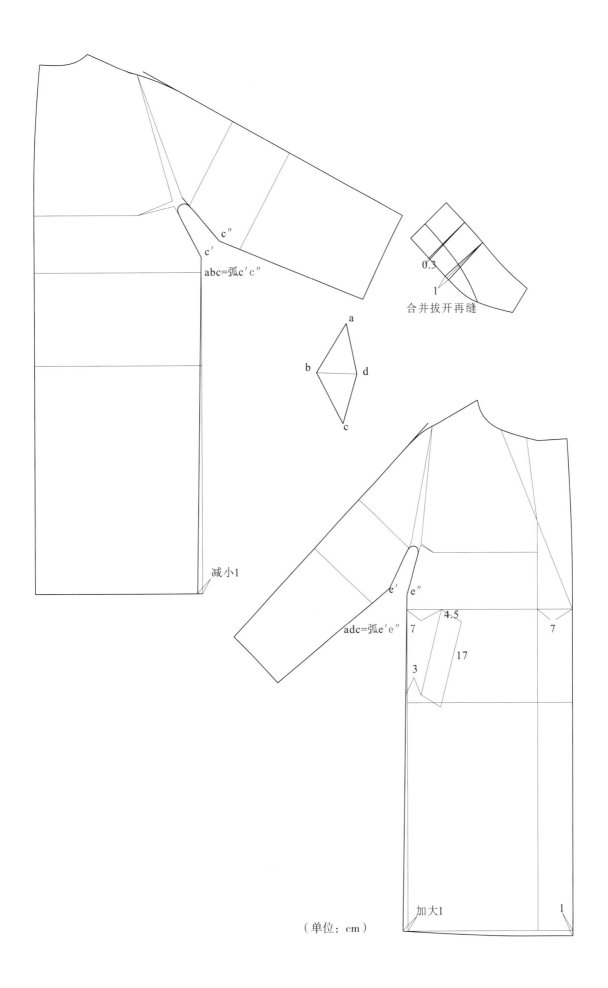

abc=弧c′c″

c″

c′

0.3

1

合并拔开再缝

a

b   d

c

减小1

adc=弧e′e″

e′ e″

7   4.5   7

17

3

加大1   1

（单位：cm）

方法二：立体转平面

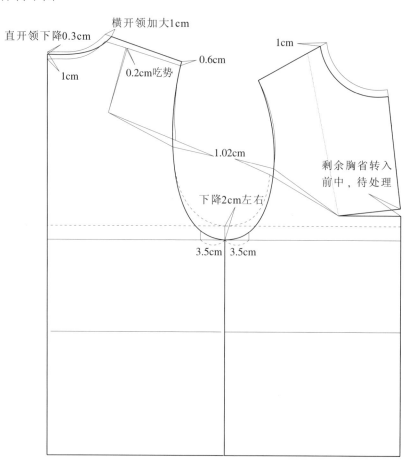

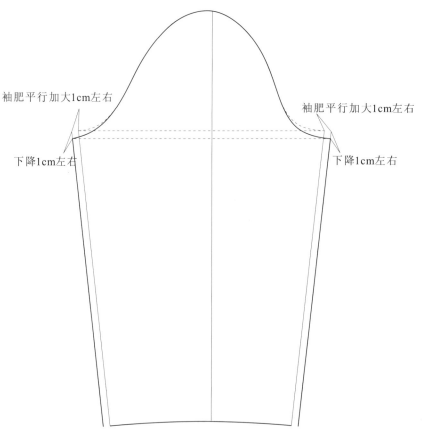

方法二：立体转平面

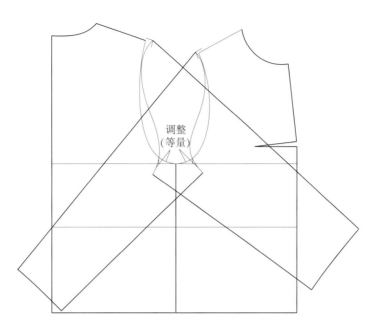

调整
（等量）

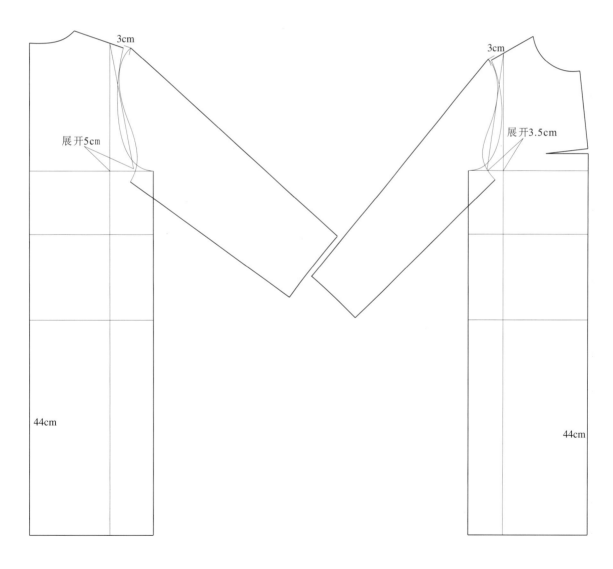

3cm

3cm

展开5cm

展开3.5cm

44cm

44cm

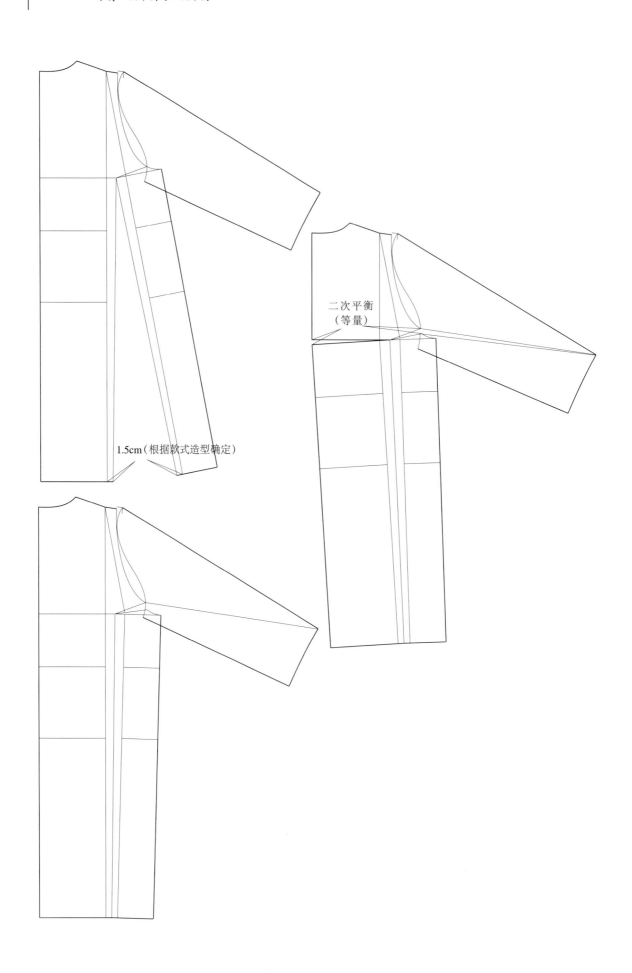

1.5cm（根据款式造型确定）

二次平衡
（等量）

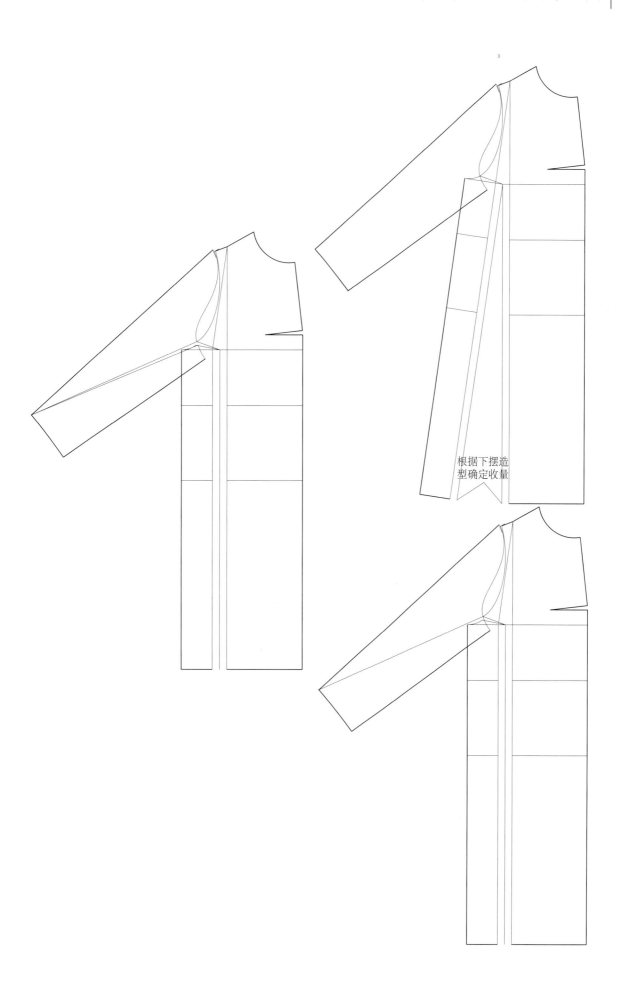

根据下摆造
型确定收量

※ 插角最短处理方法

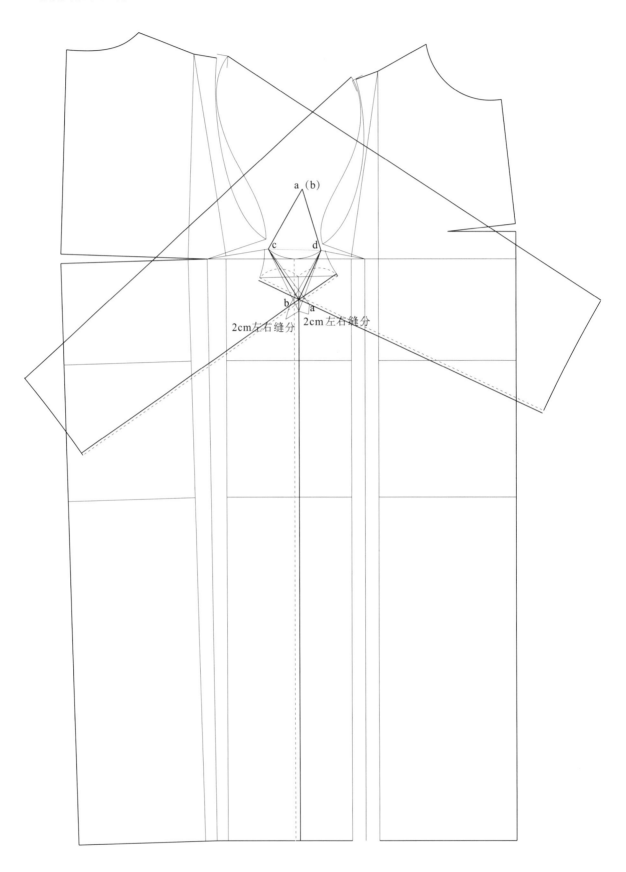

※ 插角最短处理方法

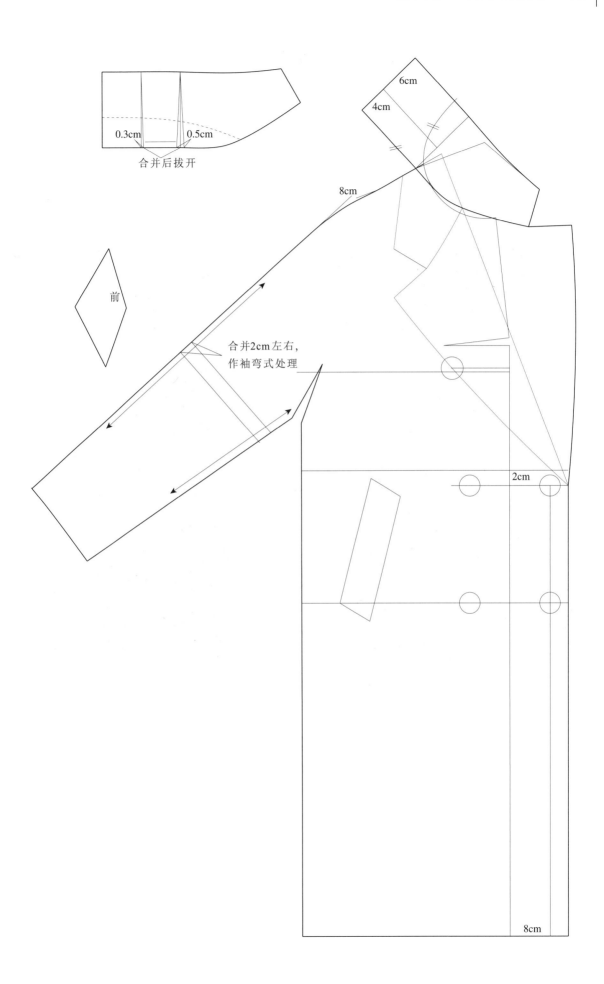

第二节　连身袖结构平衡原理

本节要点

（1）了解春夏装短连身袖与长袖连身袖的穿着状态，也就是袖窿高低对衣身平衡的影响。

（2）长袖连身袖的袖窿宽按手臂的直径确定，袖窿越深，肩省与胸省转入越少，反之越多。

（3）胸围与肩斜度、抬手活动量、起扭和袖中起吊的联动关系。

一、连身袖衣身一次平衡

1. 春夏装短连身袖

将肩省与胸省全部转入袖窿，使袖窿加长，由于前袖窿的胸省转入量比肩省转入量大，故后袖窿整体抬高0.5~1cm，具体根据袖窿深浅确定，袖窿深可以不抬高，袖窿浅必须抬高一个量，否则会夹手臂。

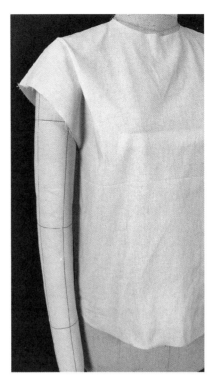

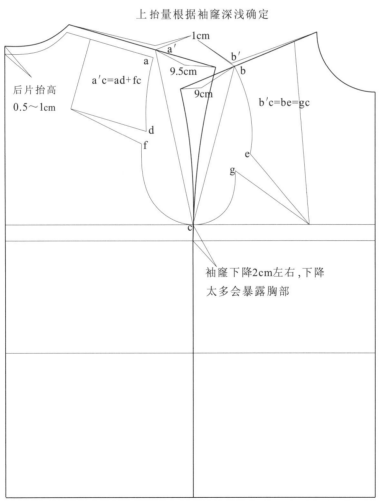

上抬量根据袖窿深浅确定

2.秋冬装连身袖一次平衡

　　调用秋冬装宽松原型与袖子，进行衣身一次平衡处理。袖窿宽=手臂根围直径26/3.14=8.2cm，再加1cm左右的内衣厚度。袖窿深可以参考B/4+2cm左右确定。

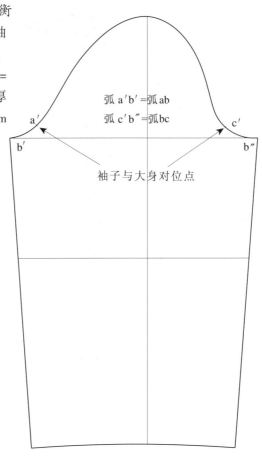

弧 a′b′=弧ab
弧 c′b″=弧bc

a′

b′　　　　　　　　　　b″　　c′

袖子与大身对位点

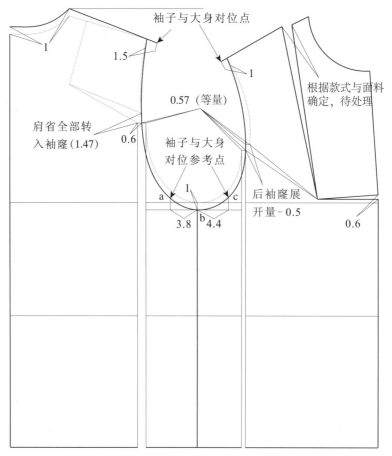

袖子与大身对位点

1　　　1.5

1

根据款式与面料
确定，待处理

0.57（等量）

肩省全部转
入袖窿（1.47）

0.6

袖子与大身
对位参考点

a　　1　　c

3.8　b　4.4

后袖窿展
开量-0.5

0.6

（单位：cm）

二、连身袖结构变化

按对位参考点将衣身与袖子对位吻合，确定最小袖子与大身窿门宽。不管胸围怎么变化，c 点到 b″ 点或 b 点、a 点到 b 点或 b′ 点的距离基本保持不变，同时 c 点与 a 点到袖中缝的距离基本保持不变。连身袖在正常情况下，后片肩斜线的延长线就是袖中线，否则活动量不够，前片可以略降，互借前后侧缝与袖底缝，也可以解决部分活动量。

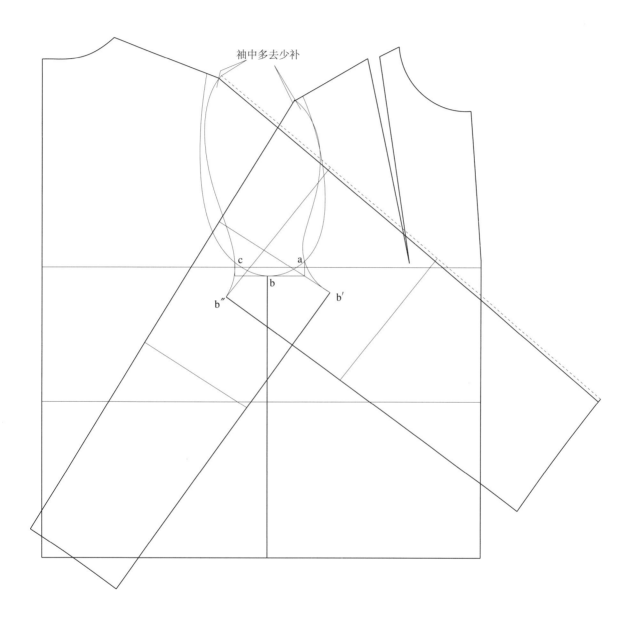

袖中多去少补

1.无袖中缝结构

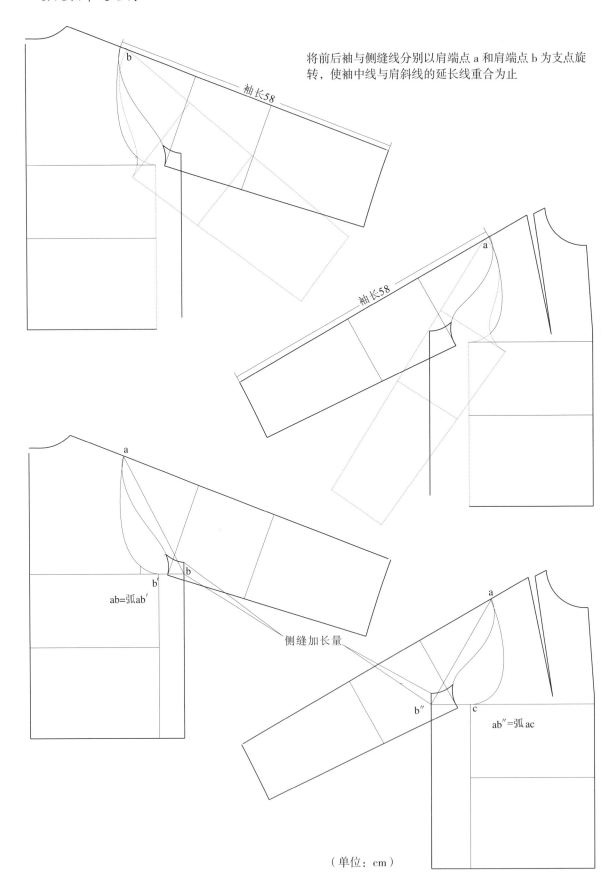

将前后袖与侧缝线分别以肩端点 a 和肩端点 b 为支点旋转，使袖中线与肩斜线的延长线重合为止

袖长58

袖长58

ab=弧ab′

侧缝加长量

ab″=弧ac

（单位：cm）

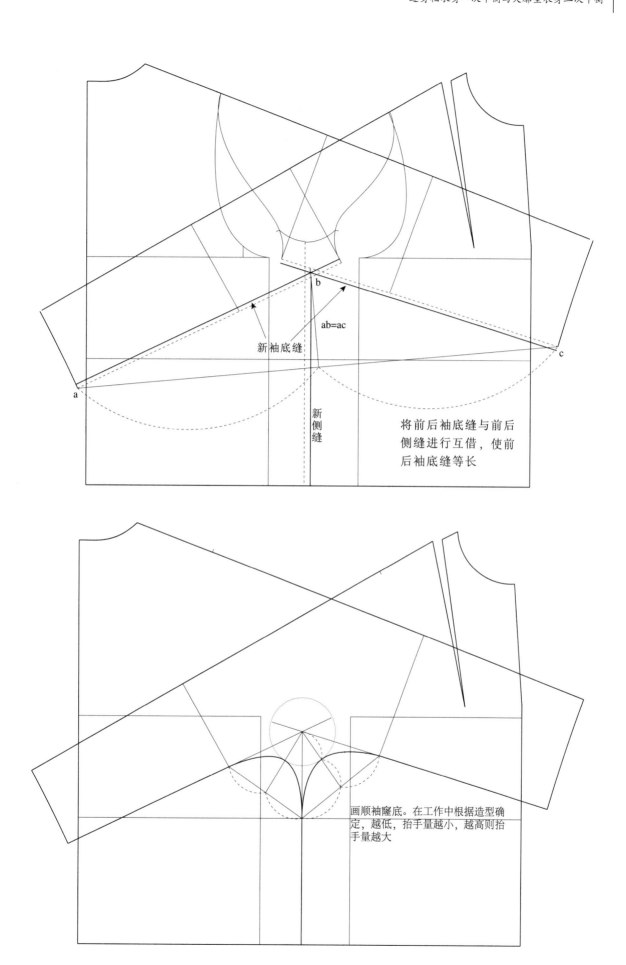

新袖底缝

b

ab=ac

新侧缝

将前后袖底缝与前后侧缝进行互借，使前后袖底缝等长

画顺袖窿底。在工作中根据造型确定，越低，抬手量越小，越高则抬手量越大

2. 肩斜度与胸围、抬手量的联动关系

通过下面的结构变化图，可以看到胸围与肩斜度有联动关系。肩斜度增大时，若胸围不加大，袖中会产生松量，导致袖中起吊起扭现象；拔开一个量，效果会好一些。

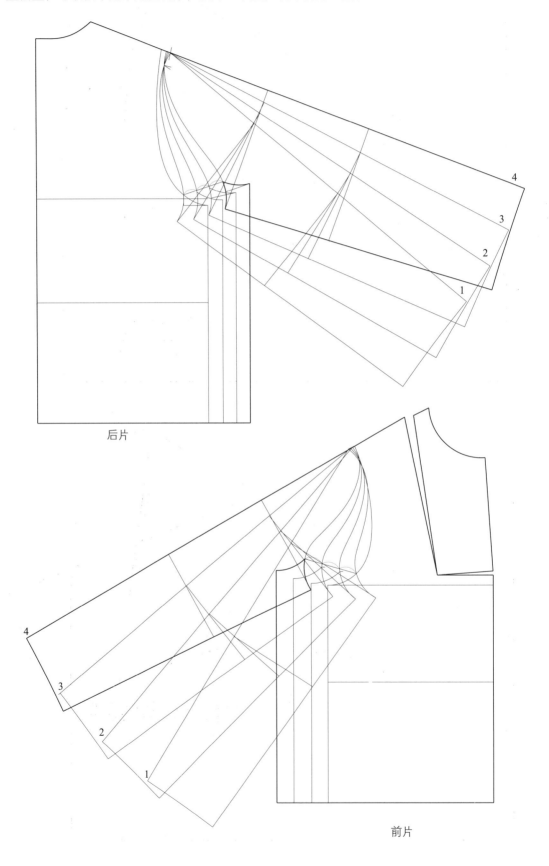

后片

前片

在工作中，建议后片 4 与前片 3 拼合应用，效果比较好。

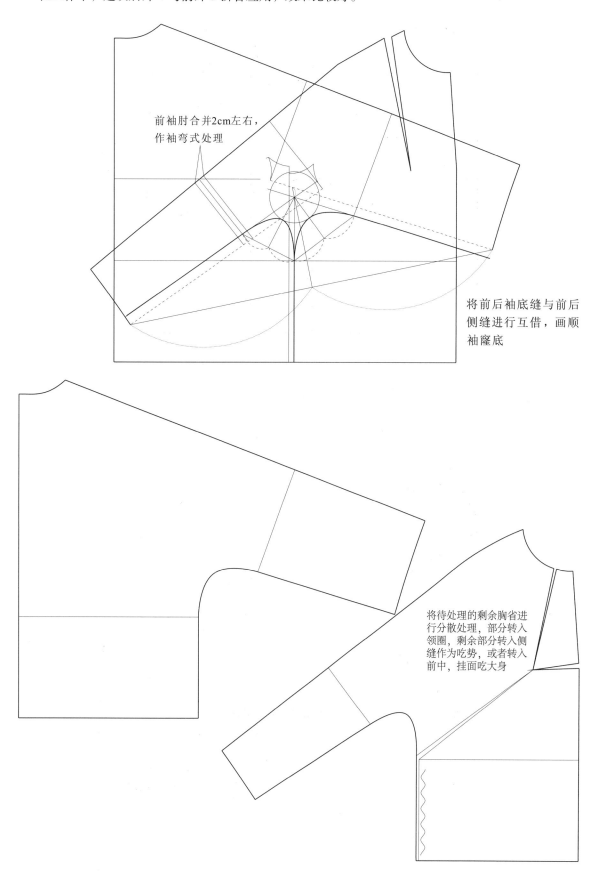

前袖肘合并2cm左右，
作袖弯式处理

将前后袖底缝与前后
侧缝进行互借，画顺
袖窿底

将待处理的剩余胸省进
行分散处理，部分转入
领圈，剩余部分转入侧
缝作为吃势，或者转入
前中，挂面吃大身

3. 总胸围不变，前合体后宽松（前抱式）

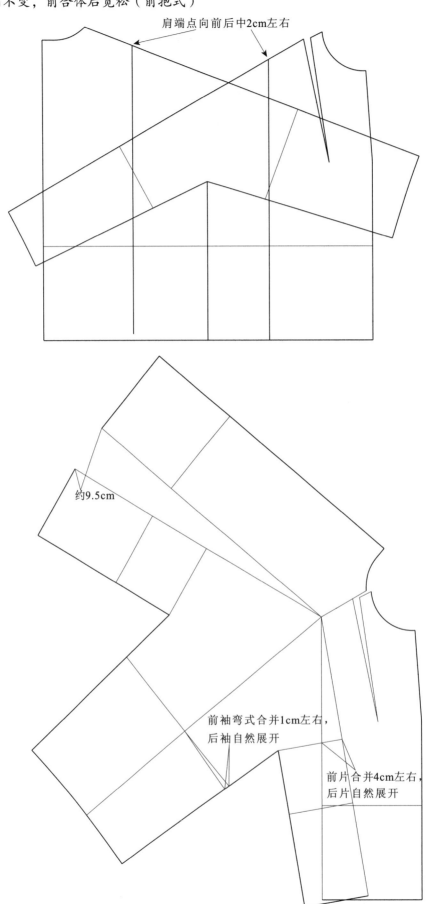

肩端点向前后中2cm左右

约9.5cm

前袖弯式合并1cm左右，
后袖自然展开

前片合并4cm左右，
后片自然展开

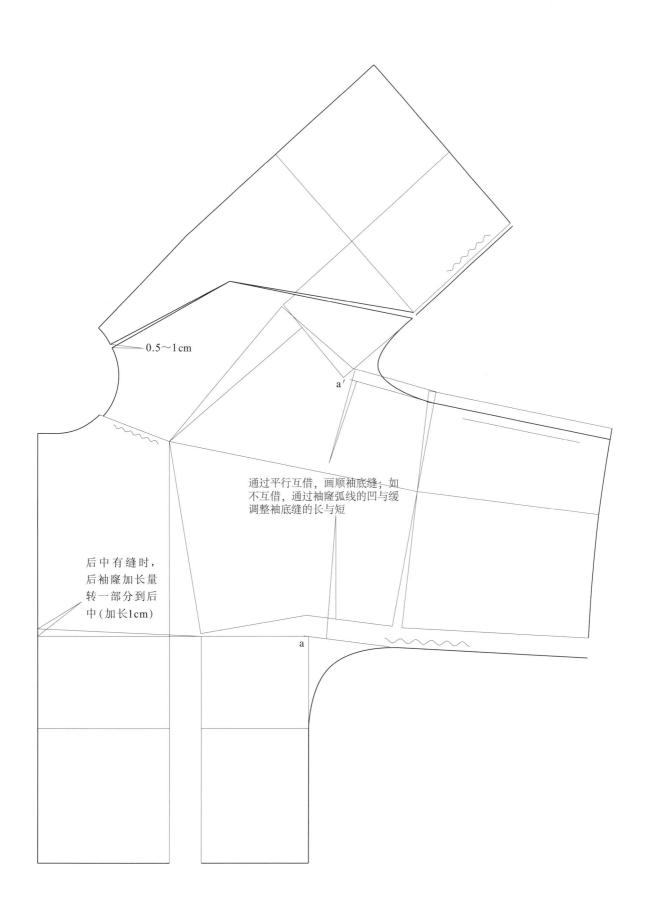

0.5～1cm

a′

通过平行互借，画顺袖底缝；如
不互借，通过袖窿弧线的凹与缓
调整袖底缝的长与短

后中有缝时，
后袖窿加长量
转一部分到后
中(加长1cm)

a

三、连身袖的二次平衡

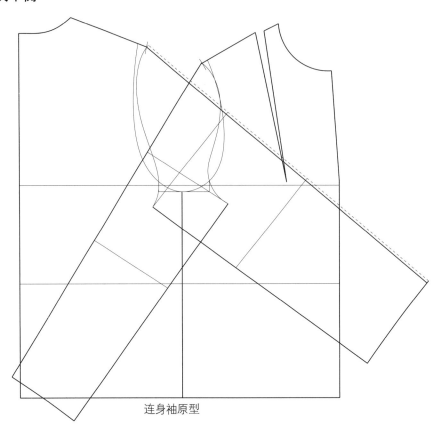

连身袖原型

从肩端点处展开，使肩缝与袖中线在一条线上

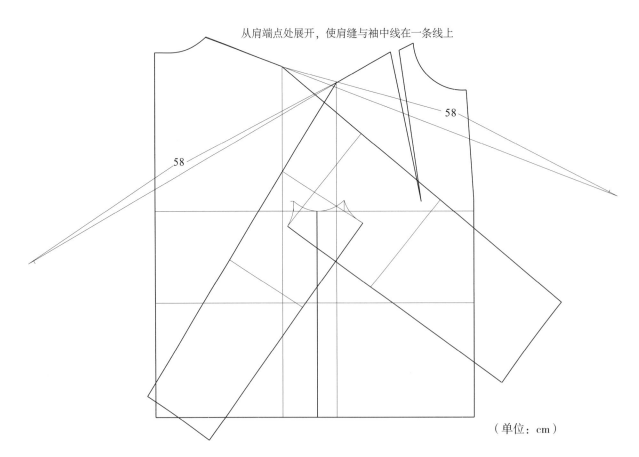

58

58

（单位：cm）

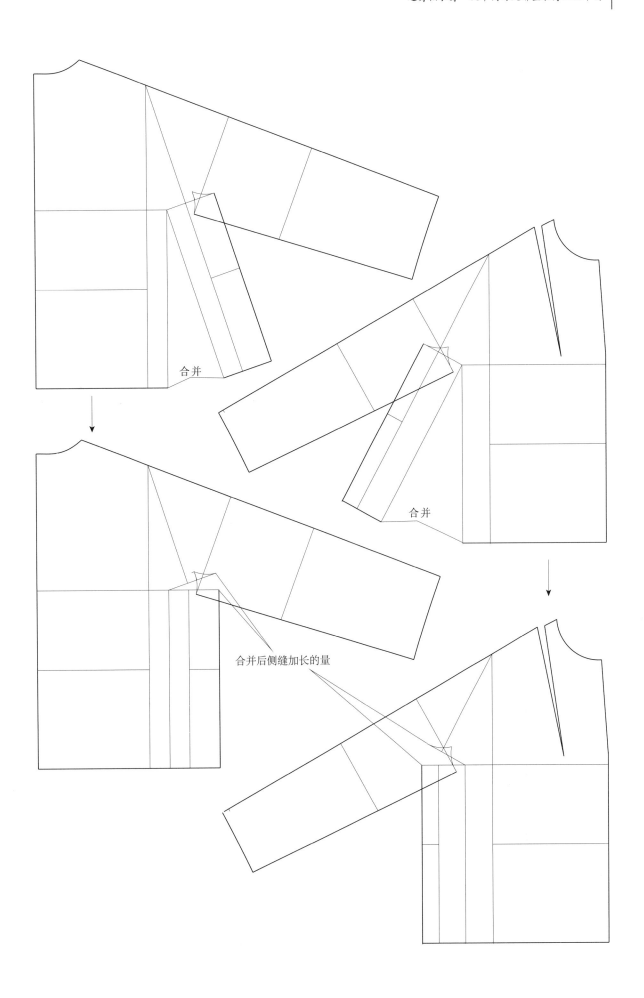

合并

合并

合并后侧缝加长的量

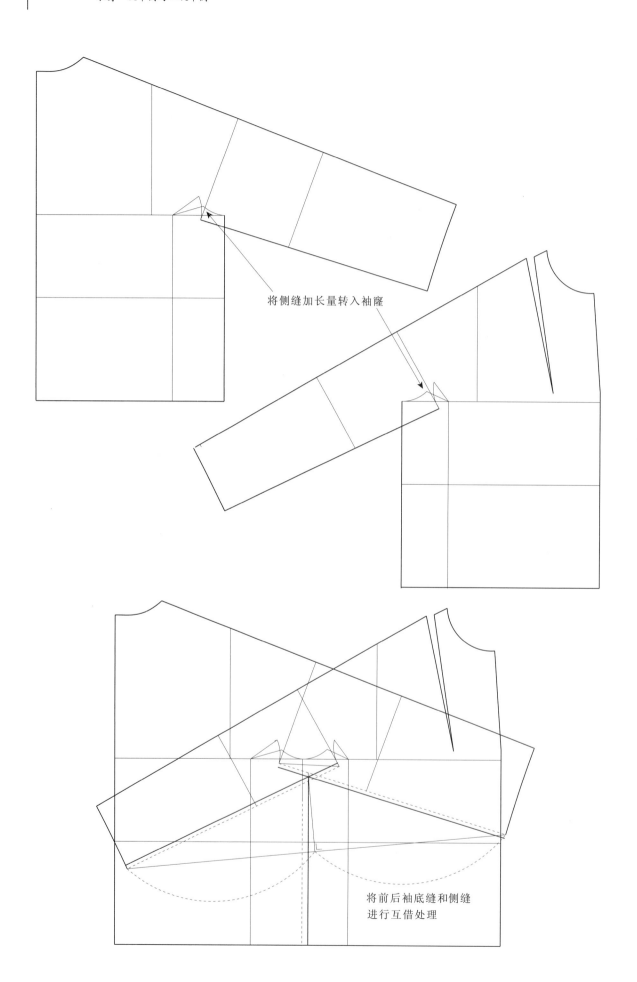

将侧缝加长量转入袖窿

将前后袖底缝和侧缝
进行互借处理

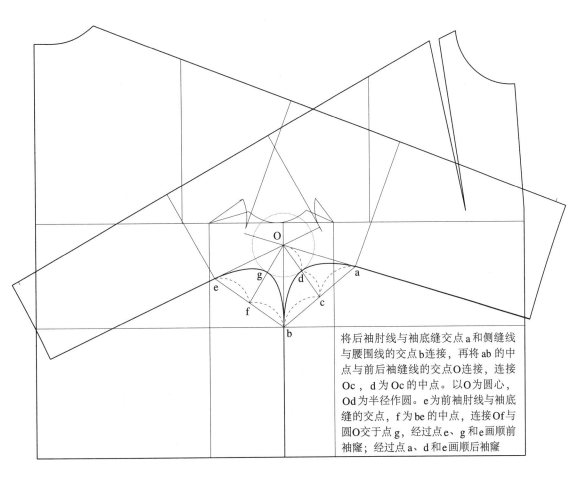

将后袖肘线与袖底缝交点a和侧缝线
与腰围线的交点b连接，再将ab的中
点与前后袖缝线的交点O连接，连接
Oc，d为Oc的中点。以O为圆心，
Od为半径作圆。e为前袖肘线与袖底
缝的交点，f为be的中点，连接Of与
圆O交于点g，经过点e、g和e画顺前
袖隆；经过点a、d和e画顺后袖隆

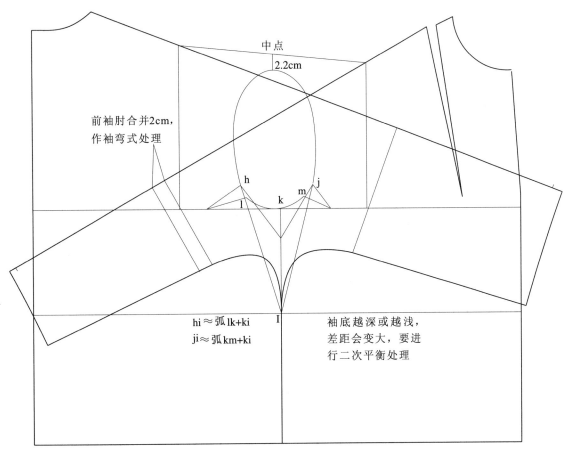

hi ≈ 弧 lk+ki
ji ≈ 弧 km+ki

袖底越深或越浅，
差距会变大，要进
行二次平衡处理

四、不同廓型连身袖的变化与衣身二次平衡（龟背前抱）

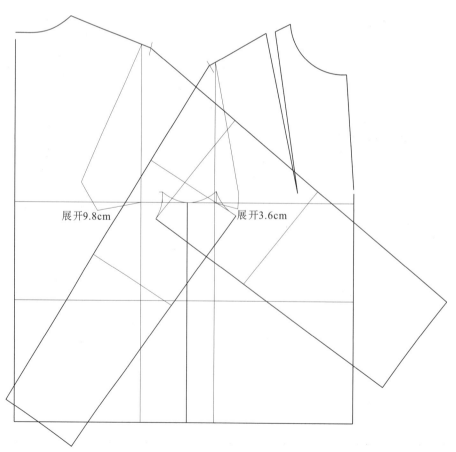

展开9.8cm

展开3.6cm

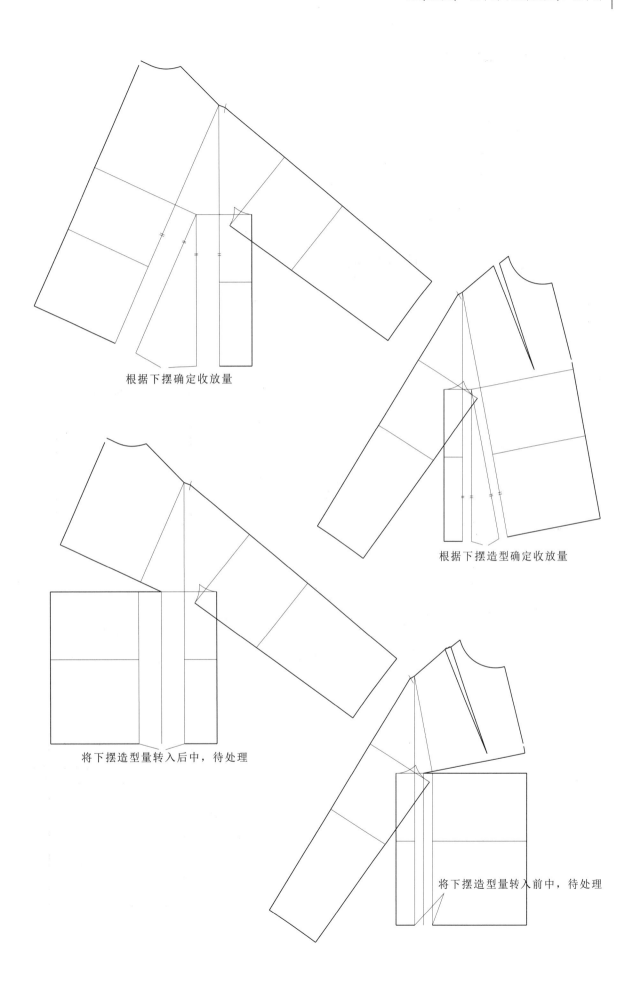

根据下摆确定收放量

根据下摆造型确定收放量

将下摆造型量转入后中，待处理

将下摆造型量转入前中，待处理

衣身二次平衡与龟背处理

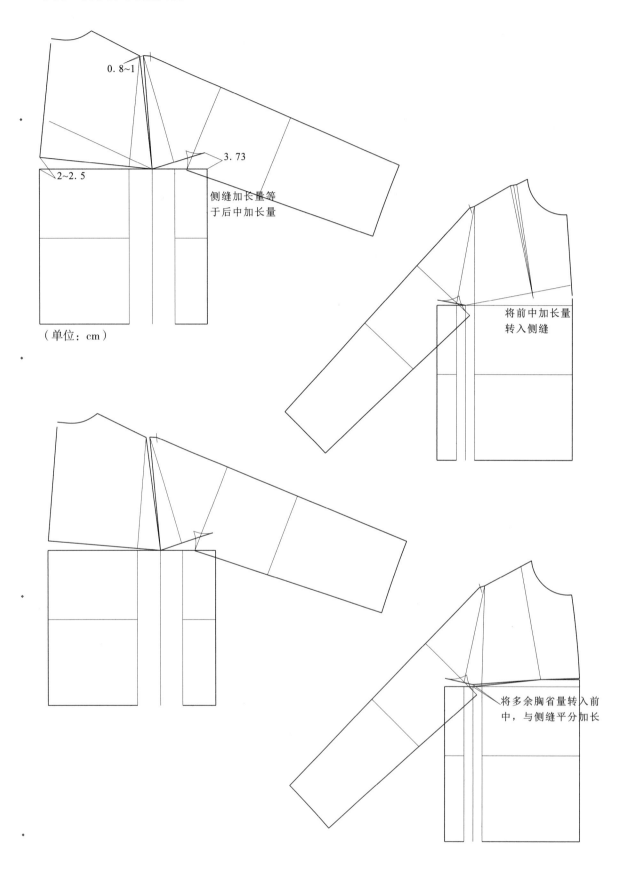

0.8~1

3.73

2~2.5

侧缝加长量等
于后中加长量

（单位：cm）

将前中加长量
转入侧缝

将多余胸省量转入前
中，与侧缝平分加长

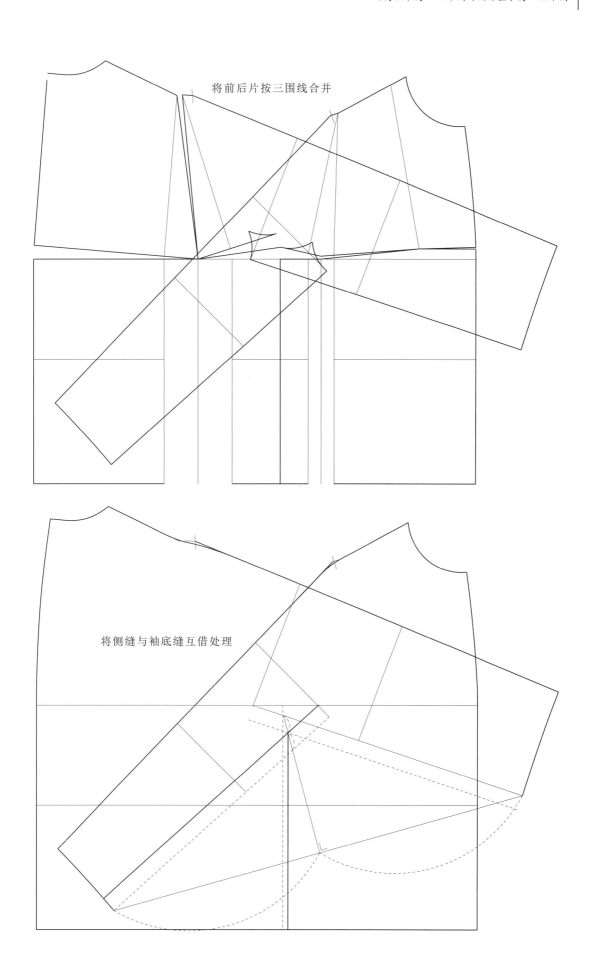

将前后片按三围线合并

将侧缝与袖底缝互借处理

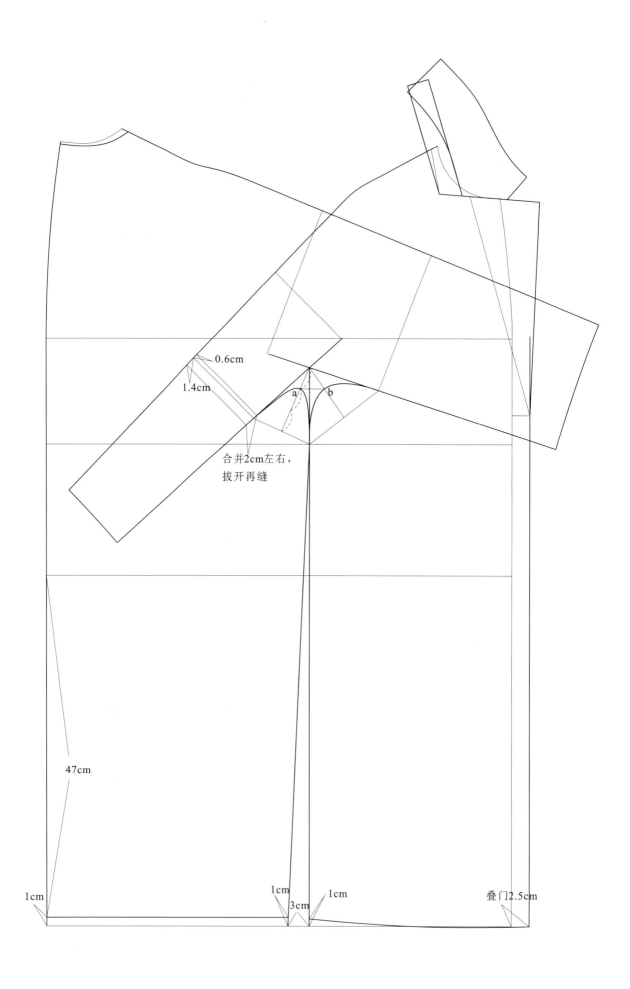

0.6cm

1.4cm

a b

合并2cm左右，
拔开再缝

47cm

1cm

1cm

3cm

1cm

叠门2.5cm

第三节 全连身袖大衣的立体转平面

款式图

（1）连身袖的胸省与肩省的平行分散和袖窿深的联动关系。

（2）连身袖的前后松量、抬手量与袖窿深的联动关系。

（3）连身袖弯式与前袖起斜扭的关系。

（4）连身袖的袖中起吊和起扭的立体分析与版型修正。

一、坯布尺寸的确定

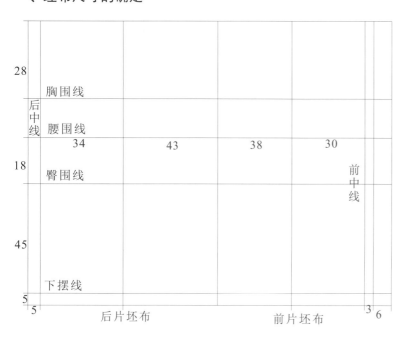

领子与领座坯布尺寸

（单位：cm）

二、立体制作

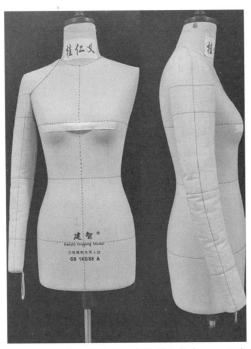

用美纹胶连接两胸高点，自然站立状态下，手臂
袖口外侧至大身约 11cm

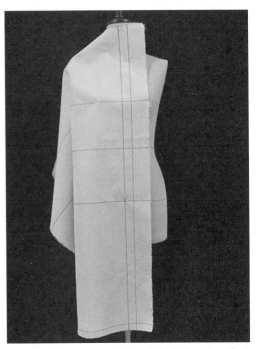

将坯布前中线、胸围线与人台前中线、胸围线重
合垂直水平固定。前中放 0.3cm 左右

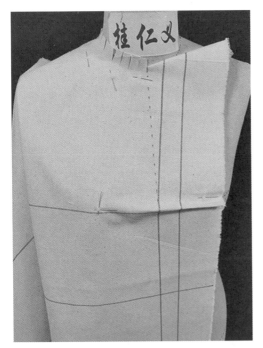

前中领圈处放出衣身平衡量（劈门）1.5cm 左右，
前胸围越大，此量就越多。将多余量先放在前中，
再沿着人台领圈转折点打剪口（1cm 间距）

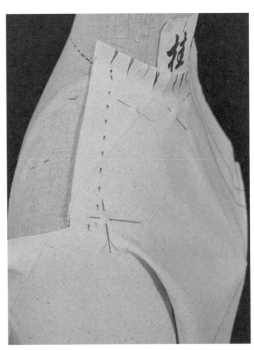

前胸宽处抹平，固定肩缝，标出肩缝，预留 1.5cm
缝分

以肩端点为转折点，放出前胸围需要展开的量
7cm(30－净胸围 23=7)，固定

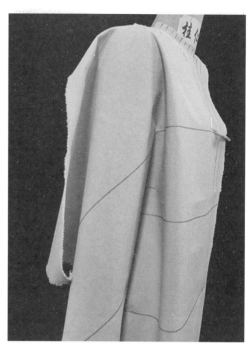

前片臀围处放 6.5cm 松量。将人台腰围线上约
5cm 侧缝处与坯布侧缝垂直固定。抹平袖窿处，
将多余松量先固定放在此处，胸围线处固定一下，
等后续步骤做完再将坯布取下来，与前中多余量
进行二次平衡处理

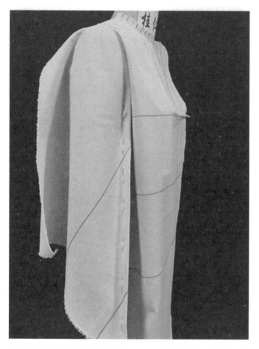

以坯布胸围线对应袖肥处，手臂正常状态下与袖
折线处放 3cm 左右的松量至袖口

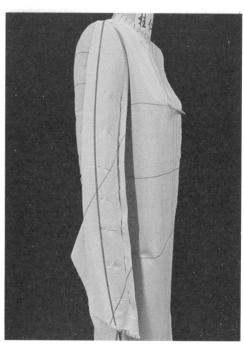

将袖中缝与袖底缝拔开一个量，标记袖中线。袖
口处预留 4cm 缝分，渐变至肩端点 1.5cm

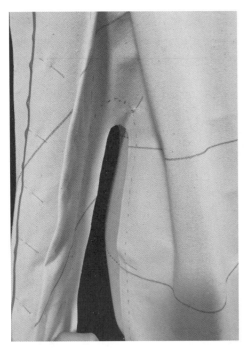

固定袖底缝，侧缝向前中移1cm，袖底缝向袖中移1cm，标记出袖底缝与侧缝。袖口处放预备缝分4cm，渐变至侧缝1.5cm，并量出袖长58cm-2cm（拔开量）

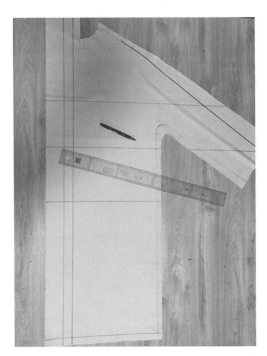

将前片取下来修顺线条，并预放1.5cm缝分

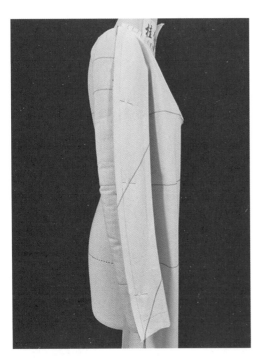

将前片重新固定到人台上，拔开袖中缝与袖底缝，使袖子有弯势

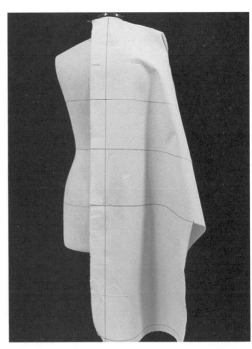

将坯布后中线、胸围线与人台后中线、胸围线水平垂直固定

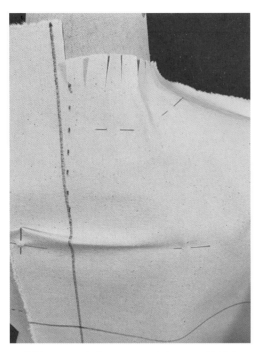

后中撇门 1cm 左右。后胸围越大，此量就越大。
沿后领圈转折点以 1cm 间距打剪口，确定后领圈。
领圈内放 0.2~0.3cm 松量（吃势）

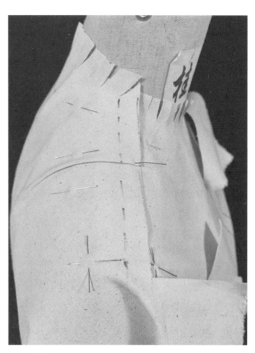

后肩缝预留 0.8cm 吃势，标记肩缝线至肩端点，
并预留 1.5cm 缝分至肩端点

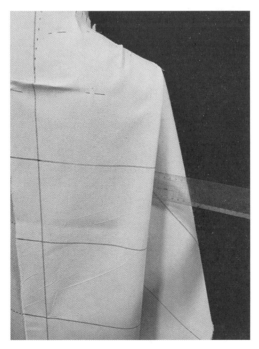

以肩端点为转折点，放出后胸围需要展开的量
13cm（34-净胸围 21=13），固定

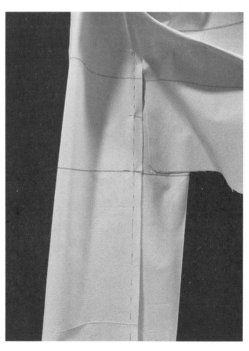

坯布侧缝线与前片侧缝线对准固定，臀围线与腰
围线对准。腰围线向上约 5cm，将袖窿抹平，固
定多余的松量。此松量放于此处，后续再进行二
次平衡处理。侧缝预留 1.5cm 缝分

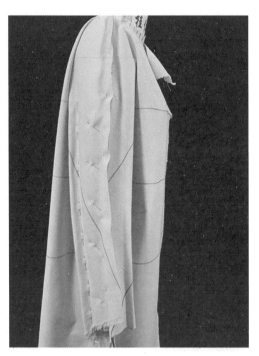

手臂正常状态下，以后袖折线，手臂对应坯布胸围线处放 4cm 左右松量至袖口。边做边调整，使袖中缝与袖底缝的吃势均匀、对等

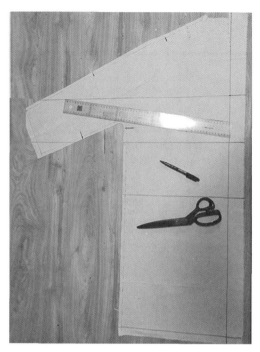

标记后片大小，对位点取下来修顺与调整，回样，并预放 1.5cm 缝分

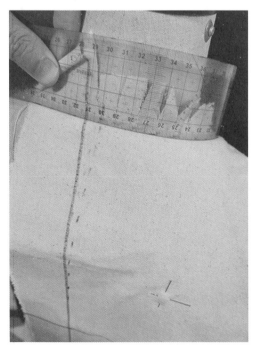

后领圈向下 0.5cm，领圈弧长 10cm，后中垂直用直尺画出后领弧，后中直尺上口距颈部 0.5~0.8cm 松量

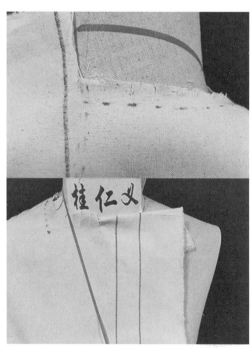

以领座高 4cm，从后中开始，到肩缝处 3.2cm 标记翻折线。前领圈肩缝向下 7cm 与翻折线平行

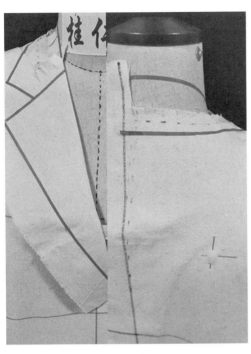

翻领宽 5cm，标记翻领与驳头

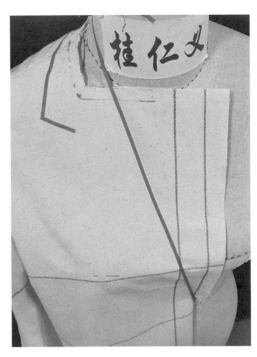

将驳头翻过来，驳头预留 1cm 缝分，串口线延长至领圈，并放 1cm 缝分

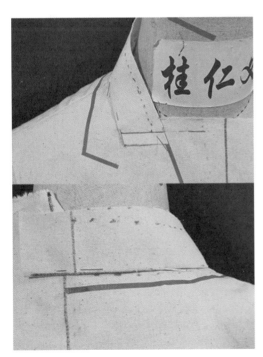

领座一般用直丝缕，且是直条，以翻折线向下1cm，固定串口线时注意领口松量

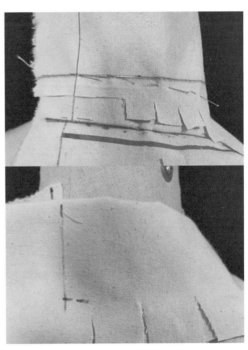

从后中开始，翻领 2.5cm 以内可以抹平固定，后面以间距 1cm 打剪口放领口松量，同时翻过来调整翻领外弧吻合度

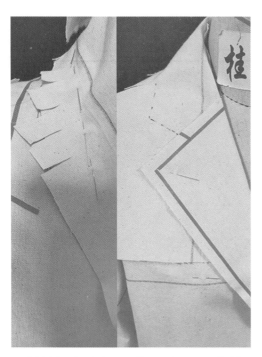

固定前翻领时，翻领下口拨开一个量，同时调整
领口松量与翻领外弧吻合度，并标记翻领造型，
取下修正回样

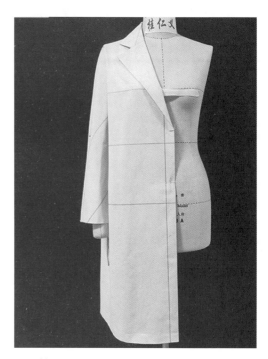

正面效果图

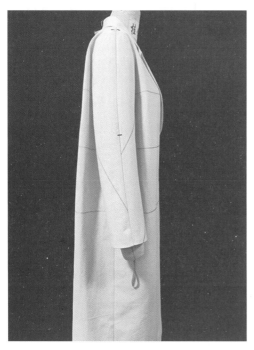

侧面效果图

背面效果图

三、立体转平面

调用连身袖结构图。

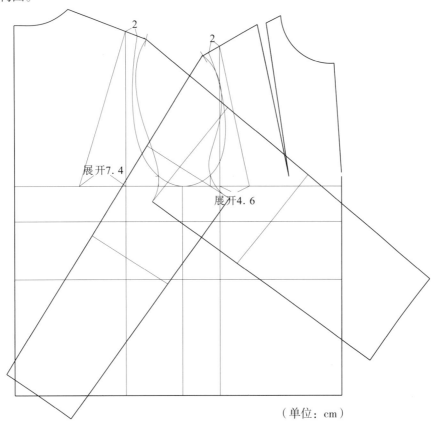

（单位：cm）

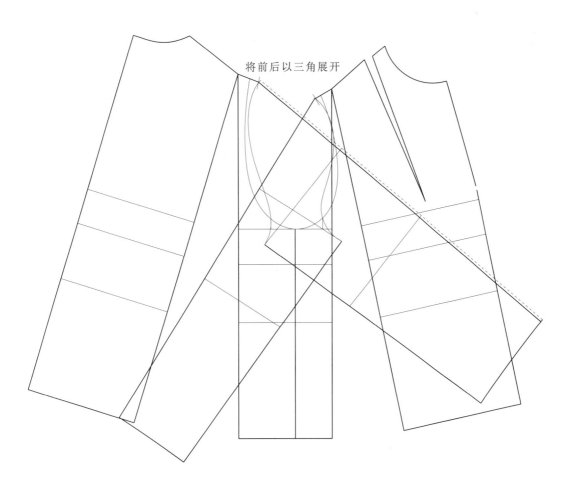

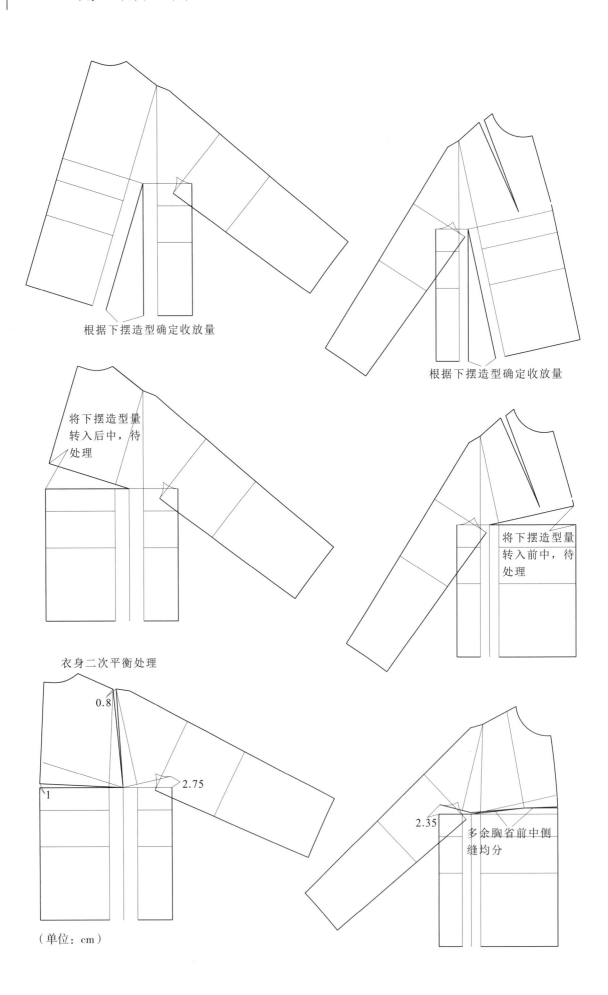

根据下摆造型确定收放量

根据下摆造型确定收放量

将下摆造型量
转入后中，待
处理

将下摆造型量
转入前中，待
处理

衣身二次平衡处理

0.8

2.75

1

2.35

多余胸省前中侧
缝均分

（单位：cm）

将袖缝与袖底缝进行互借处理

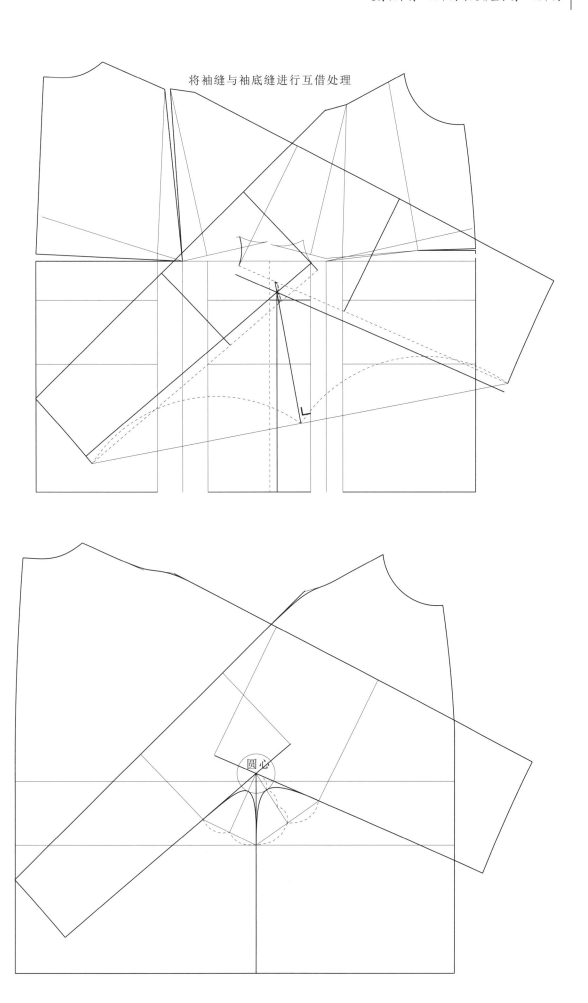

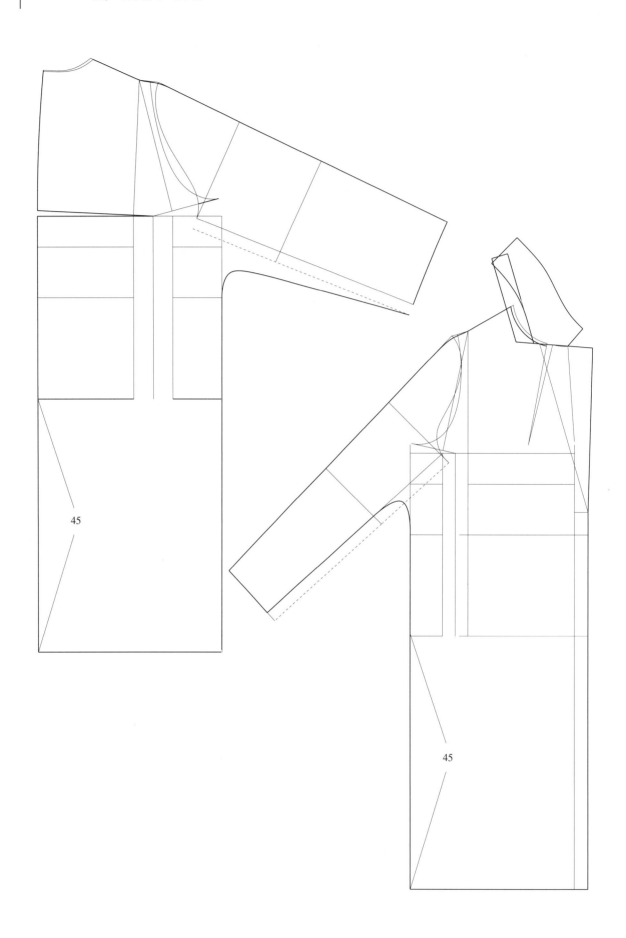

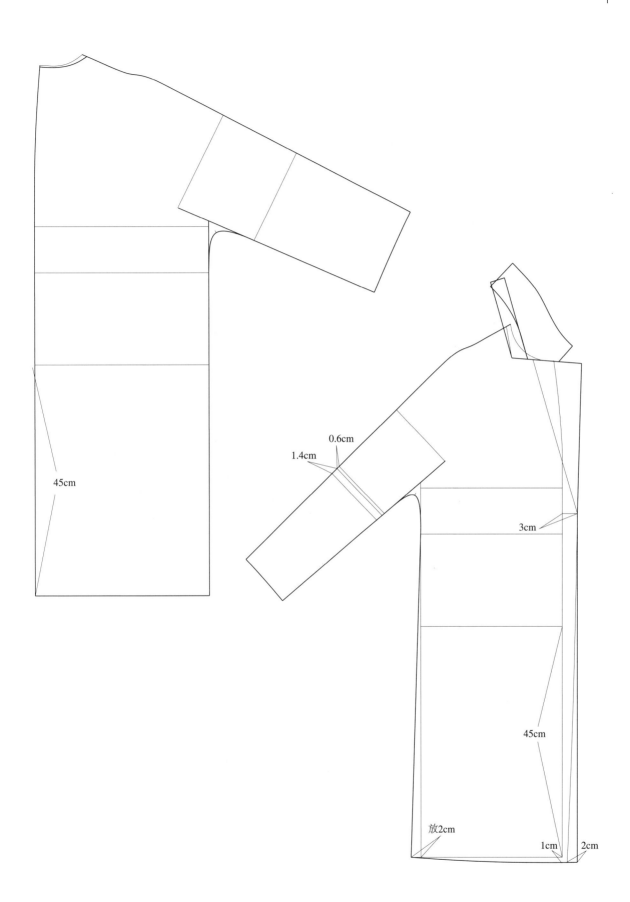

第五章 宽肩造型衣身一次平衡与二次平衡

第一节 宽肩造型结构分析

本节要点

（1）宽肩造型一般要加垫肩或者采用比较硬挺的面料。垫肩量根据垫肩厚度确定，首先通过胸省与肩胛省平衡转入袖窿，其次抬高肩斜线加以控制。

（2）宽肩造型目前比较流行，前片偏合体而后片偏宽松，H型和T型居多。

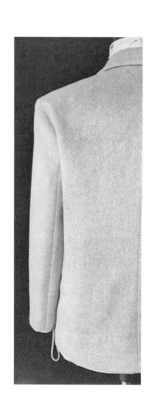

一、衣身一次平衡

调用第一章中的秋冬装宽松原型及袖子。

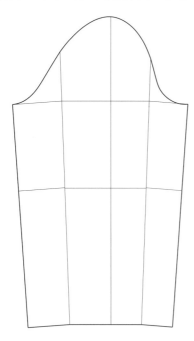

秋冬装宽松原型袖子

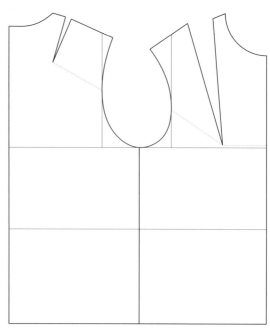

秋冬装宽松原型

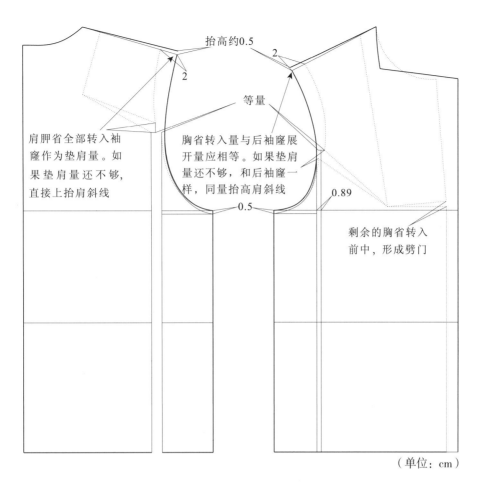

抬高约0.5

2

2

等量

肩胛省全部转入袖窿作为垫肩量。如果垫肩量还不够，直接上抬肩斜线

胸省转入量与后袖窿展开量应相等。如果垫肩量还不够，和后袖窿一样，同量抬高肩斜线

0.89

0.5

剩余的胸省转入前中，形成劈门

（单位：cm）

二、垫肩的修正

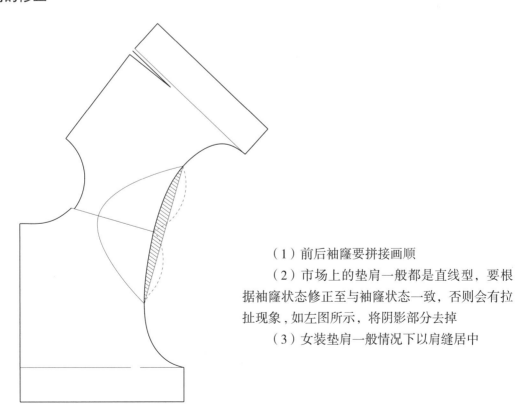

（1）前后袖窿要拼接画顺

（2）市场上的垫肩一般都是直线型，要根据袖窿状态修正至与袖窿状态一致，否则会有拉扯现象，如左图所示，将阴影部分去掉

（3）女装垫肩一般情况下以肩缝居中

三、宽肩小西装

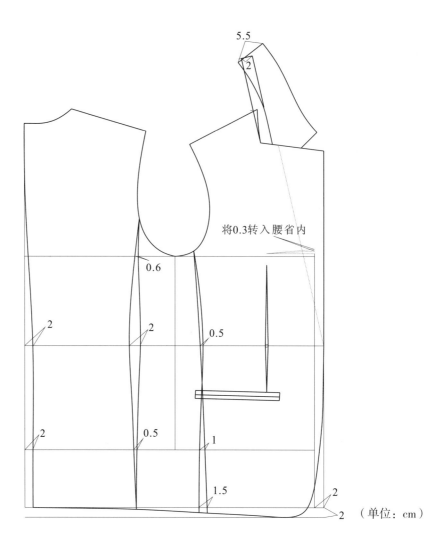

将0.3转入腰省内

（单位：cm）

调用秋冬装宽松原型西装袖

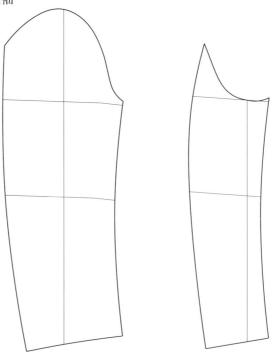

第二节 宽松几何袖立体转平面

（1）以 H 型三开身结构为例，其衣身是不平衡的，立裁时改成四片结构，衣身做平衡处理；如果加领口省，立体效果会更好。

（2）前后胸围展开量不能相差太多。

（3）几何袖造型量在落肩袖的基础上放量。

（4）立裁从侧缝注前后中做，将二次平衡量推到前后中处理。

一、坯布尺寸的确定

胸围约 122cm，前胸围约 59cm，后胸围约 63cm。

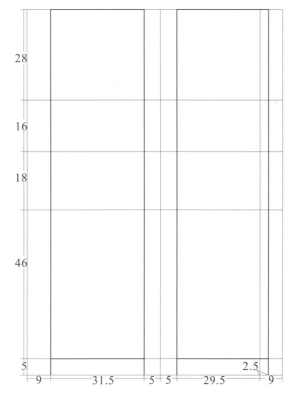

（单位：cm）

二、立体制作

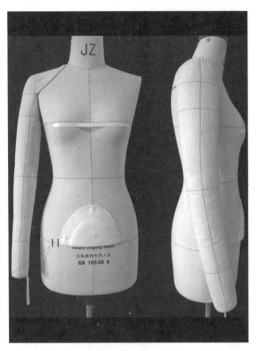

用美纹胶将人台的两个胸高点贴平，再用棉垫贴
在腹部臀围线处，使其与两个胸高点在同一垂直
面上

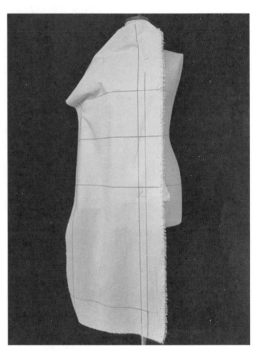

坯布与人台的胸围线、前中线水平垂直重合固定

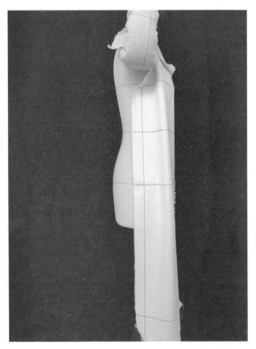

将坯布的侧缝线、胸围线分别与人台的侧缝线和
胸围线对准，水平垂直固定

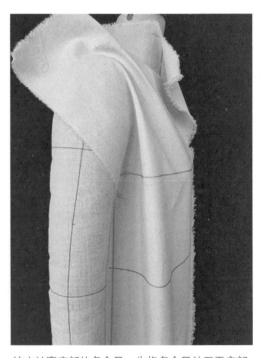

抹去袖窿底部的多余量，先将多余量置于肩部

抹平肩部，将多余的松量暂时放于前领圈处，并标记出前肩缝，留 1.5cm 缝分，将多余坯布剪去至肩端点

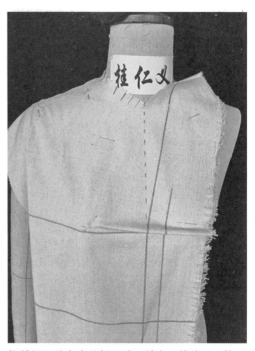

将前领圈处多余的松量移至前中，待处理。按照领圈转折处，每间隔 1cm 打剪口，标记出前中线

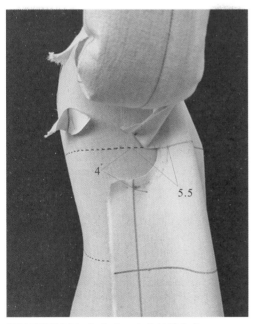

新袖窿深以 B/4 为参考，确定袖窿宽为 5.5cm，抬起手臂，在胸围线处剪开 3cm 左右，然后修顺

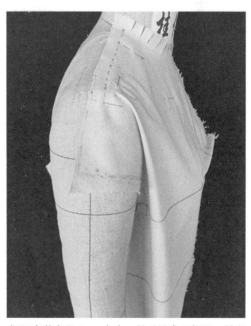

标记出落肩量 8cm 左右，然后放出几何量，并留出松量，标记出前袖窿弧线

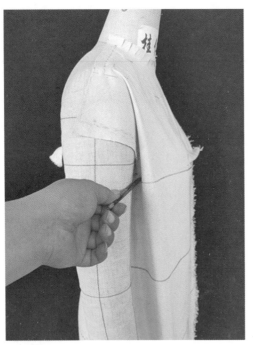

前袖窿宽也可以根据手臂围确定。先确定净宽，
放出约 0.5cm 的松量，再加 1cm 缝分

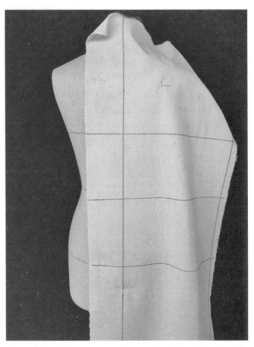

将坯布与人台的胸围线、后中线水平垂直重合
固定

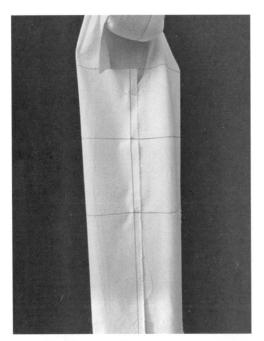

对齐侧缝线并固定，剪开 3cm 左右，方便后续
操作

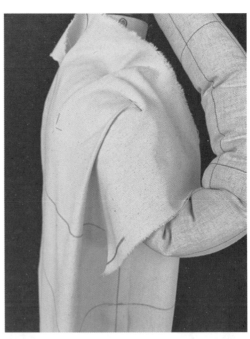

将袖窿多余松量推向肩部，后转折面与前转折面
一致，在肩端点处固定

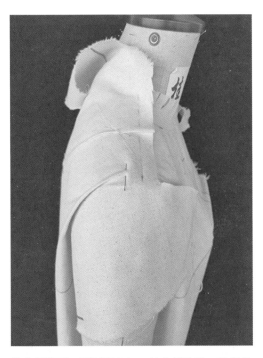

将肩部抹平，同时留0.8cm的肩部吃势，按照前
肩缝，标记出后肩缝，并预留1.5cm缝分，
再将多余的松量推到后中，待处理

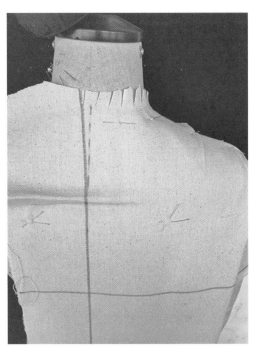

以间距1cm打剪口至领圈转折处，将多余量放在
后中缝，画出后中线

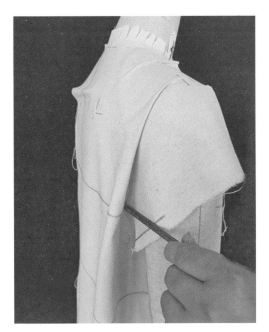

按照前片的方法找到新的腋窝点，原袖窿底点下
降4cm，作为新的袖窿底点

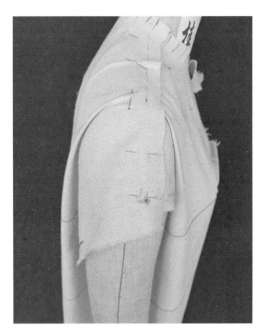

将前后肩缝拼合并固定，多留一点几何量，再按
照前片落肩量标记出后片落肩量

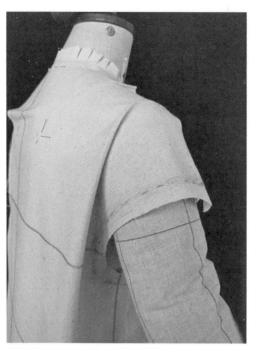

调整袖窿的几何量，画顺立体袖窿

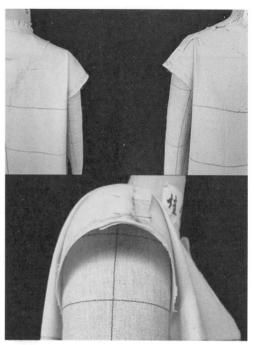

手臂部分预留 1cm 左右的松量

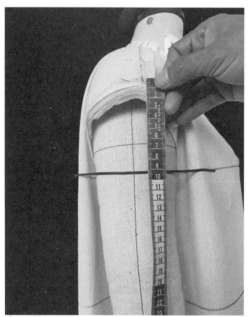

按坯布胸围线贴水平胶带，量出上半段袖山高（约
9.5cm）

将直角尺垂直于后中，后中央上口距人台 0.5~
0.8cm 松量，后领弧长 9.2cm，标记出后领圈

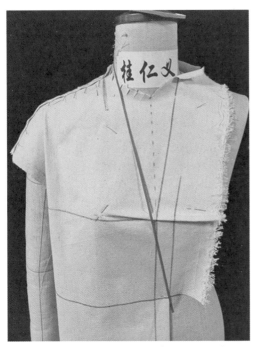

领座高 3cm，贴翻折线，并画出前领圈。前领圈
与翻折线平行，直开领 7cm。前中多余量可作为
领口省处理，翻领可以遮住；也可作为劈门，留
下一部分，合并剩余部分

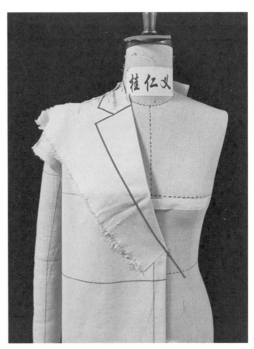

标记出驳头造型线，画出串口线

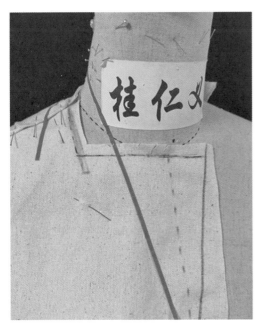

将驳头翻过来，串口线连接到领圈，量出前领圈
长度，放 1cm 缝分

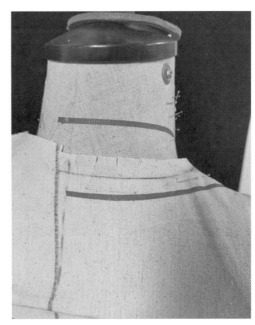

修顺前后领圈，预留 1cm 缝分

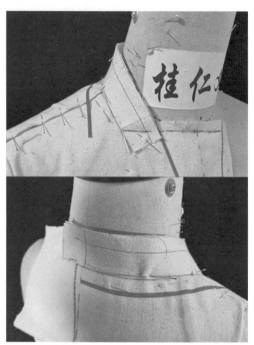

1		
2		
1		2

2　　　　　9.2+5.3　　　　　（单位：cm）

领座坯布尺寸

沿后中并垂直后领圈开始固定，至前领串口线，
同时保持 0.5cm 左右的松量

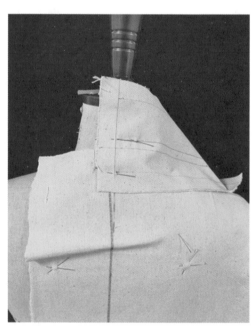

2		
4.5		
1		
4.5	16.5	5

（单位：cm）

翻领坯布尺寸

对齐后中，将翻领固定到领座上，后中约 3cm 且
几乎呈水平状

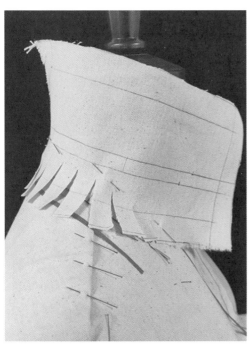

每隔 1cm 打剪口，将翻领沿着领座固定在领座上。
每固定 2cm，就翻过来检查翻领外口是否吻合并
调整

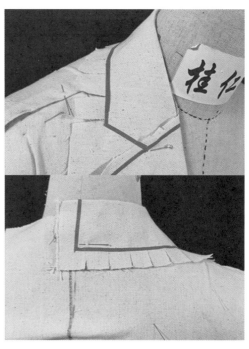

将翻领外口打剪口，使翻领看起来自然圆顺。贴
出翻领造型线，修去多余的坯布

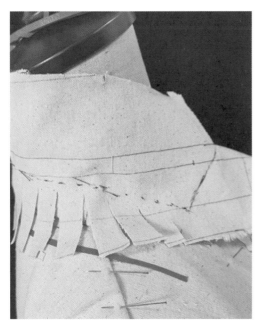

将翻领翻过去，标记出翻领的翻折线

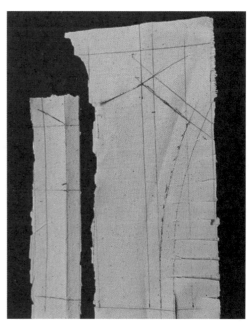

标记出翻领的翻折线、串口线和驳头领上的刀眼，
取下来，修顺翻领与领座

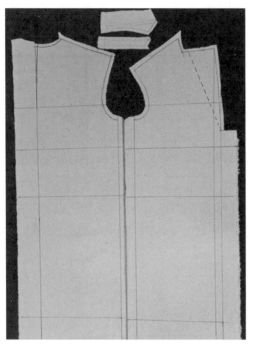

取下修顺，量出前后袖窿弧线长（前袖窿弧长
23.5cm，后袖窿弧长 26.5cm）

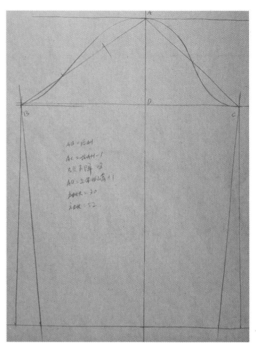

由于是几何袖，可用平面制版结合立裁完
成袖子，当然立裁也能完成袖子，AD(袖山
高)=9.5+4+1=14.5cm，AC（ 前 斜 线 长 ）
=23.5−1.2=22.3cm，AB（后斜线长）=26.5−
0.2=26.3cm，B 点下降 0.3cm，袖口 30cm，
袖长 53cm

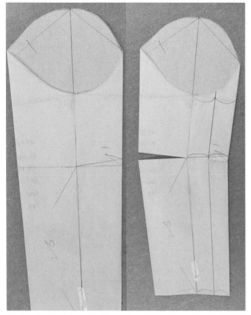

修顺后，拼合袖底缝，袖肘处合并 1cm，后袖肘
处展开，形成袖弯式，前袖 1/2 处互借大小袖

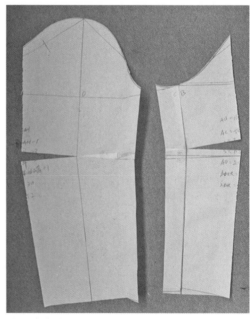

分开大小袖

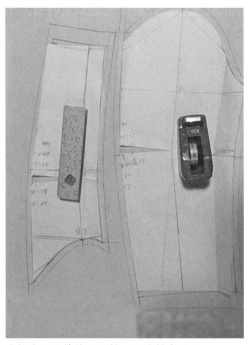

在坯布上直接修顺放缝，后袖缝多放 1cm

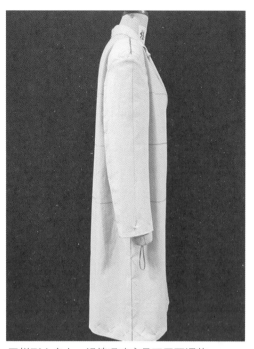

回样到人台上，视情况确定是否需要调整

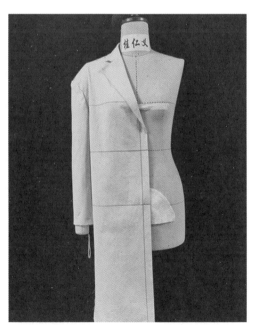

正面效果图

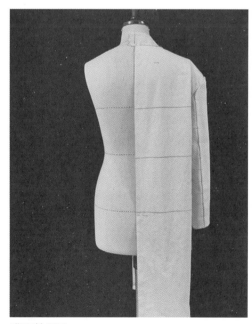

背面效果图

三、立体转平面

1. 要点分析

（1）目前品牌里出现的宽肩几何袖，衣身原则上是不平衡的，衣身前吊后吊的现象比较常见，这是由于廓型加大没有进行衣身二次平衡处理。

（2）几何袖造型量在落肩袖的基础上增加几何量是最合理的。如果直接加肩宽，而造型量是固定的，容易造成袖子不平衡。

（3）落肩造型部位要进行工艺处理。

（4）此款原为三开身结构，这里改成正常四片 H 型。

2. 衣身一次平衡

（1）方法一：调用本章第一节中的衣身原型（第 199 页）

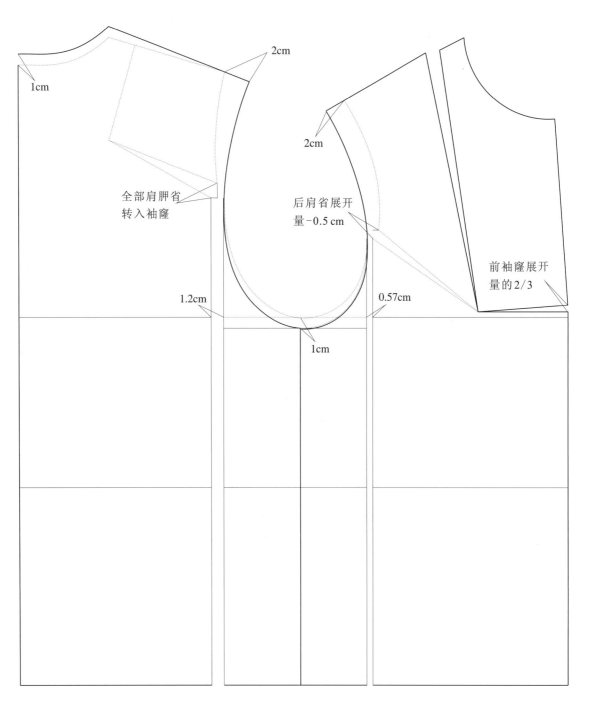

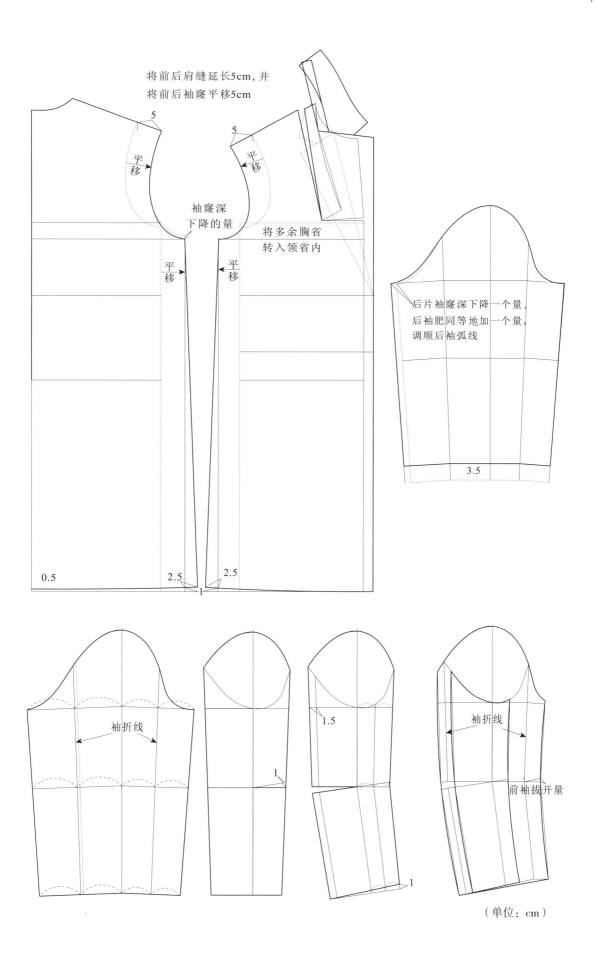

将前后肩缝延长5cm,并
将前后袖窿平移5cm

袖窿深
下降的量

将多余胸省
转入领省内

后片袖窿深下降一个量,
后袖肥同等地加一个量,
调顺后袖弧线

袖折线

袖折线

前袖拔开量

(单位:cm)
宽肩造型衣身二次平衡

（2）方法二：调用方法一的衣身一次平衡原型及袖子，按照落肩袖的造型方法进行制版

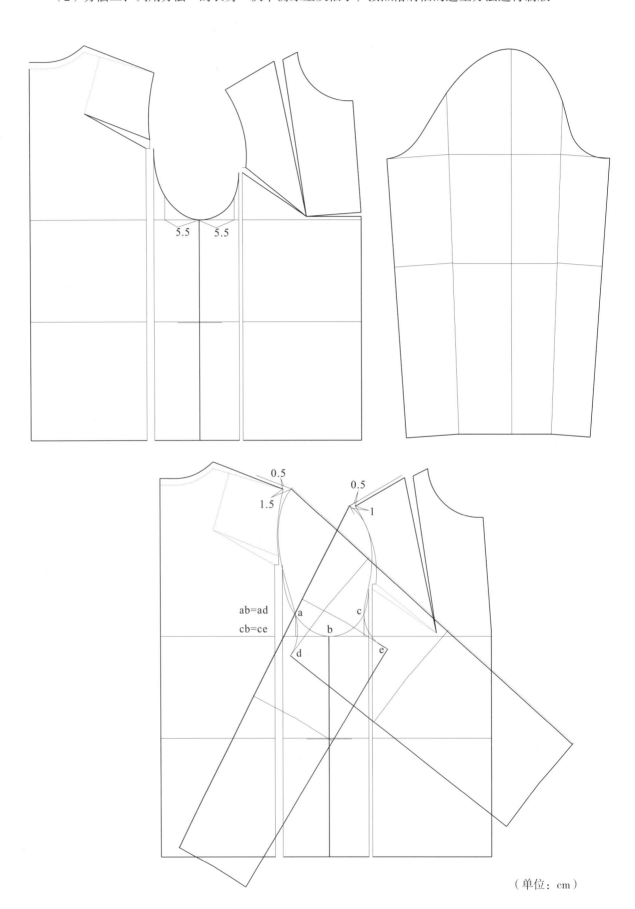

（单位：cm）

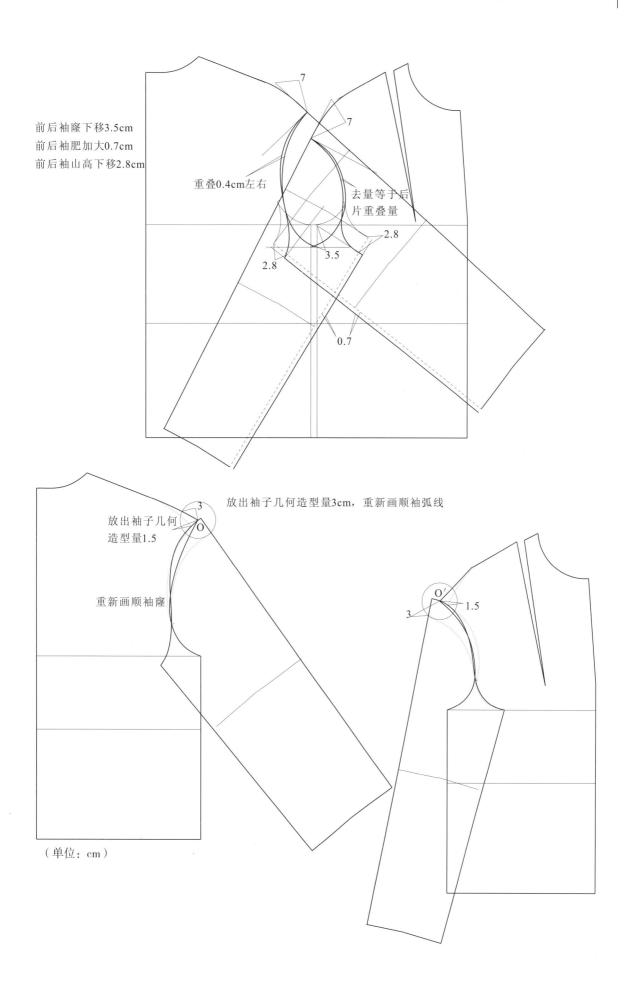

前后袖窿下移3.5cm
前后袖肥加大0.7cm
前后袖山高下移2.8cm

重叠0.4cm左右

去量等于后
片重叠量

2.8

3.5

2.8

0.7

放出袖子几何造型量3cm，重新画顺袖弧线

3

放出袖子几何
造型量1.5

O

重新画顺袖窿

3

O′

1.5

（单位：cm）

3. 衣身二次平衡

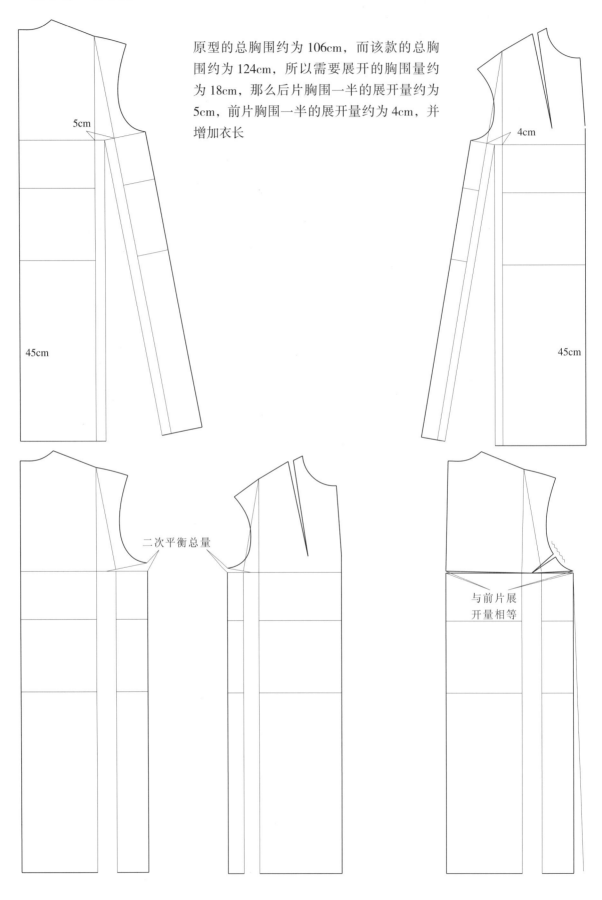

原型的总胸围约为 106cm，而该款的总胸
围约为 124cm，所以需要展开的胸围量约
为 18cm，那么后片胸围一半的展开量约为
5cm，前片胸围一半的展开量约为 4cm，并
增加衣长

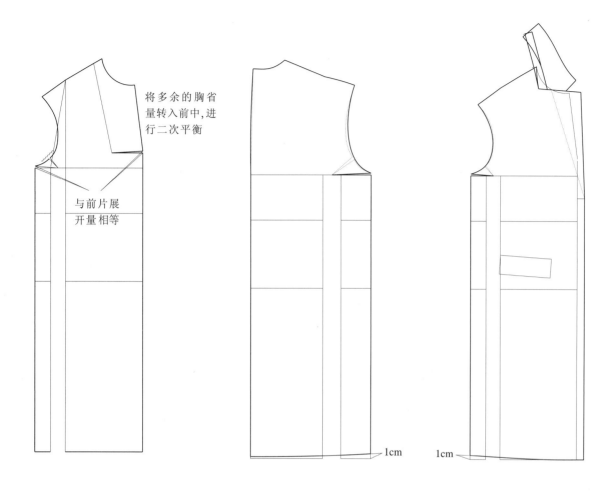

将多余的胸省量转入前中,进行二次平衡

与前片展开量相等

1cm

1cm

西装袖制作

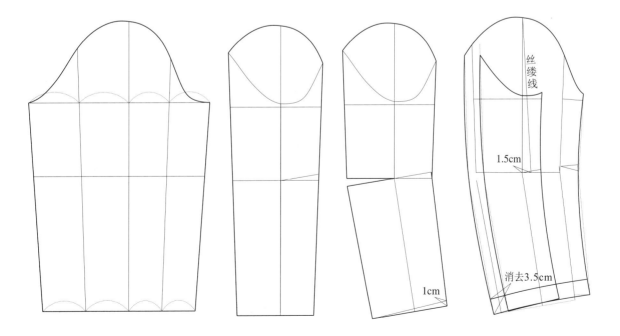

丝缕线

1.5cm

消去3.5cm

1cm

1cm

第六章　宽松、廓型与超大廓型组合

第一节　前连身袖后插肩袖

一、宽松前连身袖后插肩袖

1. 调用秋冬装宽松原型及袖子

如图所示进行衣身一次平衡，胸围约104cm，袖窿深参考值为胸围/4（约26cm），可下降0.5~1cm，多余胸省根据款式进行分散处理，领圈可放0.5~1cm的松量，挂面吃大身一部分。

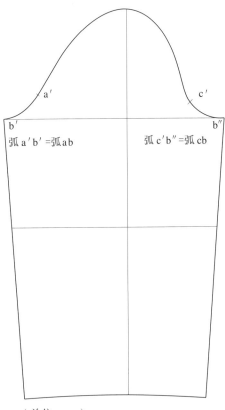

弧 a′b′=弧ab　　弧 c′b″=弧cb

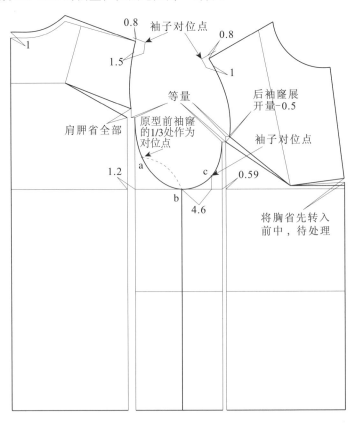

（单位：cm）

2. 大身与袖子对位处理

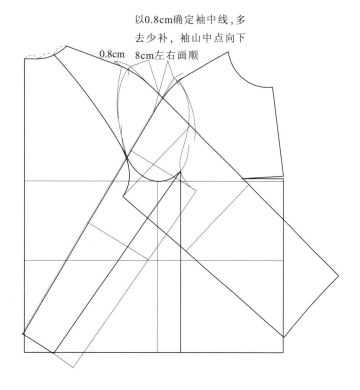

以0.8cm确定袖中线，多
去少补，袖山中点向下
8cm左右画顺

0.8cm

注：如果面料横直有色差，就使用斜丝缕方向，前后袖长
根据面料性能减短一个量，袖子里料丝缕线同面料。

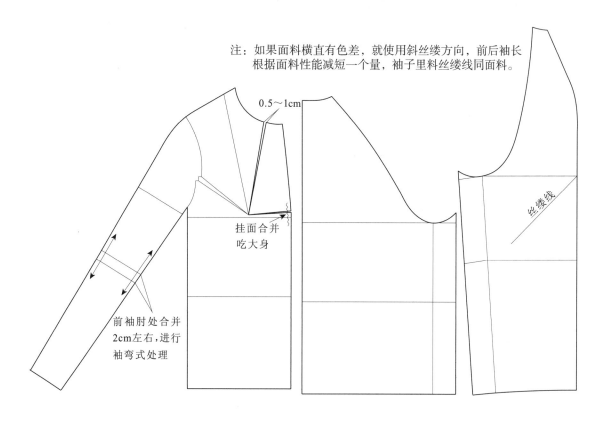

0.5～1cm

挂面合并
吃大身

前袖肘处合并
2cm左右，进行
袖弯式处理

丝缕线

二、大廓型前连身袖后插肩袖

胸围 114cm。

　　调用本书第 215 页的衣身,其胸围为 104cm,胸围展开量 10cm,前占 2/5,后占 3/5,进行放量,袖窿深参考值为 B /4+0~2cm,对位点同前面一样,因为有腰带,不需要进行衣身二次平衡。

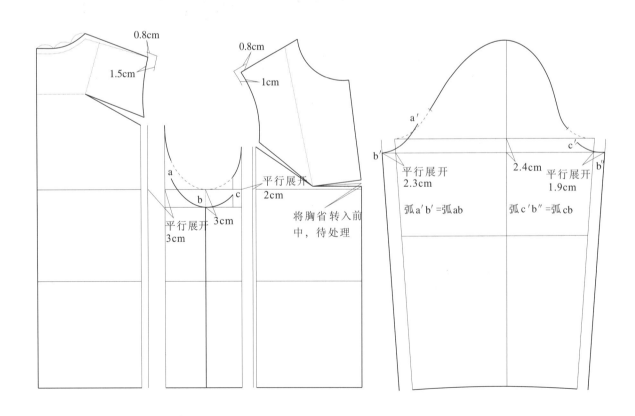

1. 大身与袖子对位处理

以0.8cm确定袖中线，多去少补

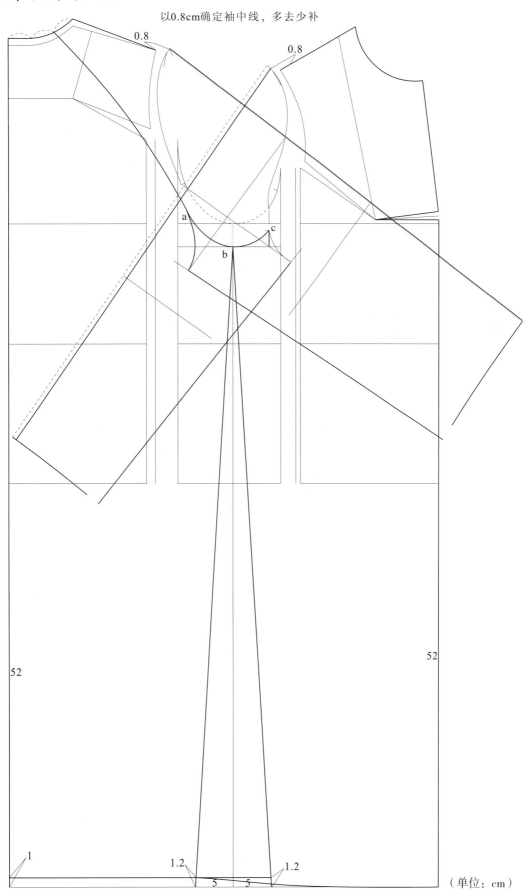

（单位：cm）

2. 前后片袖子互借处理

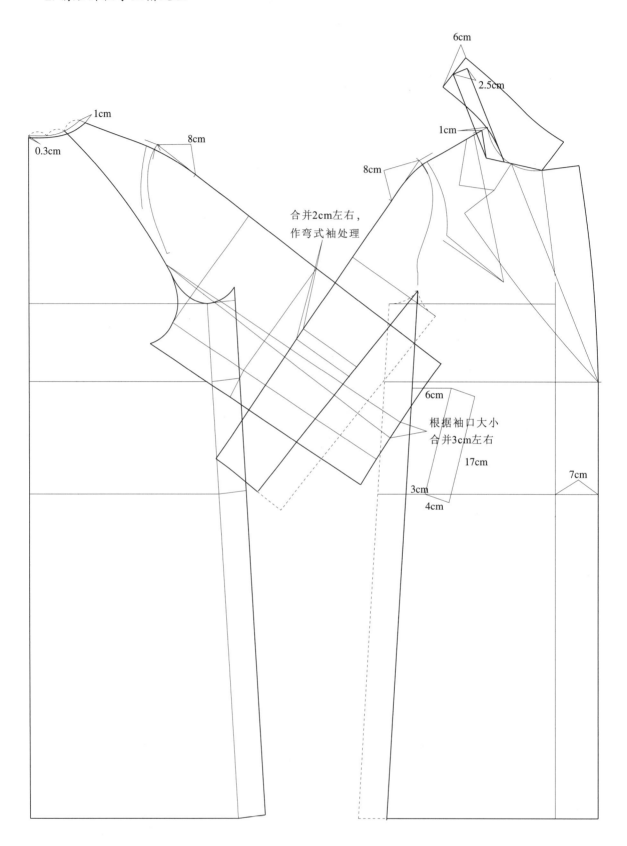

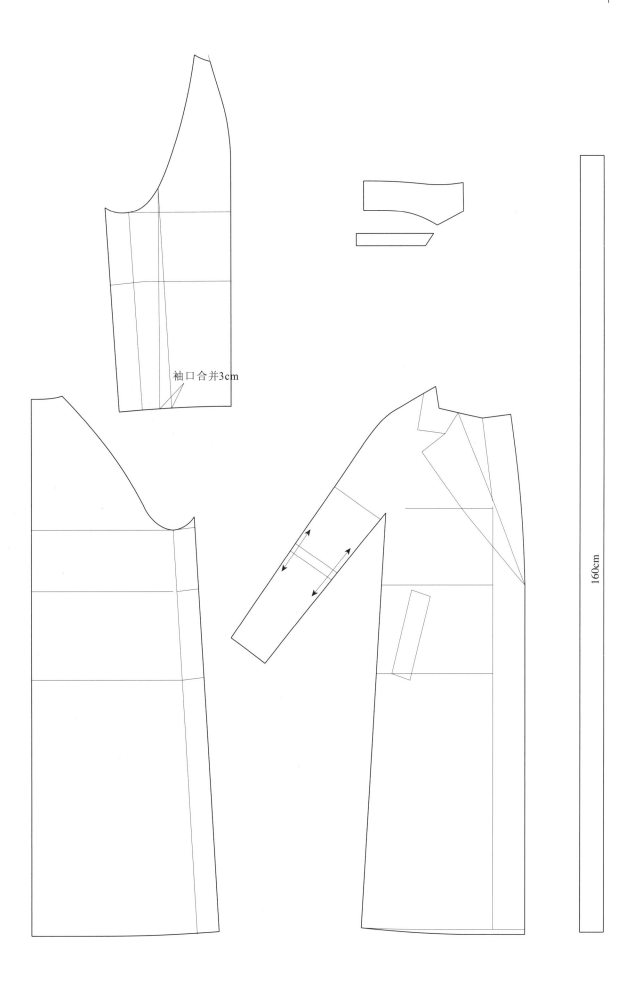

袖口合并3cm

160cm

第二节　前连身袖后落肩袖

一、宽松前连身袖后小落肩袖

调用本书第 213 页的衣身与袖子，调整对位点即可，落肩量 4cm，袖窿深可下降 0.5~1cm。

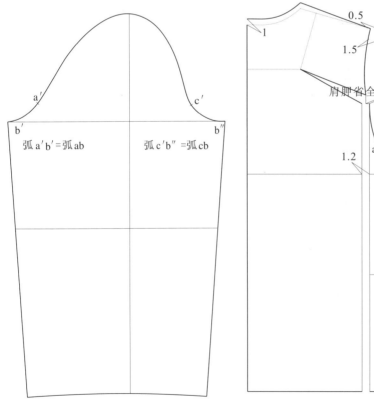

弧 a′b′=弧 ab　　　弧 c′b″=弧 cb

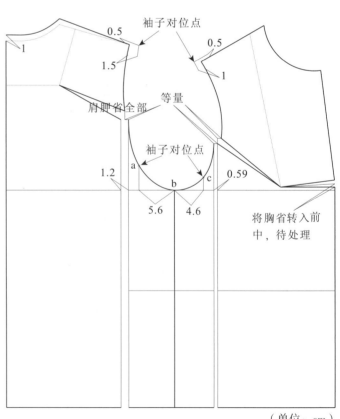

袖子对位点

0.5

1.5

0.5

1

肩胛省全部

等量

袖子对位点

1.2

a

b

c

0.59

5.6　4.6

将胸省转入前中，待处理

（单位：cm）

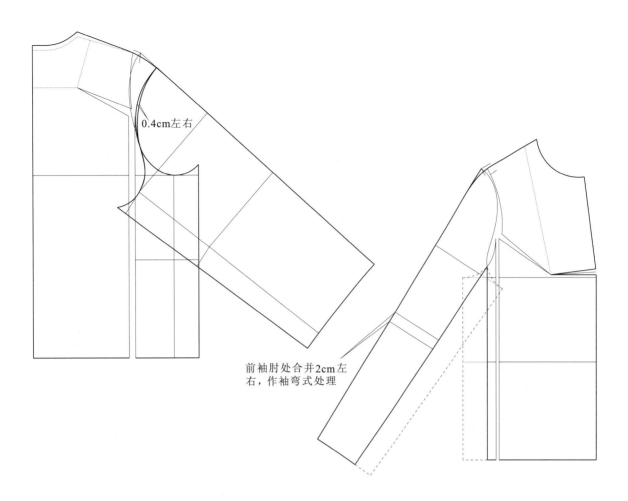

0.4cm左右

前袖肘处合并2cm左右，作袖弯式处理

注：如果面料横直有色差，就使用斜料，前后袖长
根据面料减短一个量，袖子里料丝缕线同面料。

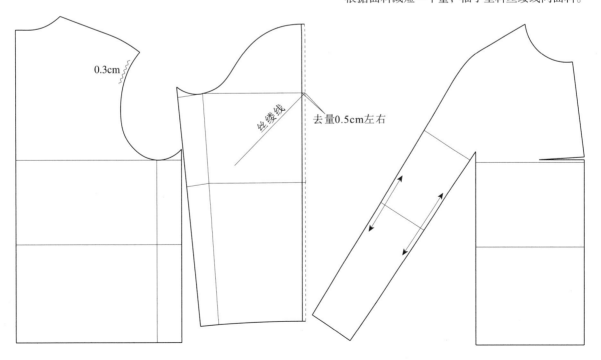

0.3cm

丝缕线

去量0.5cm左右

二、大廓型前连身袖后落肩袖

胸围 128cm。

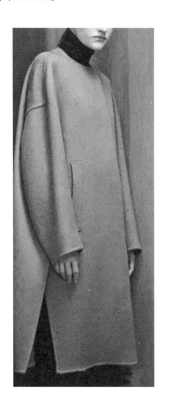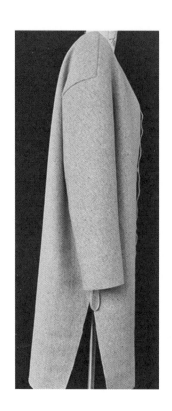

1. 方法一：3/4 连身一片袖

调用本书第 215 页的衣身与袖子，其胸围约 104cm，因此胸围需要加量 24cm，前占 1/3，后占 2/3。袖窿深按 B/4 左右，确定为 32cm，可下降 6.5cm 左右，在胸背宽线处展开。

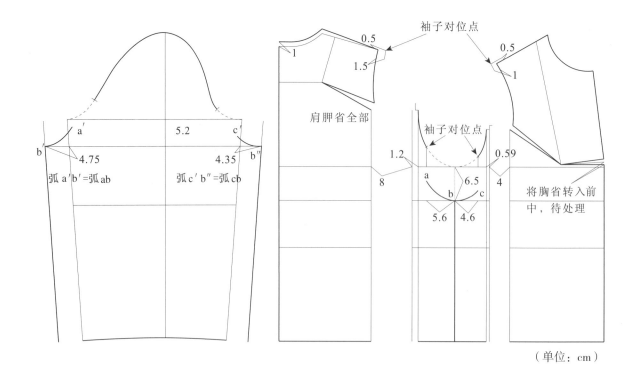

（单位：cm）

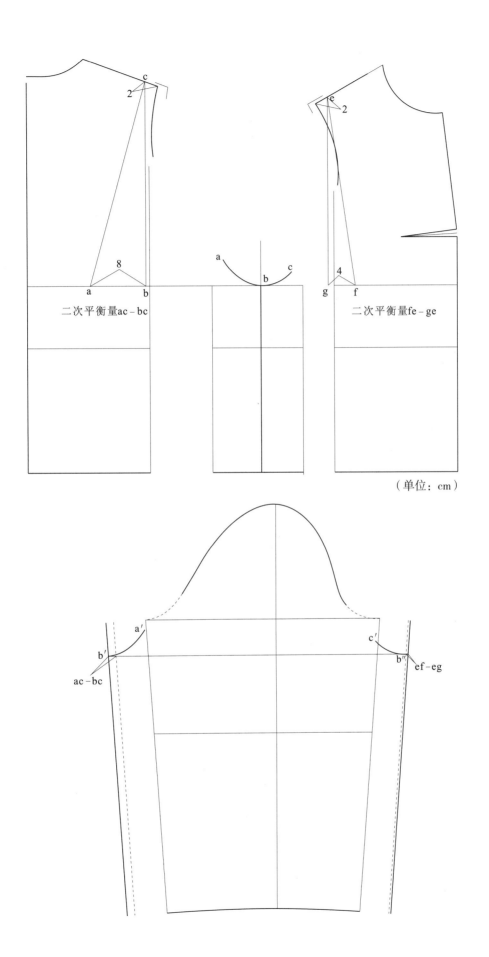

（单位：cm）

以0.5cm确定袖中线，多去少补

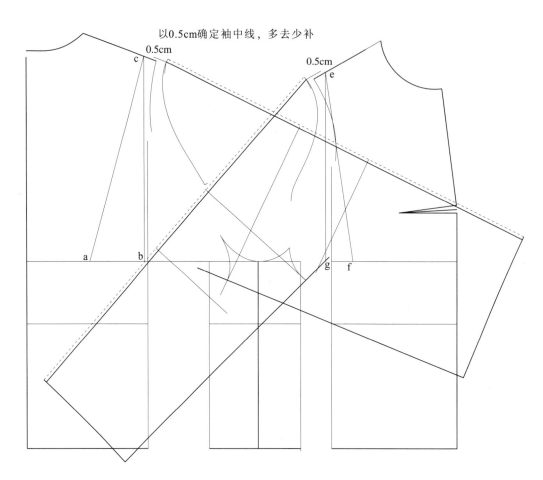

袖中线向下8cm，画顺袖中缝

落肩量11cm

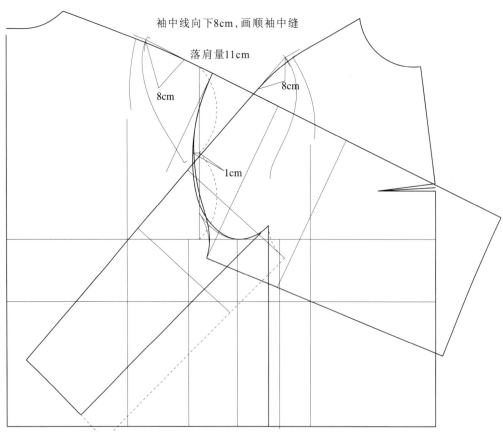

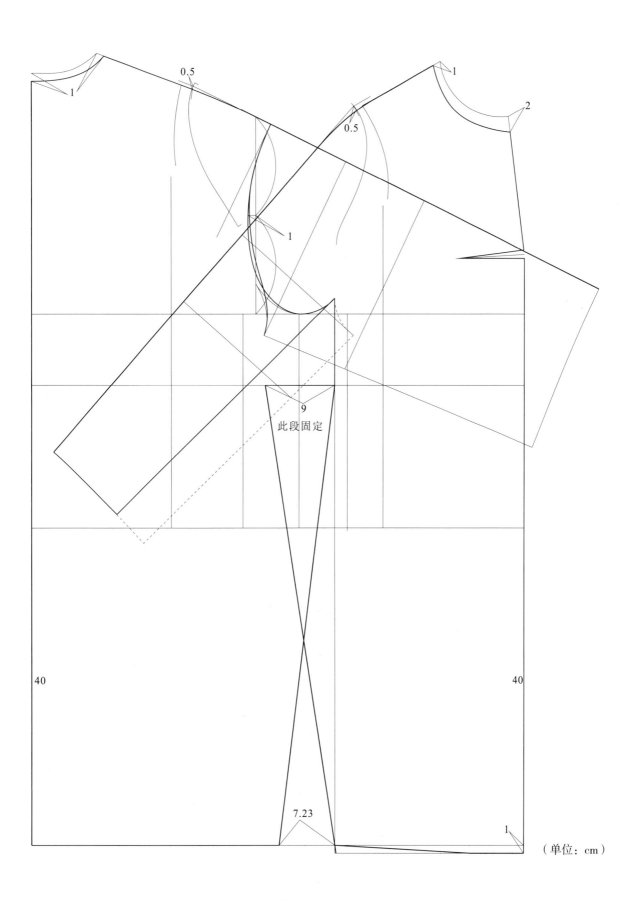

此段固定

（单位：cm）

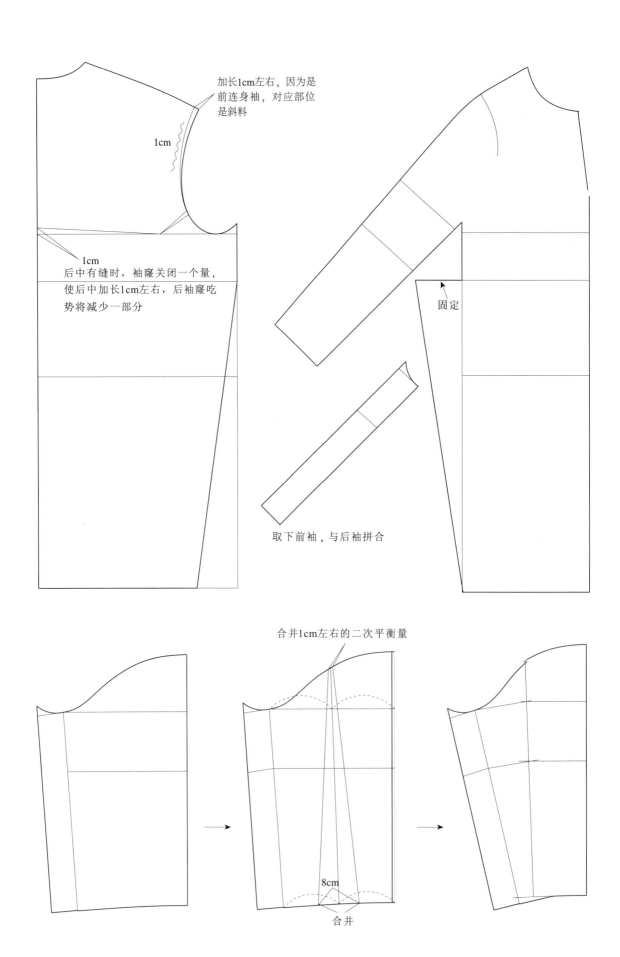

加长1cm左右，因为是
前连身袖，对应部位
是斜料

1cm

1cm

后中有缝时，袖窿关闭一个量，
使后中加长1cm左右，后袖窿吃
势将减少一部分

固定

取下前袖，与后袖拼合

合并1cm左右的二次平衡量

8cm

合并

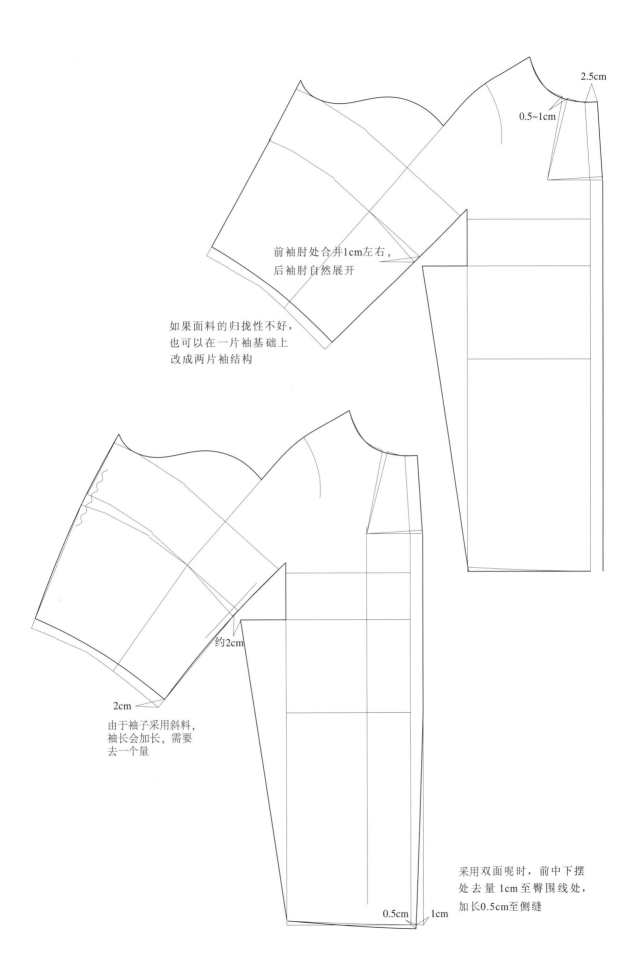

2.5cm

0.5~1cm

前袖肘处合并1cm左右，
后袖肘自然展开

如果面料的归拢性不好，
也可以在一片袖基础上
改成两片袖结构

约2cm

2cm

由于袖子采用斜料，
袖长会加长，需要
去一个量

0.5cm   1cm

采用双面呢时，前中下摆
处去量1cm至臀围线处，
加长0.5cm至侧缝

2. 方法二：半连身西装袖

　　后对位点不动，前袖窿对位点按原前袖窿弧长的1/3确定，落肩量11cm，胸围不变，袖窿下降6.5cm不变，袖山高下降量6.5cm，袖肥相应减小。

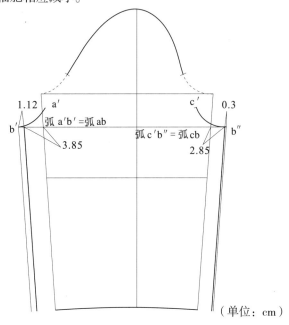

（单位：cm）

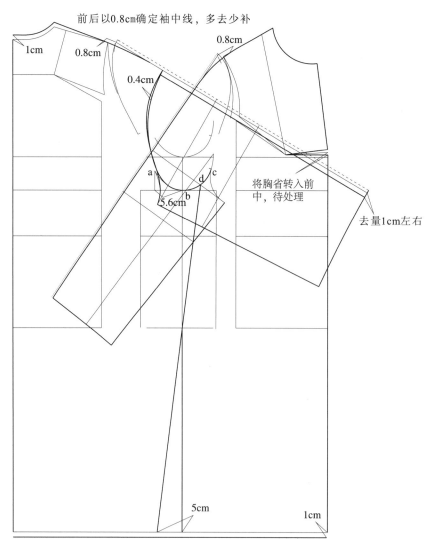

将袖子取下来，按西装袖结构处理，再进行拼合。

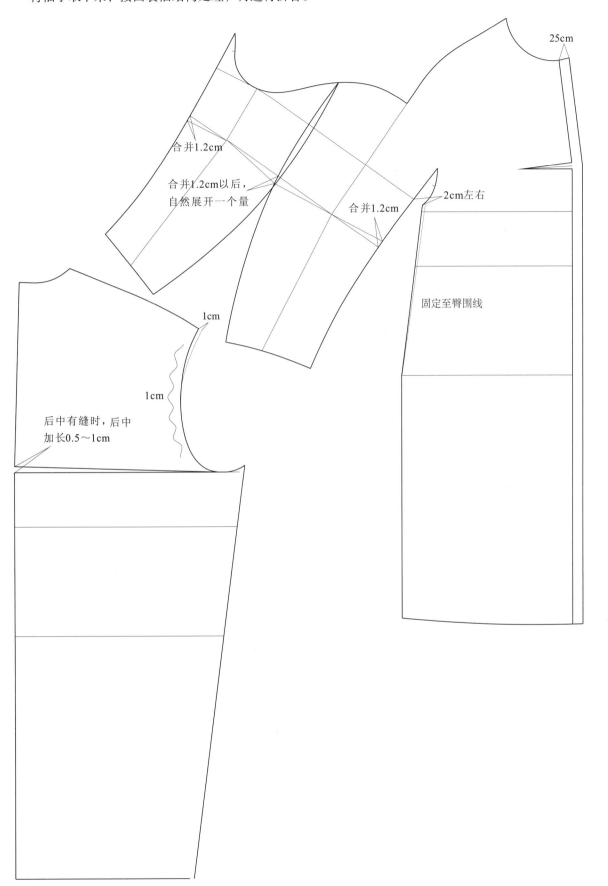

合并1.2cm

合并1.2cm以后，
自然展开一个量

合并1.2cm

25cm

2cm左右

固定至臀围线

1cm

1cm

后中有缝时，后中
加长0.5～1cm

第三节　前合体连身袖后连身拐袖

　　调用第四章第二节中的连身袖结构变化图（第169页）。

　　面料选择克重轻的硬挺类，前胸围宽松，后胸围大廓型，袖窿比较深，故前片后活动量略小，后片活动量大。

袖中线以肩斜线延长线为标准，多去少补

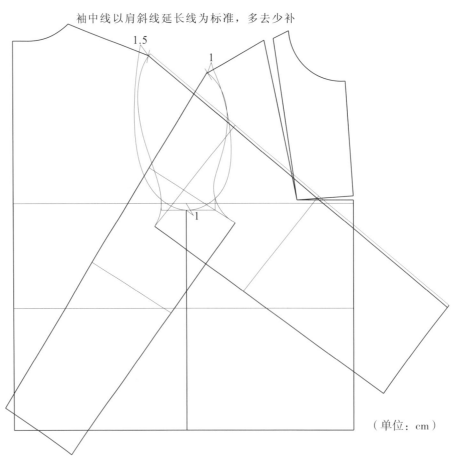

（单位：cm）

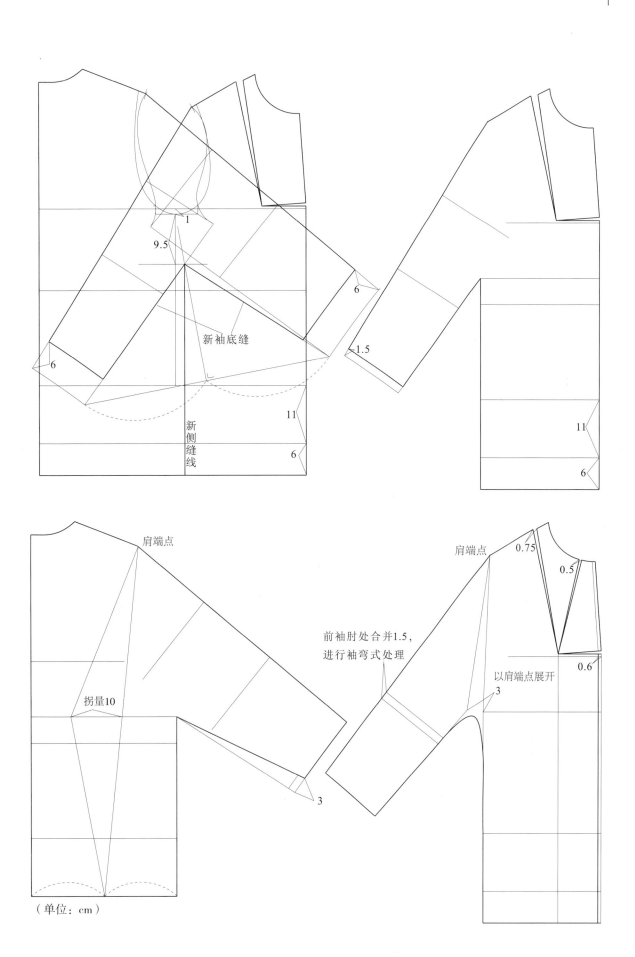

新袖底缝

新侧缝线

1

9.5

6

6

1.5

11

6

11

6

肩端点

拐量10

3

肩端点　0.75

0.5

前袖肘处合并1.5，
进行袖弯式处理

以肩端点展开

3

0.6

3

（单位：cm）

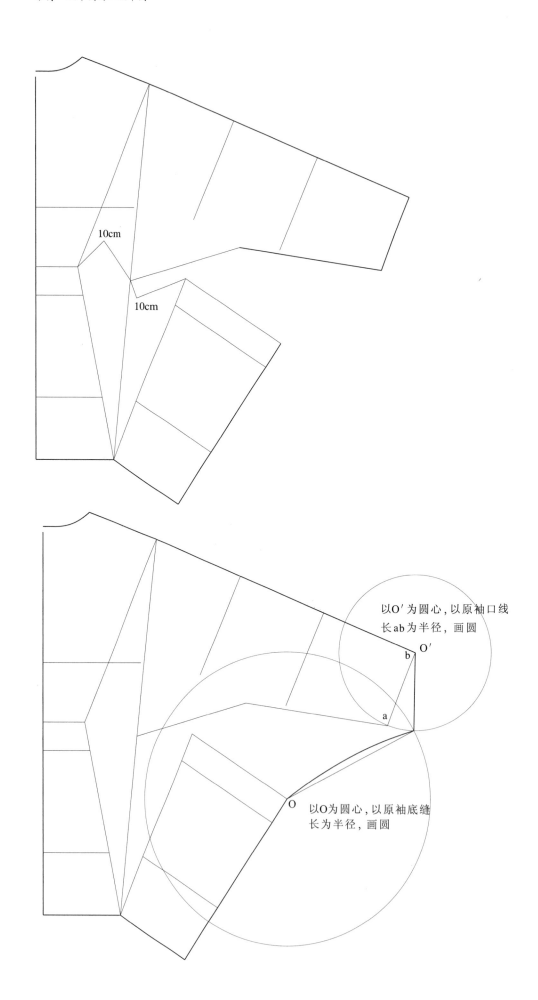

10cm

10cm

以O′为圆心，以原袖口线
长ab为半径，画圆

O′

b

a

O

以O为圆心，以原袖底缝
长为半径，画圆

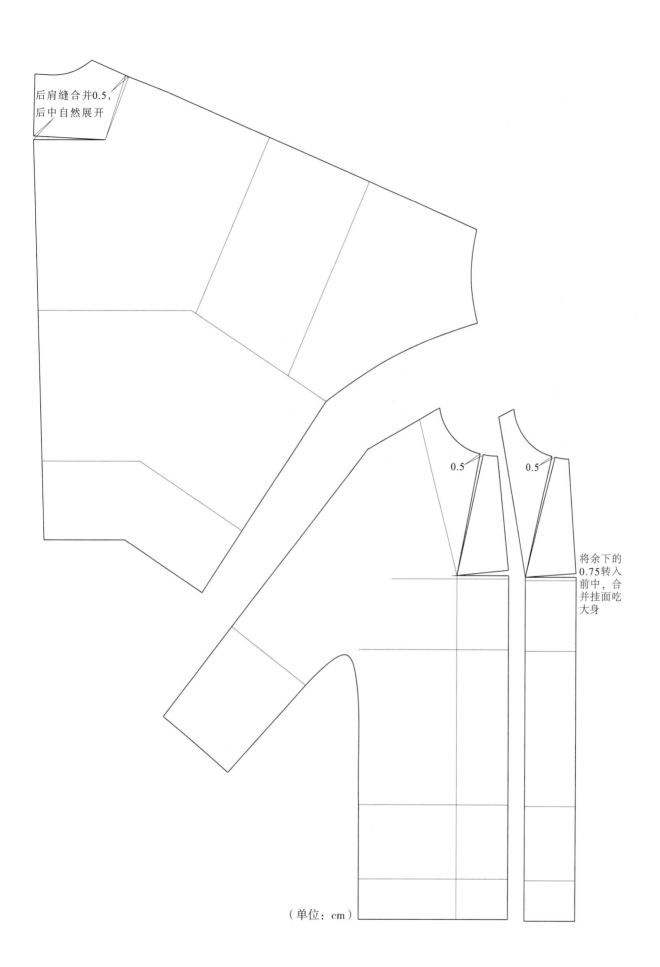

后肩缝合并0.5，
后中自然展开

0.5   0.5

将余下的
0.75转入
前中，合
并挂面吃
大身

（单位：cm）

第四节　前插肩袖后连身袖

一、宽松前插肩后连身袖

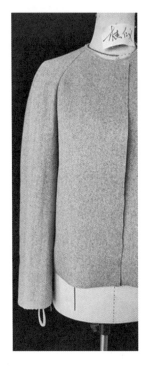 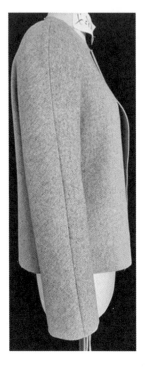 

调用秋冬装宽松原型及袖子或者秋冬装无省插肩袖原型及袖子。

袖窿深按 B /4 确定，可下降 0.5~1cm。

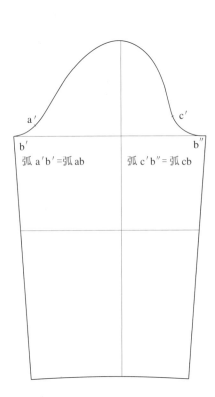 

（单位：cm）

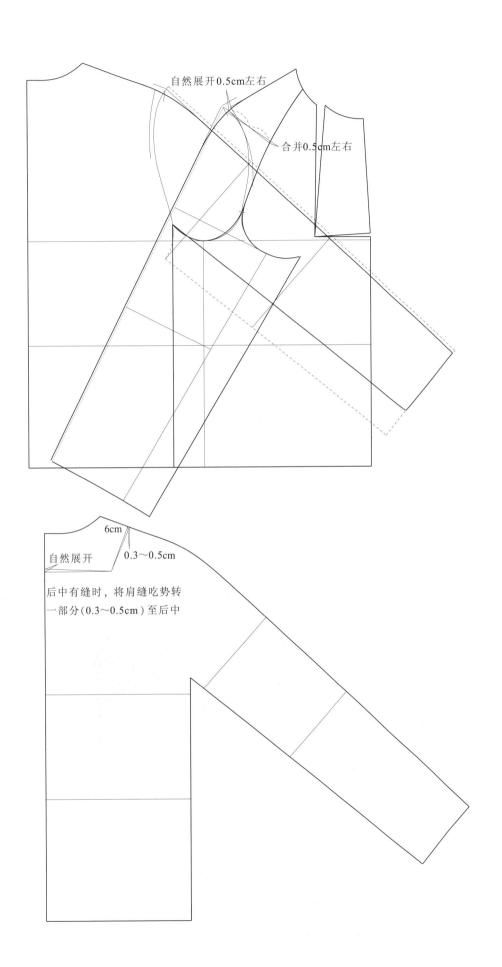

自然展开0.5cm左右

合并0.5cm左右

6cm

自然展开

0.3~0.5cm

后中有缝时，将肩缝吃势转
一部分（0.3~0.5cm）至后中

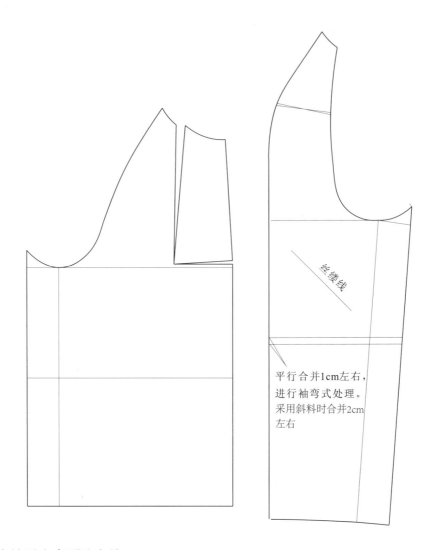

丝缕线

平行合并1cm左右,
进行袖弯式处理。
采用斜料时合并2cm
左右

二、前插肩袖后小廓型连身袖

前片与前面一样,前后片与前后袖不需要互借,将后片平行展开一个量,使袖底缝与大身侧缝,肩部对位点吻合,再将下摆展开后合并,袖肥会自然加大一个量。

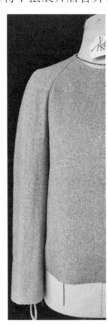

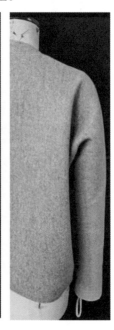

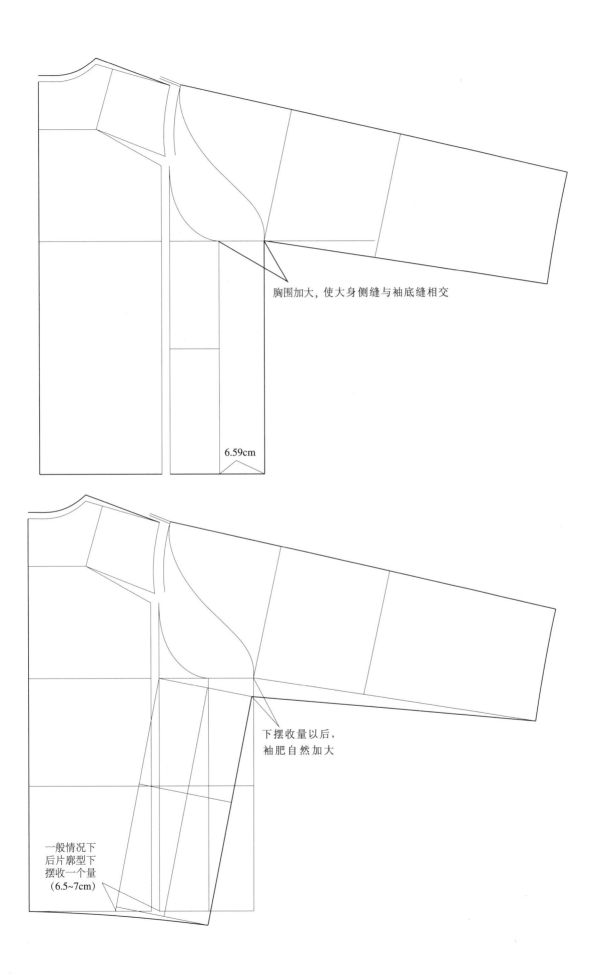

胸围加大，使大身侧缝与袖底缝相交

6.59cm

下摆收量以后，
袖肥自然加大

一般情况下
后片廓型下
摆收一个量
（6.5~7cm）

第五节　前合体插肩袖后连身拐袖

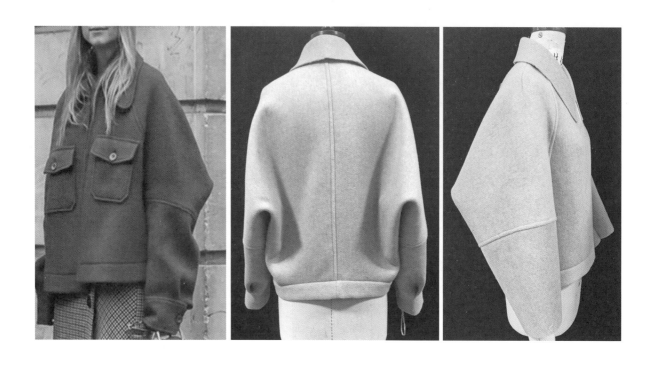

1. 方法一：调用秋冬装无后中缝无省落肩袖原型及袖子

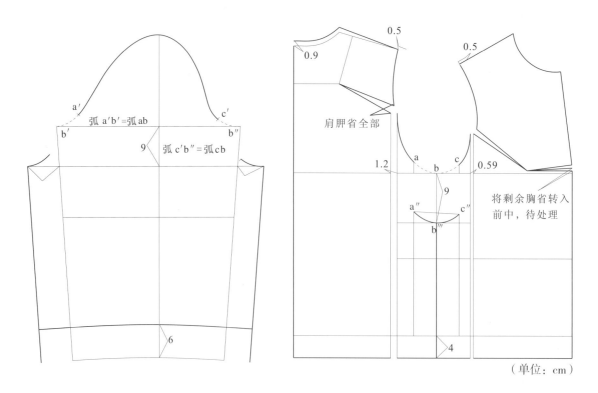

弧 a′b′＝弧 ab

9　弧 c′b″＝弧 cb

6

0.5

0.9

0.5

肩胛省全部

1.2　a　b　c　0.59

9

a″　c″

b‴

将剩余胸省转入
前中，待处理

4

（单位：cm）

以0.5cm确定袖中线，多去少补

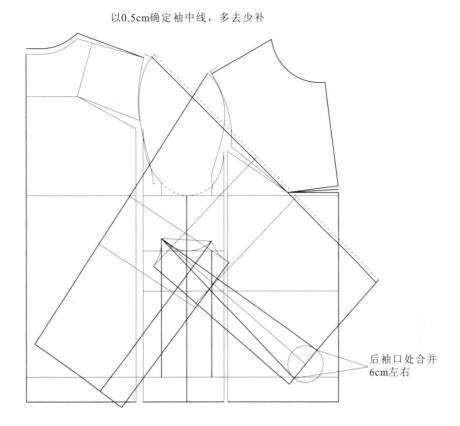

后袖口处合并
6cm左右

在肩端点处展开

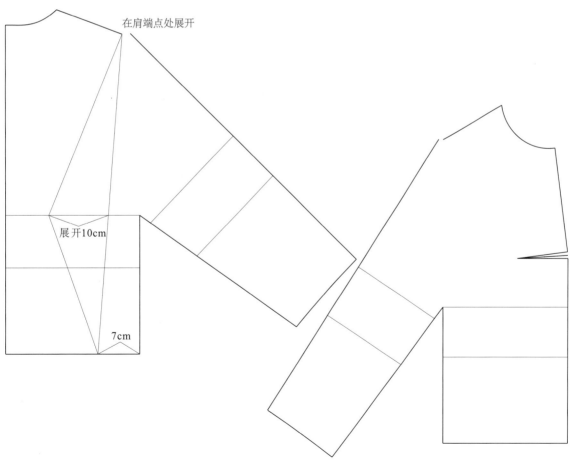

展开10cm

7cm

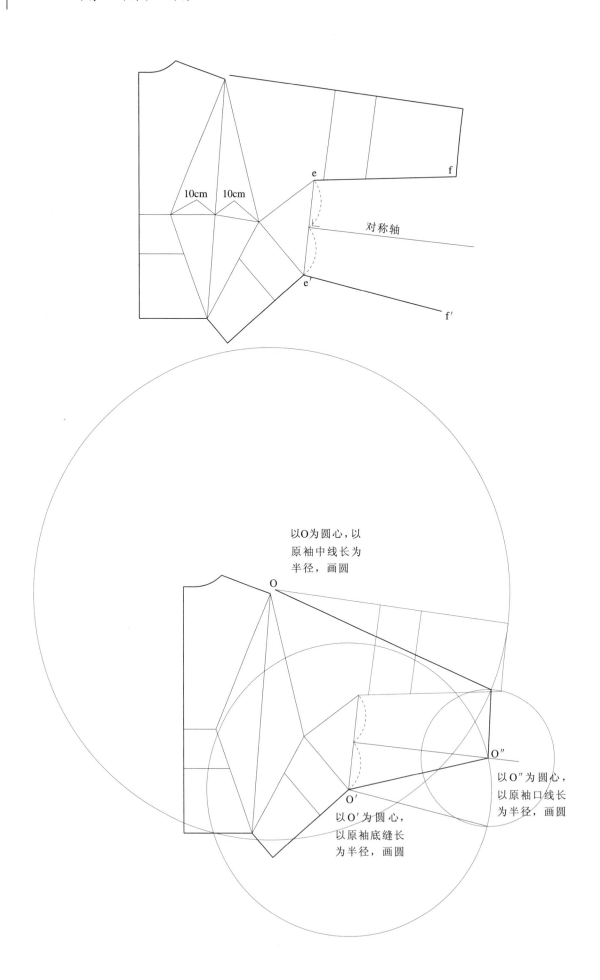

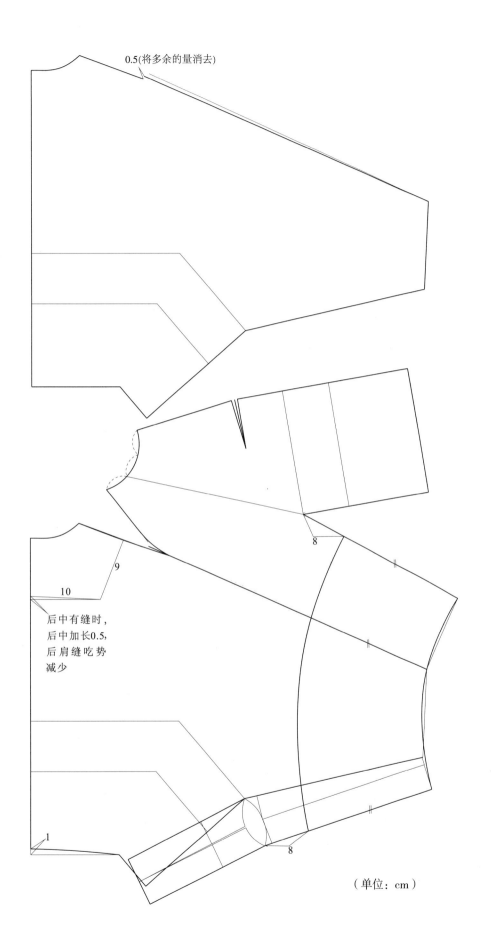

0.5(将多余的量消去)

8

9

10

后中有缝时，
后中加长0.5，
后肩缝吃势
减少

1

8

（单位：cm）

2. **方法二**：方法一中，向后活动量比较少，故在前面增加向外活动量

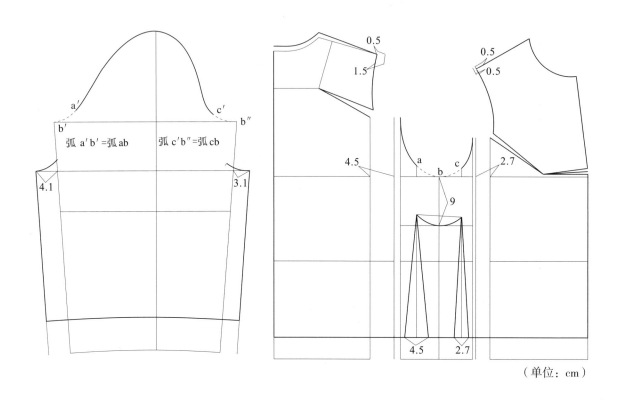

弧 a′b′=弧 ab   弧 c′b″=弧 cb

（单位：cm）

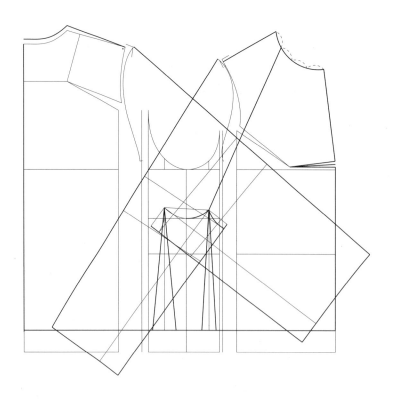

第六节　前插肩后连身龟背

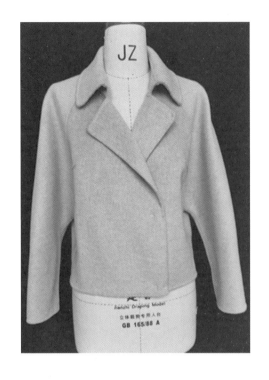

调用第四章秋冬装连身袖原型，后片 4 与前片 1 组合。

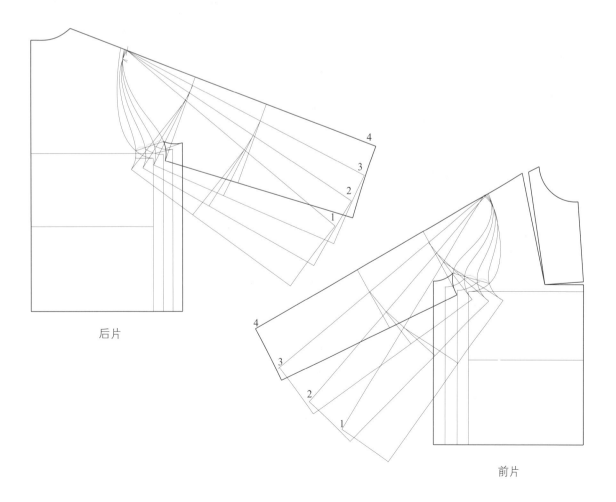

后片

前片

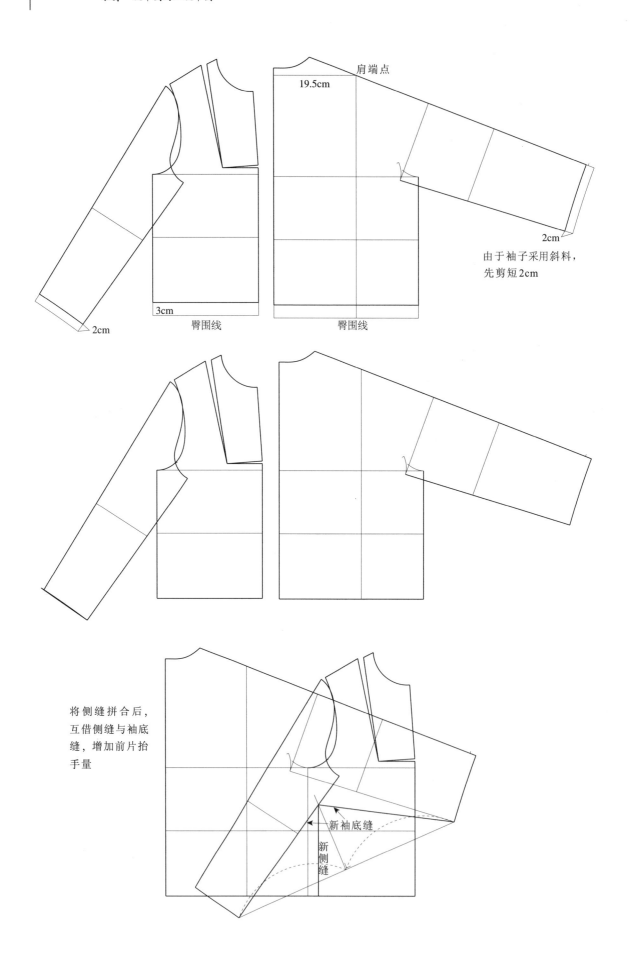

肩端点

19.5cm

2cm

由于袖子采用斜料，
先剪短2cm

3cm

2cm

臀围线

臀围线

将侧缝拼合后，
互借侧缝与袖底
缝，增加前片抬
手量

新袖底缝

新侧缝

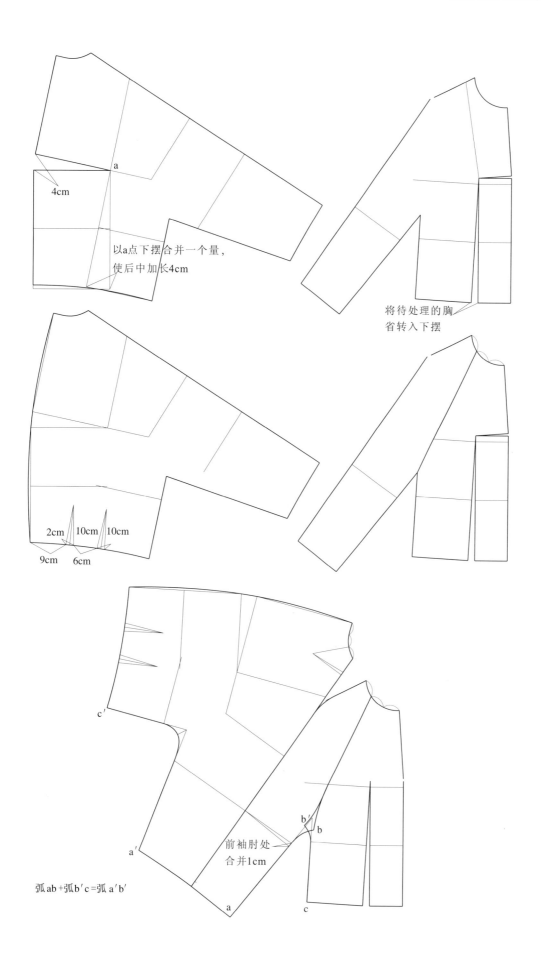

以a点下摆合并一个量，
使后中加长4cm

4cm

将待处理的胸
省转入下摆

2cm　10cm　10cm

9cm　6cm

弧ab+弧b′c=弧 a′b′

前袖肘处
合并1cm

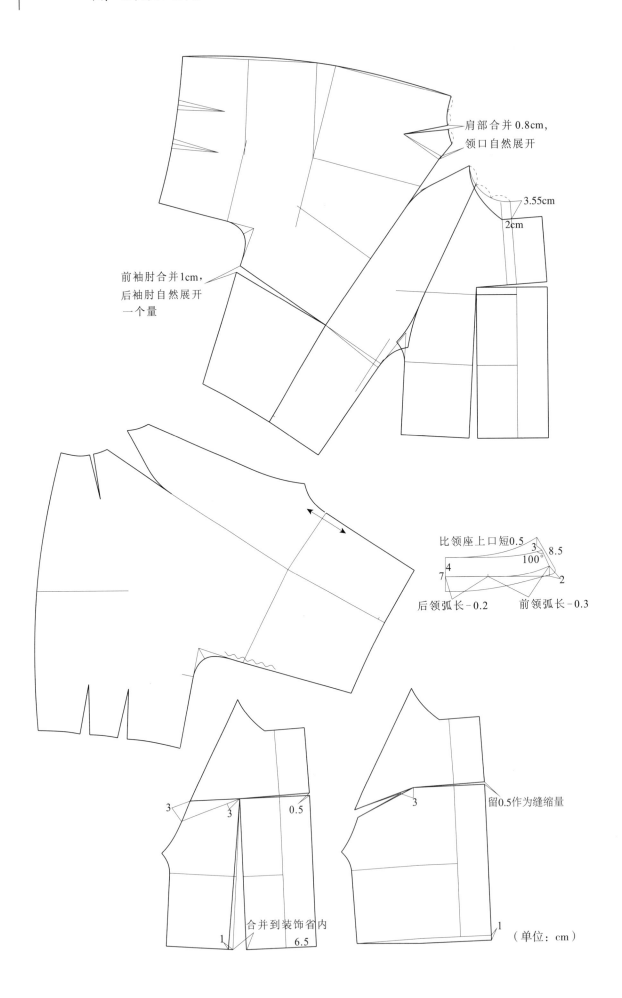

肩部合并 0.8cm,
领口自然展开

3.55cm

2cm

前袖肘合并1cm,
后袖肘自然展开
一个量

比领座上口短0.5

3 8.5
100°
4
7 2

后领弧长 - 0.2   前领弧长 - 0.3

留0.5作为缝缩量

3   3   0.5

3

合并到装饰省内

1   6.5   1

（单位：cm）

第七节 前插肩袖后落肩袖

一、宽松前插肩袖后落肩袖

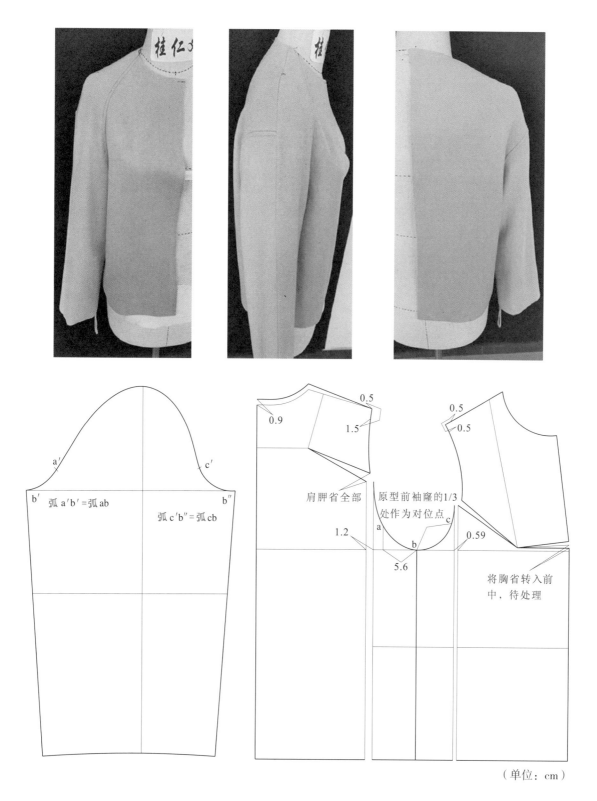

弧 a′b′=弧 ab

弧 c′b″=弧 cb

0.9

0.5

1.5

肩胛省全部

原型前袖窿的1/3
处作为对位点

1.2

5.6

a

b

c

0.5

0.5

0.59

将胸省转入前
中，待处理

（单位：cm）

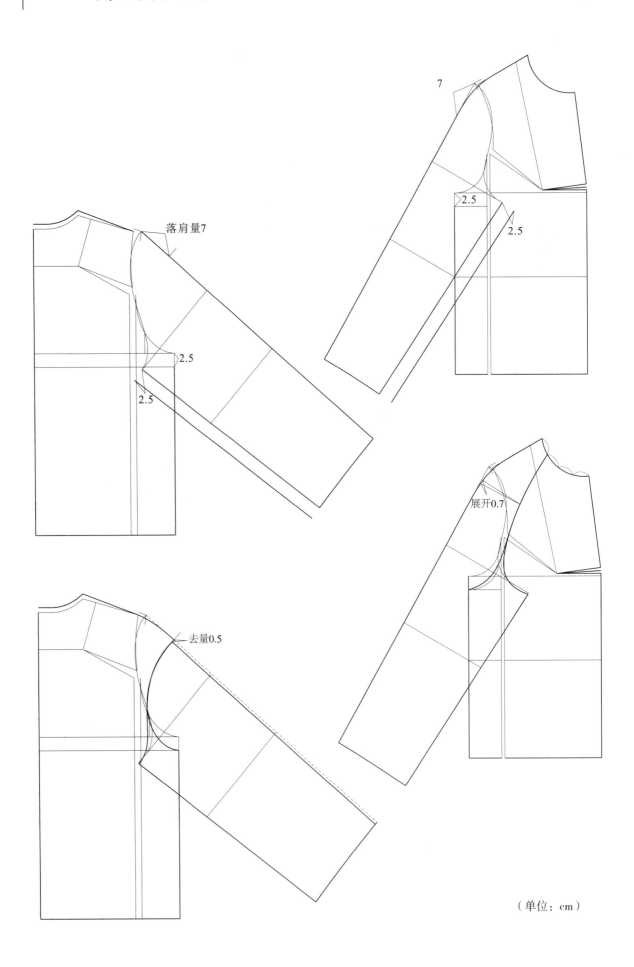

落肩量7

7

2.5

2.5

2.5

2.5

去量0.5

展开0.7

（单位：cm）

二、大廓型前插肩袖后落肩袖

　　胸围 110cm，衣长 105cm，肩宽 39cm，袖长 54cm。按照冬装大宽松原型（胸围 103cm），110-103=7cm，故胸围展开量为 7cm。前面是插肩袖，为了造型显瘦，袖窿开深一点。后面是落肩袖（落肩量 11cm），后胸围加大处理，展开量 7cm，在距离肩端点 2.5cm 左右处展开。在胸围不变的情况下，相应地加大袖肥。

 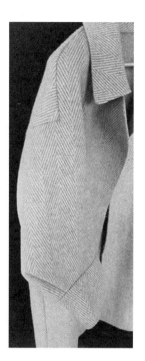

调用秋冬装宽松原型及袖子

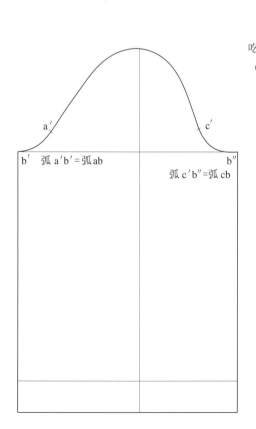 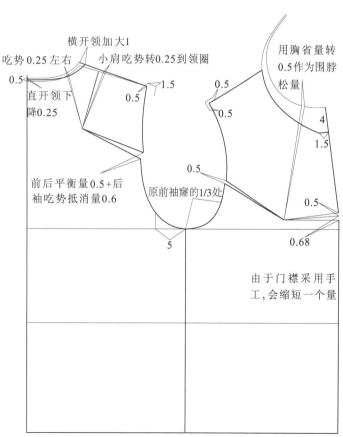

弧 a′b′=弧 ab

弧 c′b″=弧 cb

横开领加大1

吃势 0.25 左右

小肩吃势转 0.25 到领圈

0.5

直开领下
降 0.25

1.5

0.5

用胸省量转
0.5 作为围脖
松量

0.5

0.5

4

1.5

前后平衡量 0.5+后
袖吃势抵消量 0.6

原前袖窿的 1/3 处

0.5

0.5

5

0.68

由于门襟采用手
工，会缩短一个量

（单位：cm）

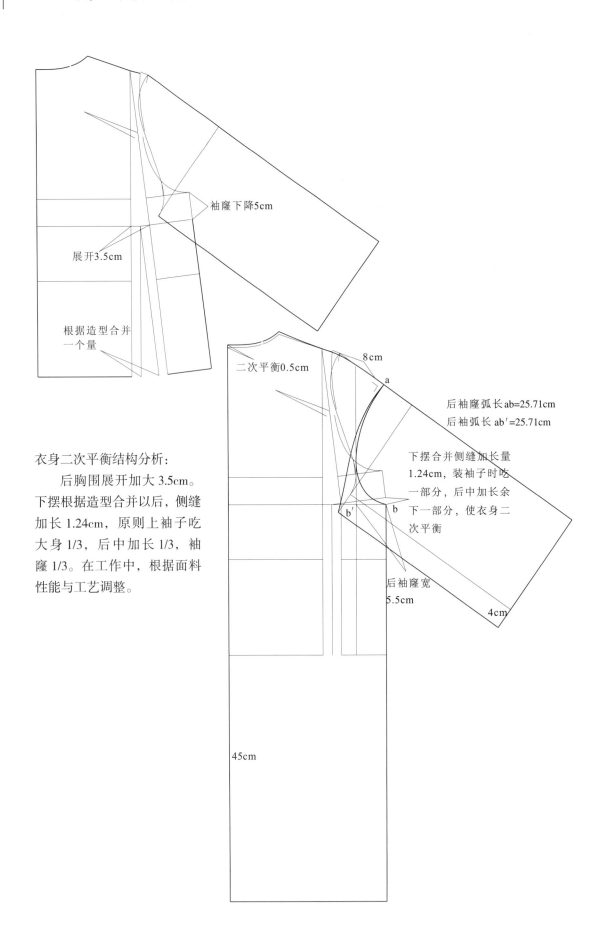

衣身二次平衡结构分析：

后胸围展开加大3.5cm。下摆根据造型合并以后，侧缝加长1.24cm，原则上袖子吃大身1/3，后中加长1/3，袖窿1/3。在工作中，根据面料性能与工艺调整。

袖窿下降5cm

展开3.5cm

根据造型合并一个量

二次平衡0.5cm

8cm

a

后袖窿弧长 ab=25.71cm

后袖弧长 ab′=25.71cm

下摆合并侧缝加长量1.24cm，装袖子时吃一部分，后中加长余下一部分，使衣身二次平衡

b′

b

后袖窿宽5.5cm

4cm

45cm

注：插肩袖造型线展开后尽量在直丝缕线上

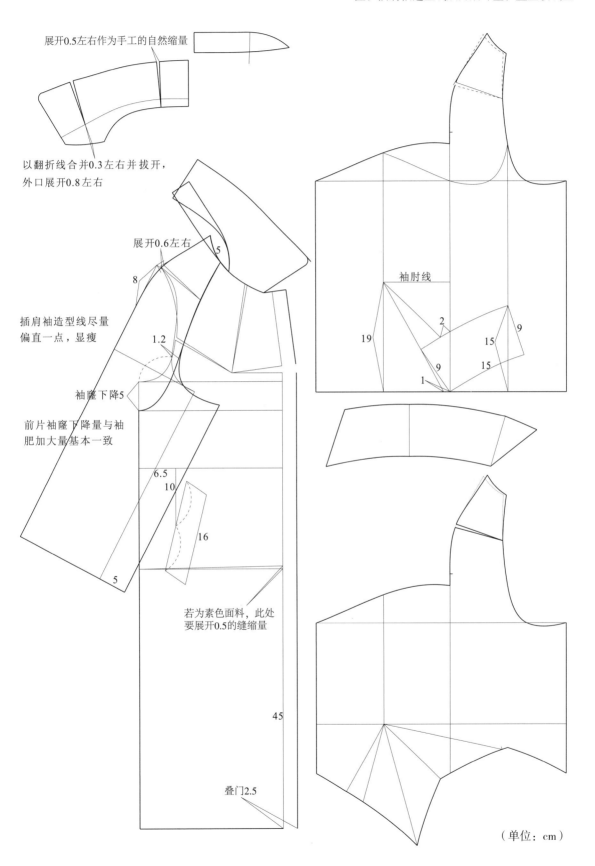

展开0.5左右作为手工的自然缩量

以翻折线合并0.3左右并拔开，
外口展开0.8左右

展开0.6左右

5

8

插肩袖造型线尽量
偏直一点，显瘦

1.2

袖窿下降5

前片袖窿下降量与袖
肥加大量基本一致

6.5

10

16

5

若为素色面料，此处
要展开0.5的缝缩量

45

叠门2.5

袖肘线

2

19

9

15

9

15

9

1

（单位：cm）

第八节　前落肩袖后连身袖

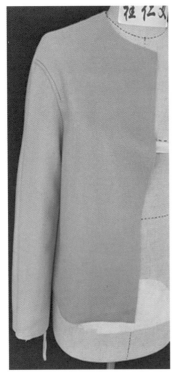
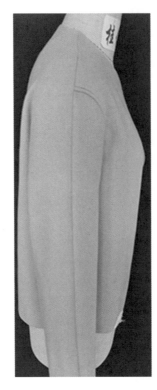
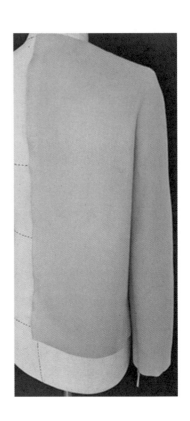

调用秋冬装宽松无省落肩袖原型及袖子。

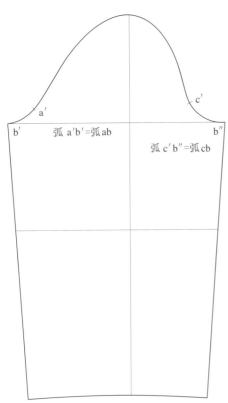
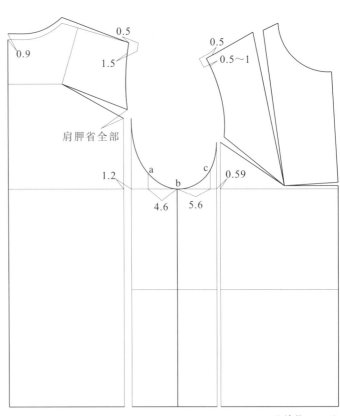

（单位：cm）

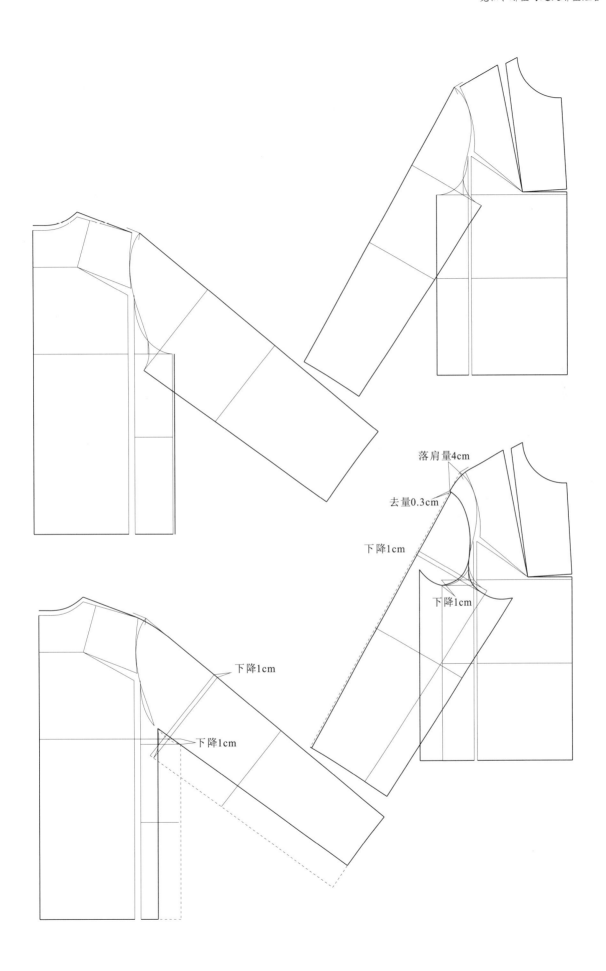

落肩量4cm

去量0.3cm

下降1cm

下降1cm

下降1cm

下降1cm

第九节 前落肩袖后插肩袖

一、宽松前落肩袖后插肩袖

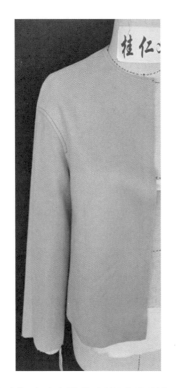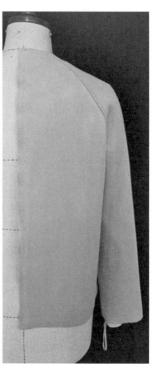

调用无省无后中缝落肩袖原型及袖子，袖窿深按 B/4 确定，可下降 0.5~1cm。

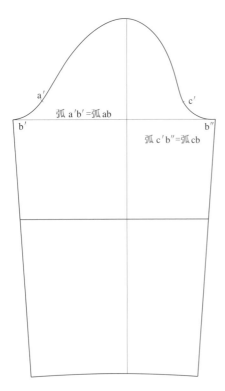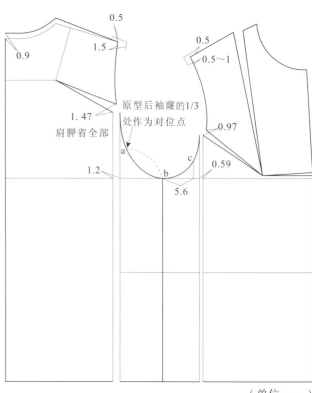

（单位：cm）

二、大廓型前落肩袖后插肩袖

胸围 124cm。

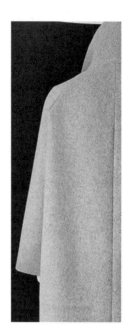

　　款式后片可做插肩袖与连身袖，调用前面图一结构图，袖窿深下降量按"B /4+0~2cm"确定，即下降 5.5cm，前后胸围各加大 2.5cm，后胸围可多加 1~2cm。

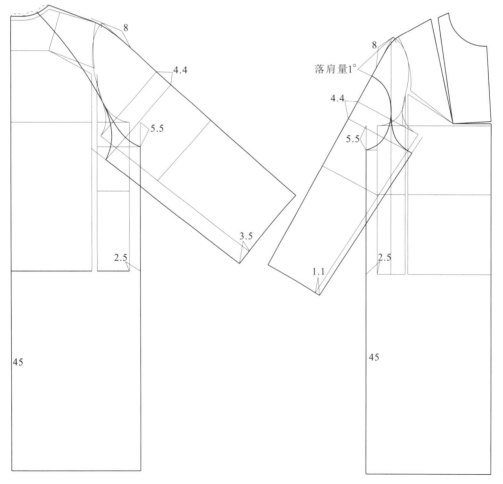

（单位：cm）

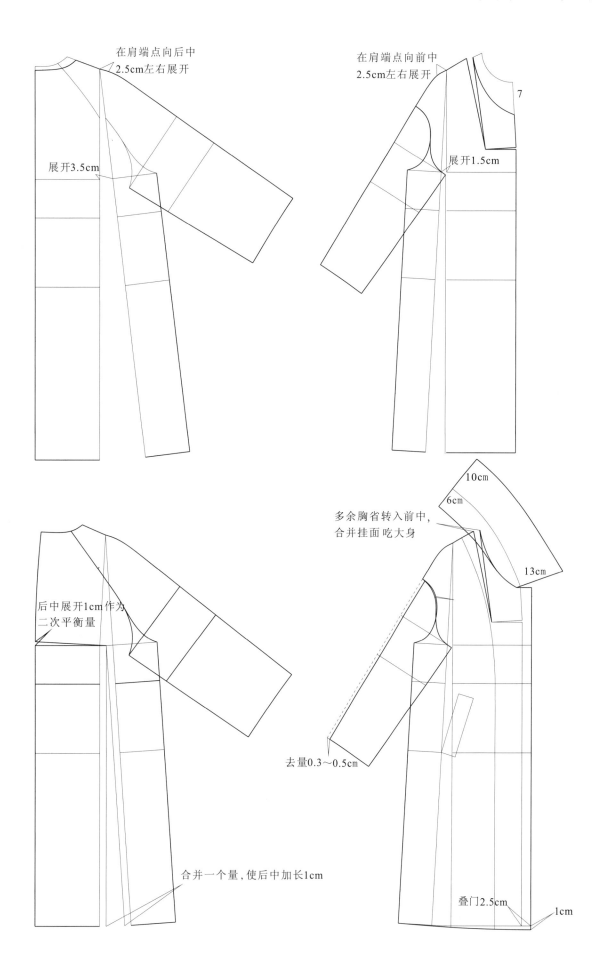

在肩端点向后中
2.5cm左右展开

在肩端点向前中
2.5cm左右展开

7

展开3.5cm

展开1.5cm

后中展开1cm作为
二次平衡量

多余胸省转入前中,
合并挂面吃大身

10cm

6cm

13cm

去量0.3~0.5cm

合并一个量,使后中加长1cm

叠门2.5cm

1cm

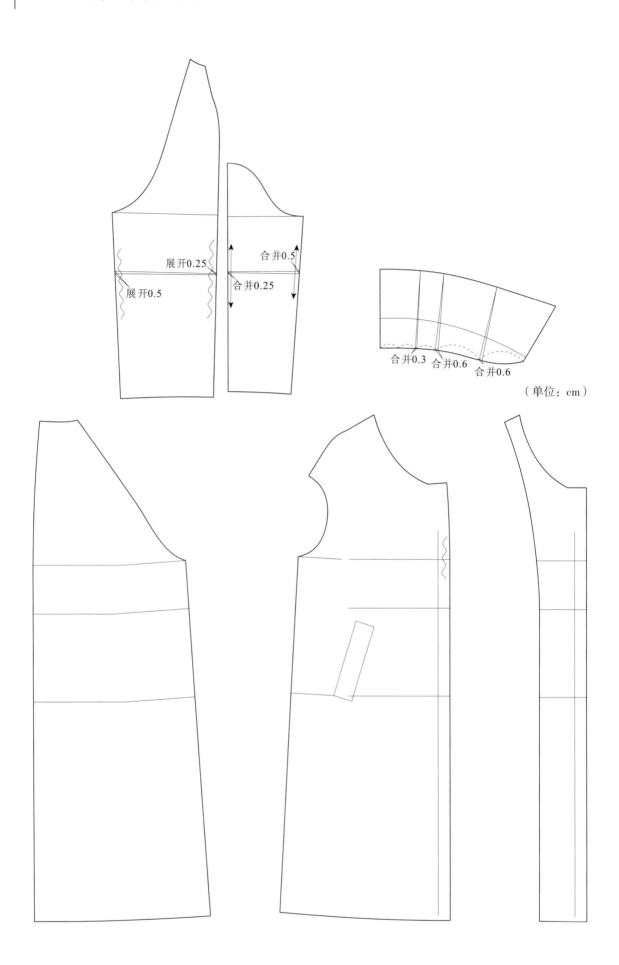

展开0.25

展开0.5

合并0.5

合并0.25

合并0.3 合并0.6 合并0.6

（单位：cm）

第十节　前合体落肩袖后落肩拐袖

 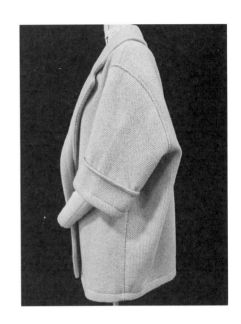

　　胸围 140cm。人字纹面料款式的后中一般情况下是无缝的，前宽松落肩袖后廓型落肩拐袖造型的袖窿比较深，前宽松袖窿开得深，向后活动量会偏小，主要靠袖肥和后胸围来增加抬高量；如果要求向后活动量，可以加大前胸围。

　　调用秋冬装宽松无后中缝落肩袖原型。

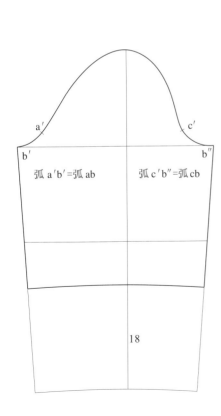

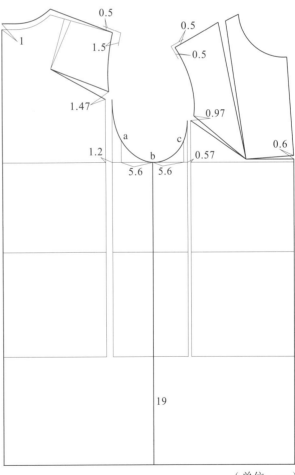

（单位：cm）

以0.5cm松量确定袖中线，多去少补

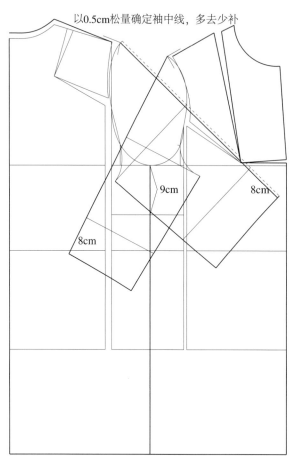

9cm

8cm

8cm

在肩端点展开

将多余胸省量转入领内

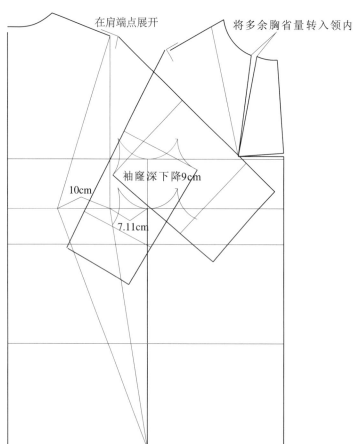

袖窿深下降9cm

10cm

7.11cm

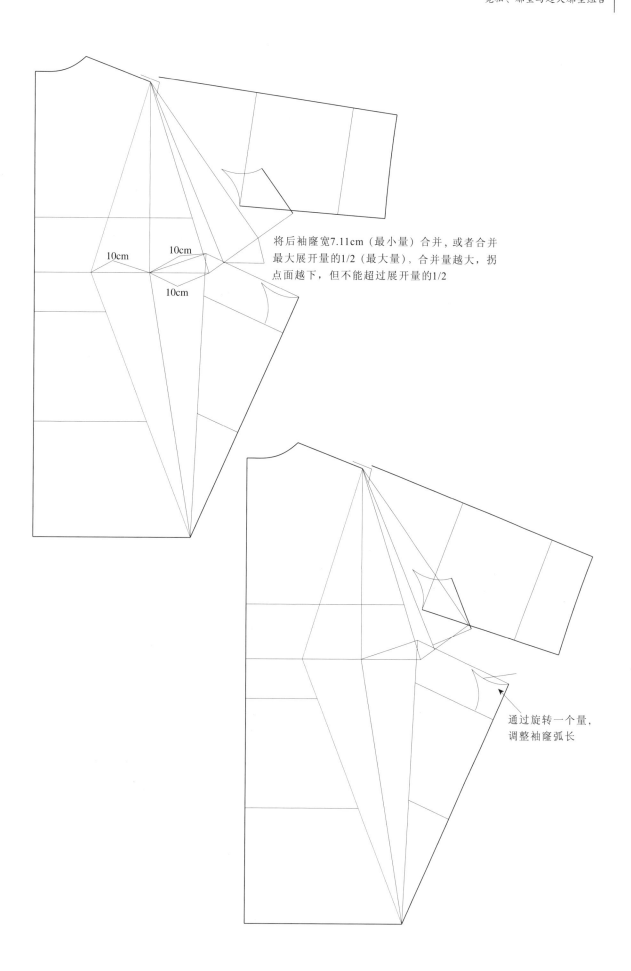

将后袖窿宽7.11cm（最小量）合并，或者合并
最大展开量的1/2（最大量），合并量越大，拐
点面越下，但不能超过展开的1/2

通过旋转一个量，
调整袖窿弧长

10cm

10cm

10cm

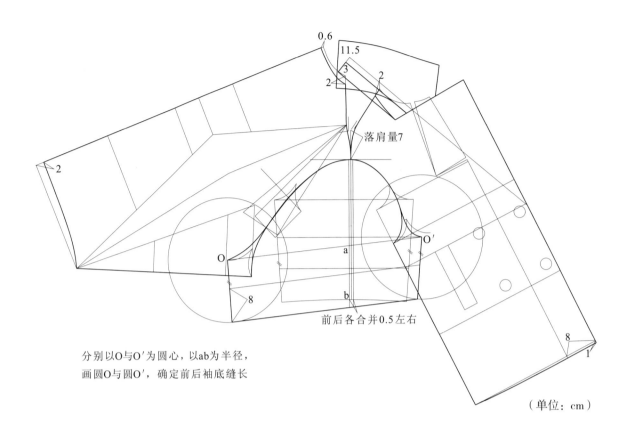

分别以O与O′为圆心，以ab为半径，
画圆O与圆O′，确定前后袖底缝长

（单位：cm）

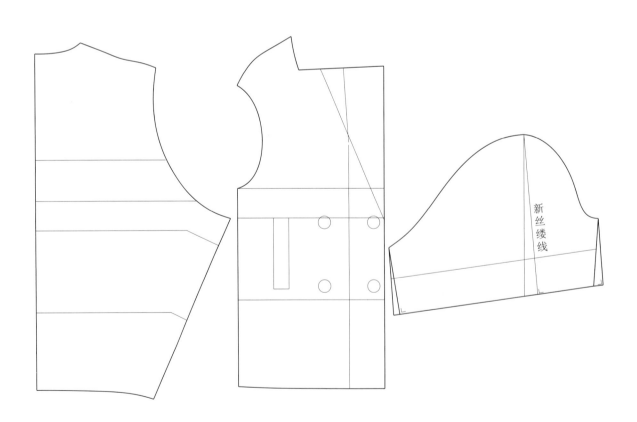

第十一节　前合体连身袖后廓型连身袖

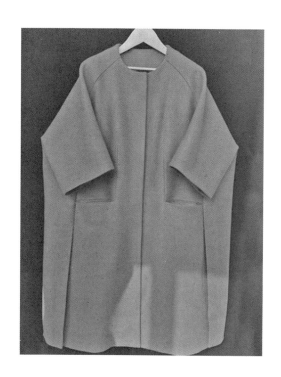

调用第四章第二节中的连身袖结构变化图（第 169 页）。

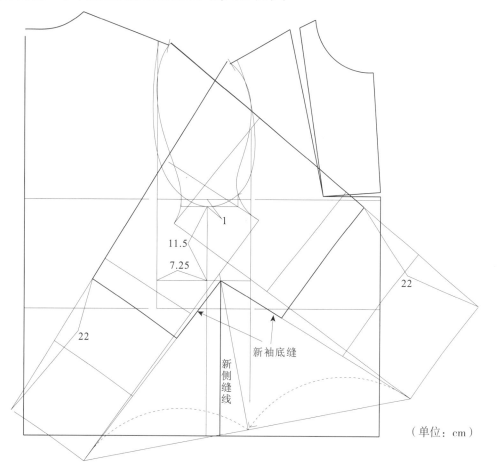

1

11.5

7.25

22

22

新袖底缝

新侧缝线

（单位：cm）

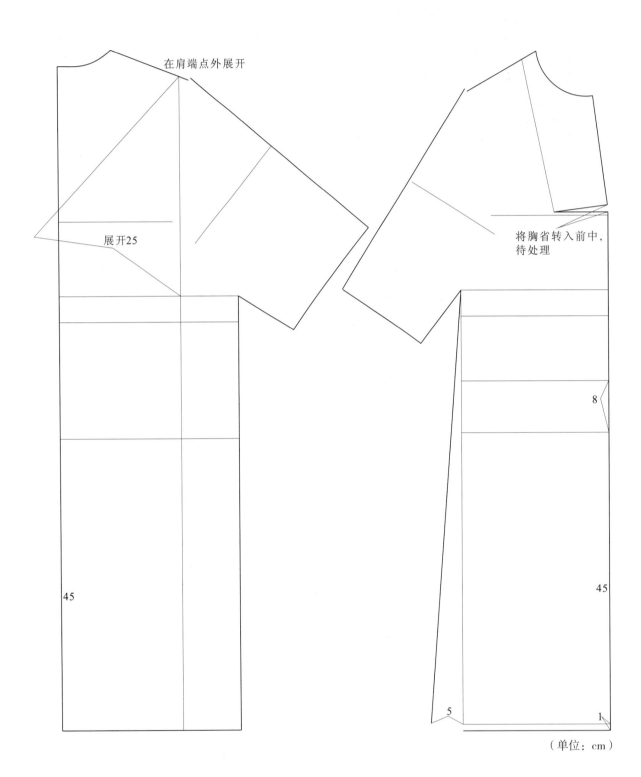

在肩端点外展开

展开25

将胸省转入前中，
待处理

8

45

45

5

1

（单位：cm）

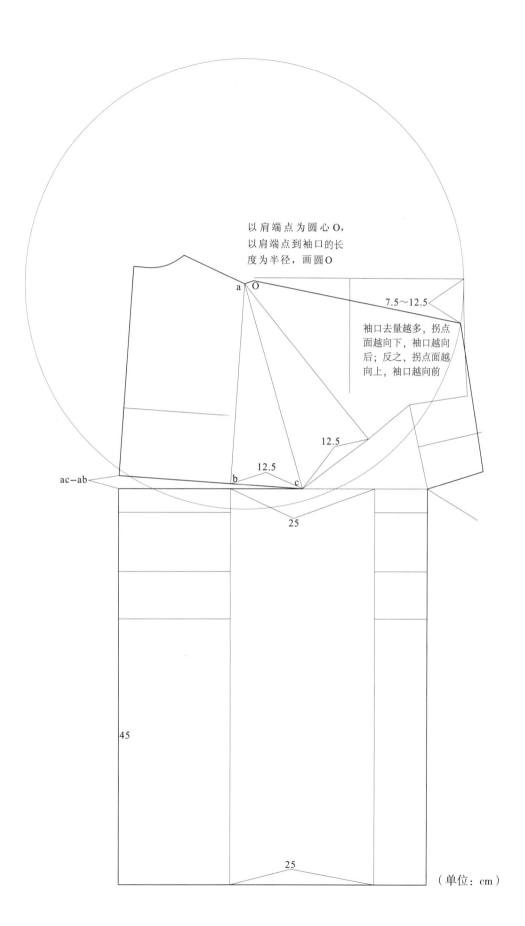

以肩端点为圆心 O，
以肩端点到袖口的长
度为半径，画圆 O

7.5～12.5

袖口去量越多，拐点
面越向下，袖口越向
后；反之，拐点面越
向上，袖口越向前

12.5

ac−ab

12.5

25

45

25

（单位：cm）

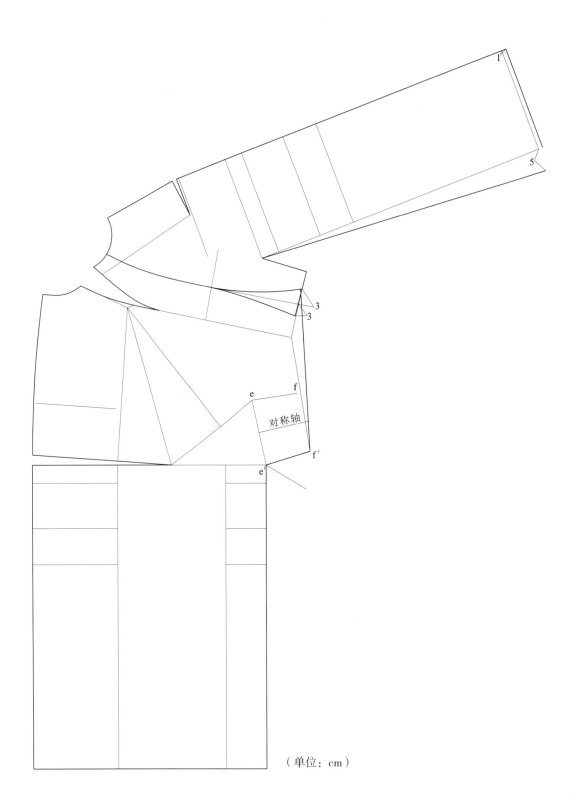

（单位：cm）

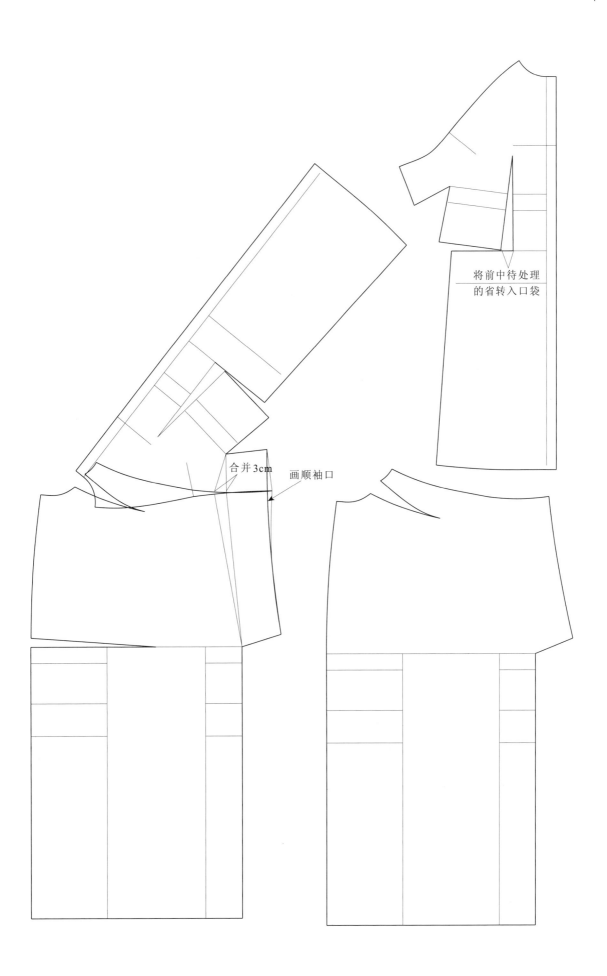

将前中待处理
的省转入口袋

合并3cm　画顺袖口

第十二节　前落肩袖后落肩龟背羽绒服

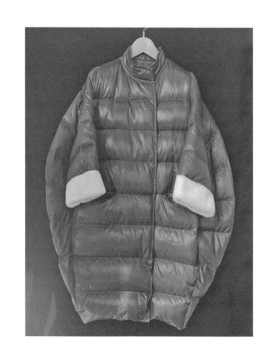

调用秋冬装无后中缝落肩袖无省原型与袖子。前肩斜可上提0.5°，袖窿深下降13cm，胸围先按正常下降量加大（前3.9cm、后6.5cm），袖山高下降13cm，前袖肥加大4.7cm，后袖肥加大5.7cm。

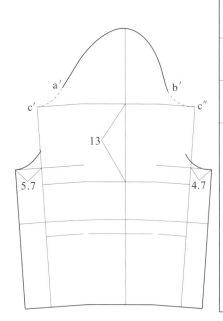
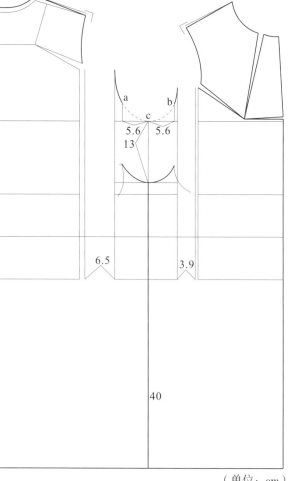

（单位：cm）

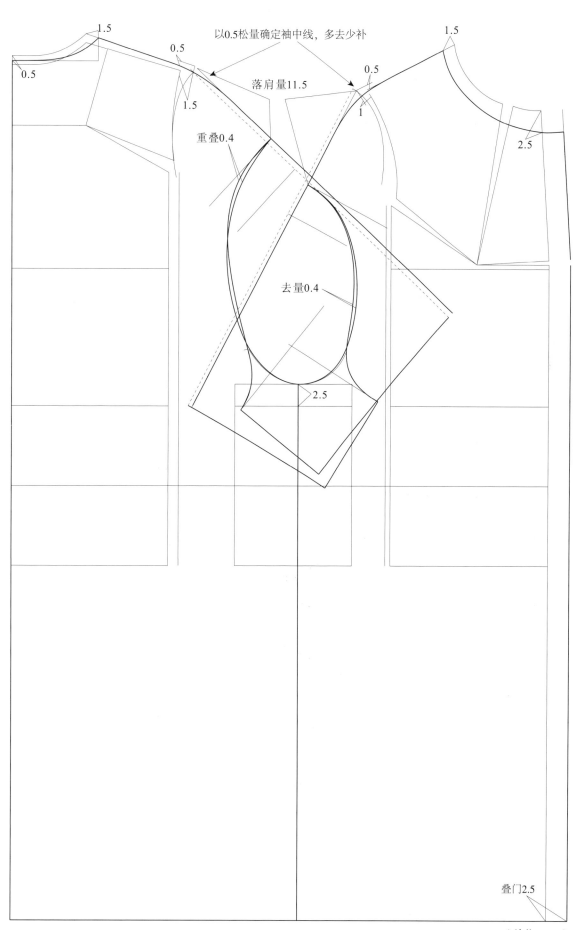

1.5

0.5

0.5

以0.5松量确定袖中线，多去少补

落肩量11.5

1.5

1.5

1.5

0.5

0.5

1

重叠0.4

2.5

去量0.4

2.5

叠门2.5

（单位：cm）

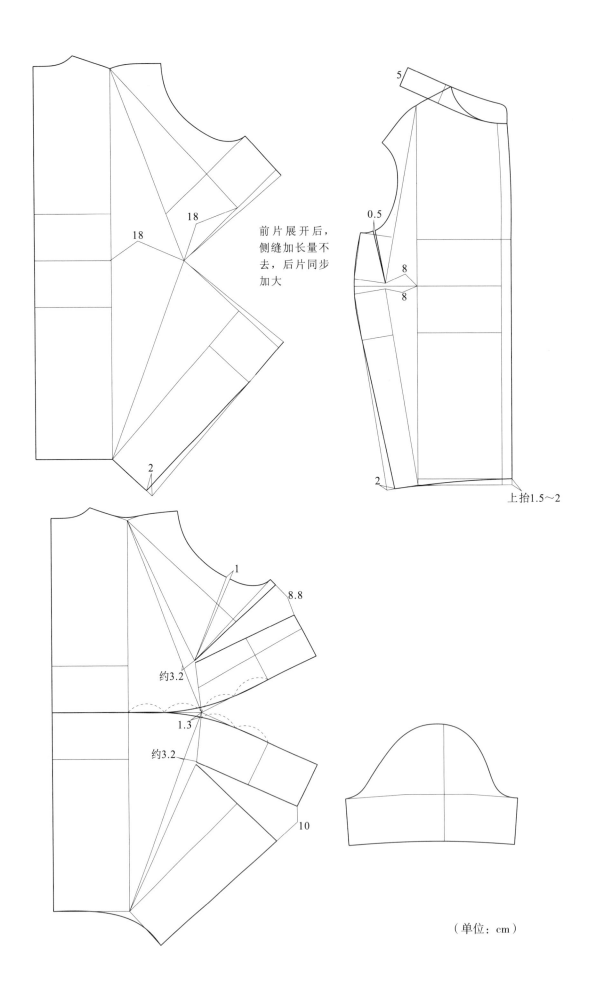

前片展开后，
侧缝加长量不
去，后片同步
加大

18

18

2

5

0.5

8

8

2

上抬1.5～2

1

8.8

约3.2

1.3

约3.2

10

（单位：cm）

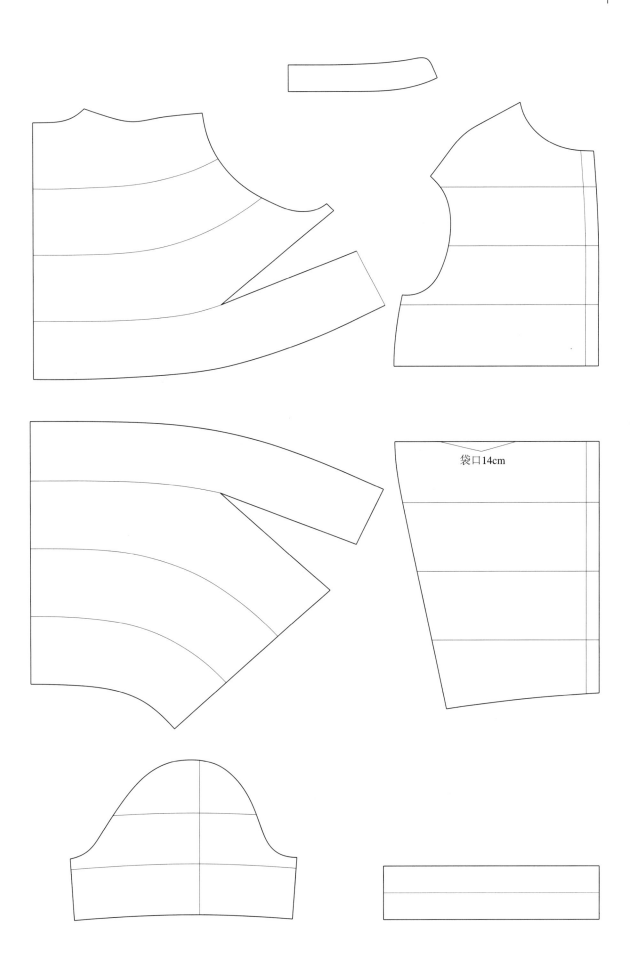

袋口14cm

第十三节　波浪领大廓型前连身袖后连身袖

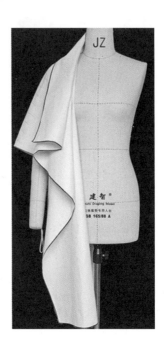

胸围132cm。调用连身袖无肩缝原型直接制版。

如果胸围要小一点，可以直接在前片合并一个量。对于连身波浪领，处理一下领与大身的重叠量，领子效果会更好，故借缝4cm，袖子可以作弯式处理，袖口尺寸可以直接在袖底缝加大。此款式有腰带，故不需要进行衣身二次平衡。

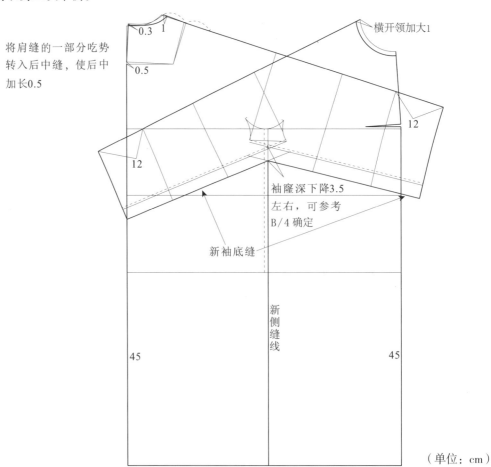

（单位：cm）

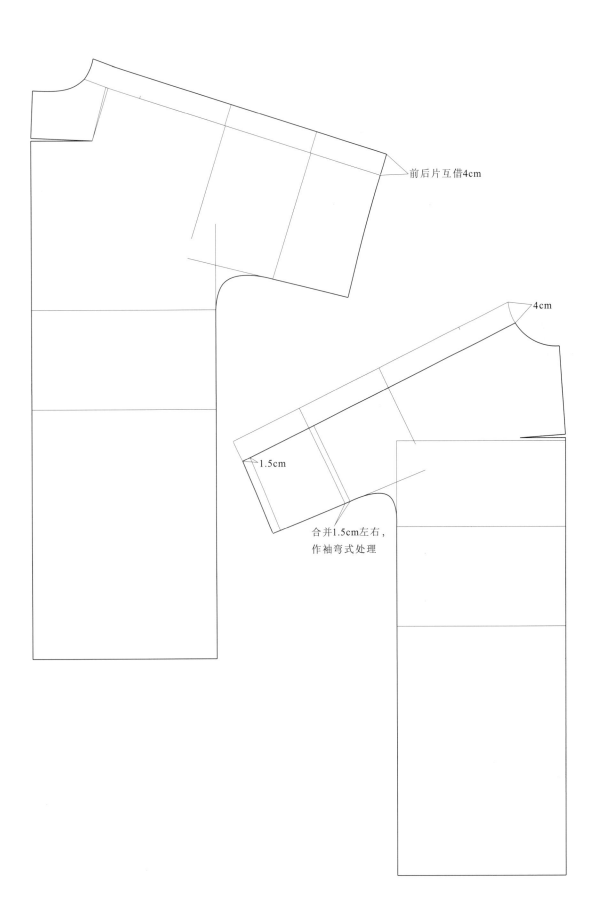

前后片互借4cm

4cm

1.5cm

合并1.5cm左右，
作袖弯式处理

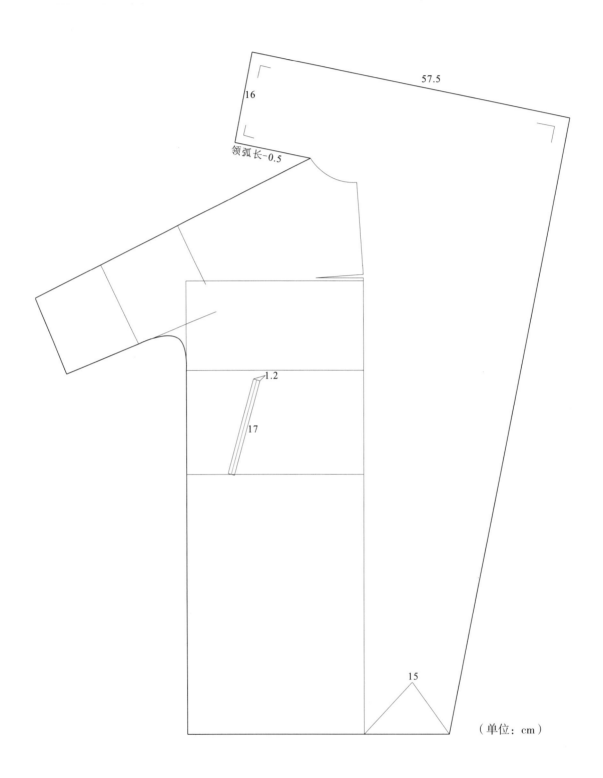

57.5

16

领弧长-0.5

1.2

17

15

（单位：cm）

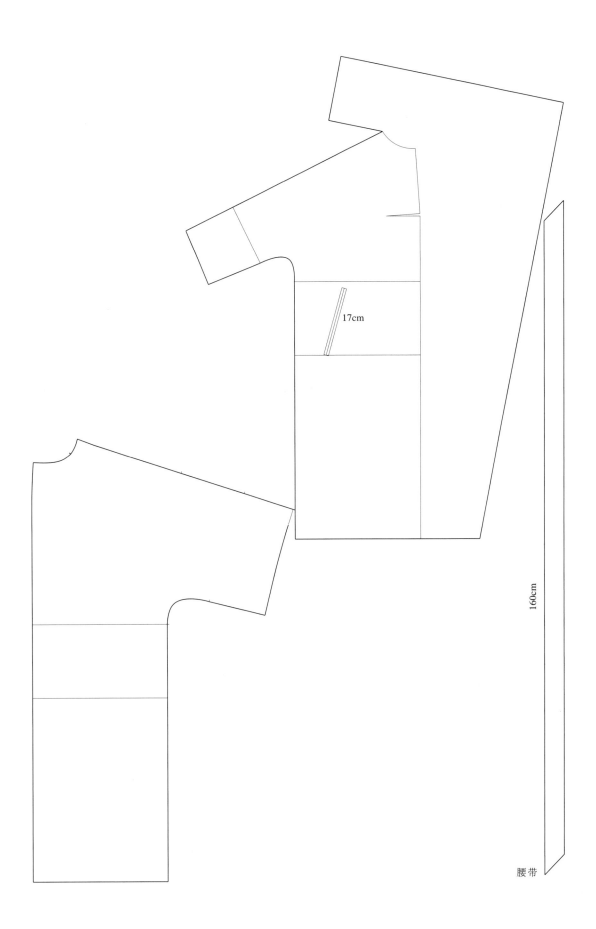

17cm

160cm

第十四节　前合体大落肩袖后大落肩拐袖

胸围 162cm。

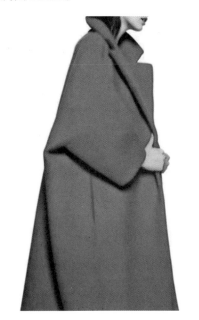

一、坯布尺寸的确定

（单位：cm）

后片　　　　　　　　　　　　　　　前片

二、立体制作

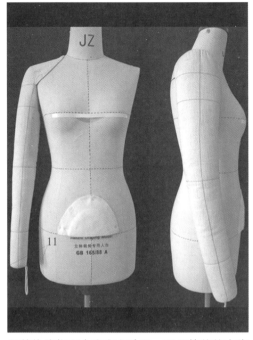

用美纹胶将两个胸高点贴平，再用棉垫垫在腹部，使之与两个胸高点处于同一垂直面上

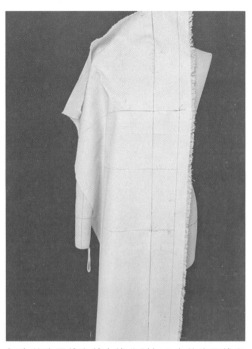

坯布的胸围线和前中线分别与人台的胸围线和前中线水平垂直重合固定，同时前中线处放出0.3cm左右，作为双排扣产生的厚度量及面料厚度量

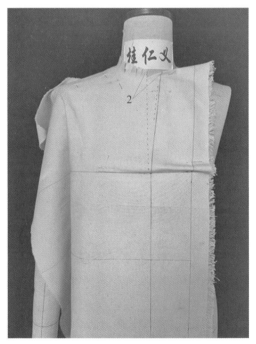

将胸省平行分散处理，前中会产生撇门约2cm，将多余的胸省量先放置前中，待处理。沿人台领圈与大身转折点，间距1cm打剪口，并抹平固定

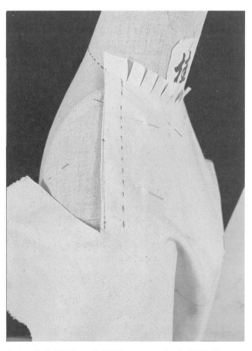

标记出肩缝线，并预留1.5cm左右的缝分，目前比较流行肩缝偏前0.5~1cm

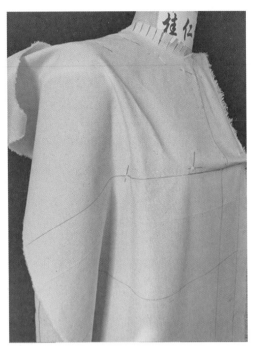

固定胸宽处，围度内放量 2.5cm 左右，正常抬
手活动量一般不能小于 2cm，廓型放量随型面
大小确定

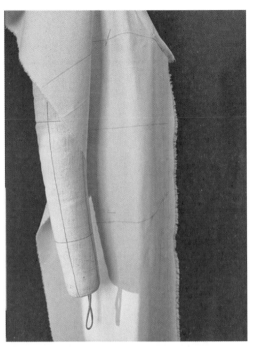

臀围处放量 3.5cm 左右，固定臀围线

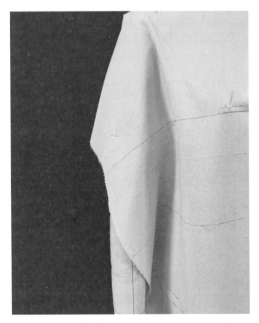

保持正常手臂状态（外口距离人台 11cm 左右），
肩端点向下 17cm 左右，前袖肥放量 3cm 左右

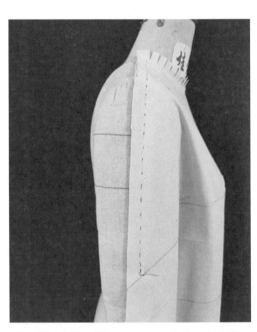

标记出袖中线，并预留 1.5cm 缝分，在肩端点
以下拔开 0.5 ~ 1cm，落肩量 23 ~ 24cm

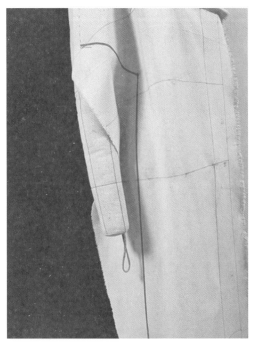

由于袖窿比较深，又是连身大落肩袖，为了加大活动量，将侧缝向前移 2.5cm 左右，标记出落肩袖缝与侧缝，侧缝垂直向下，并放出 5cm 左右的下摆量

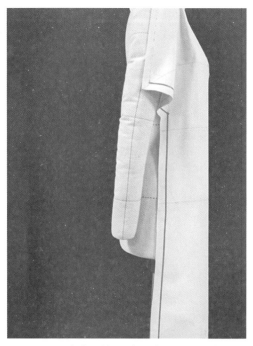

预留 2.5cm 左右的缝分，松开侧面所有固定针，自然状态下检测侧缝是否垂直向下，如不垂直，调整至垂直为止，并剪去多余缝分

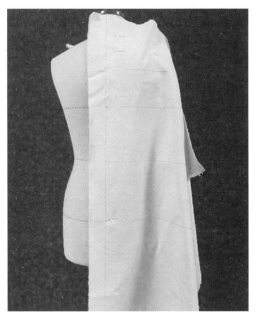

坯布的胸围线和后中线分别与人台的胸围线和后中线水平垂直重合固定

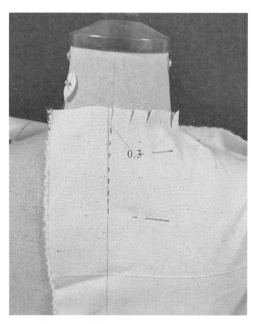

后中线领圈处撇门 0.5cm 左右，后领圈内放 0.2~0.3cm 吃势，装领时吃掉

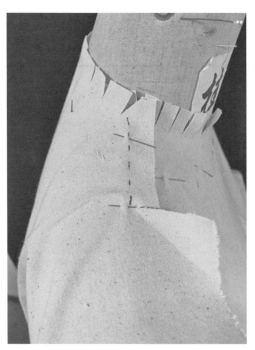

肩颈点向外 6cm 左右打刀眼，标记出肩缝并预留 1.5cm 左右的缝分

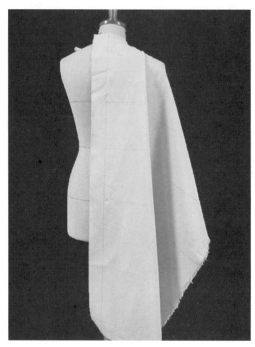

以肩缝刀眼位置，下摆处放 30cm 左右的造型量并固定

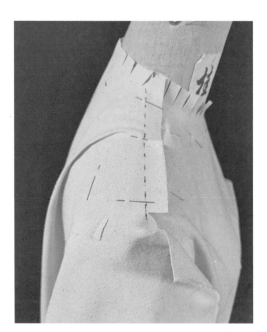

固定肩缝余下一段，预留 1.5cm 左右的缝分，并在肩端点处打剪口至肩缝

将人台手臂以腰围线高低向前并固定

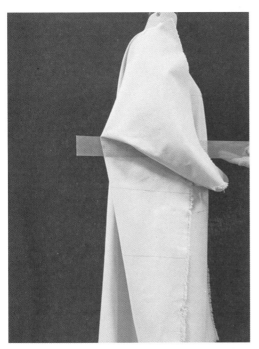

自前下摆侧缝开始固定，并保持后下摆造型不变，沿着侧缝向上，放出拐量约 10×2cm，以前袖窿深为准，调整前袖窿底点与后拐量在同一水平线上，也就是说袖窿深状态是平的

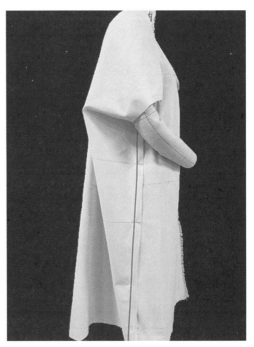

标记出侧缝线，预留 2.5cm 左右的缝分，袖口与下摆先剪去一部分

放下人台手臂，标记出后袖中缝，预留 1.5cm 缝分，拐量高低在袖中缝上可以调整

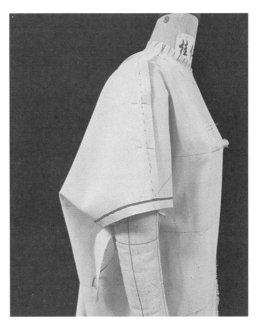

修正落肩袖处造型线，所有对位部位标记出对位点

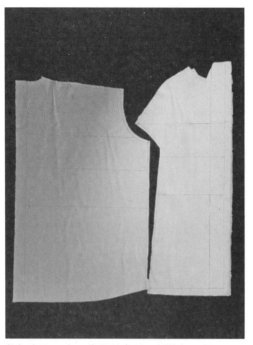

将坯布取下来，修顺袖窿圈、侧缝与下摆

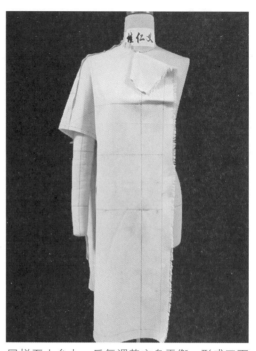

回样至人台上，反复调整衣身平衡，形成正面
效果图

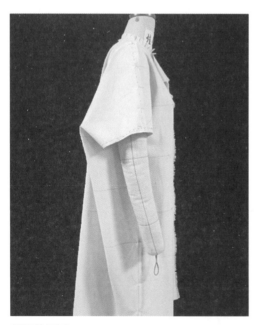

侧面效果图

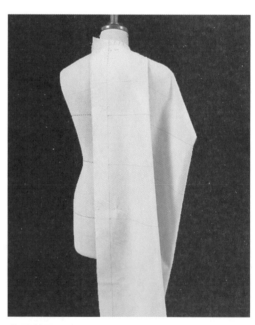

背面效果图

5	33		16.5	5
5				
23				
10				

袖子坯布尺寸（单位：cm）

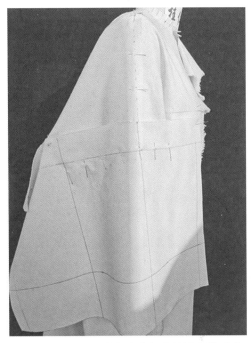

将袖子坯布的袖中线与大身坯布的袖中线对准，坯布袖口处袖中线与人台手臂袖口处袖中线对准，沿袖窿缝抹平并固定，袖中缝要有偏向前的感觉

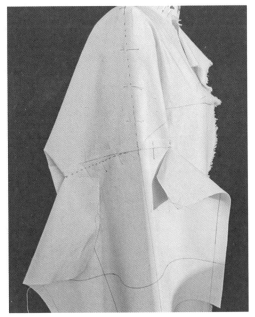

将袖子对外一面按袖窿缝标记，并预留 1.5cm 左右的缝分

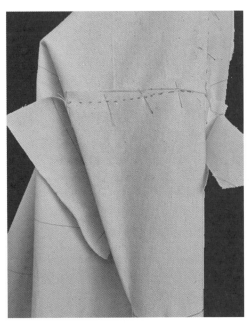

将袖子翻折过去，在前袖窿深处固定并标记，要使袖子有前抱的量，在袖口处打剪口，后袖口处没有松量

将人台手臂上抬并固定，按袖窿底标记出袖底缝，并预留 1.5cm 左右的缝分

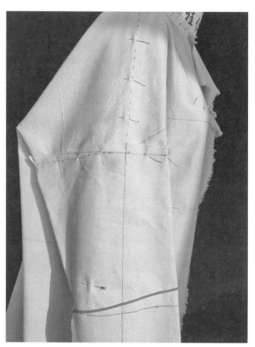

将前袖折线翻过去，按袖口大小、造型确定前袖口松量

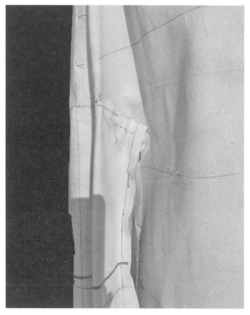

标记出前袖缝并预留 1.5cm 左右的缝分，标记出后袖底缝并预留 1.5cm 左右的缝分

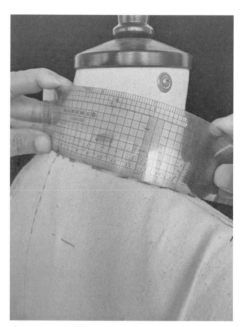

横开领在原型基础上加大 1.5cm（9.5cm）左右，领口保持 1cm 左右的松量，后中要垂直

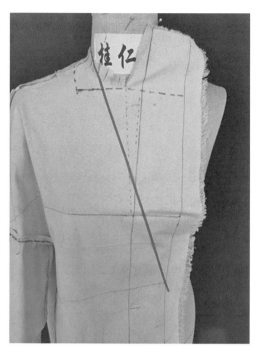

领座高 4.5cm，驳头止点到腰节处标记出翻折线，直开领 7.5cm，驳头大小先以前门襟直线向上为准

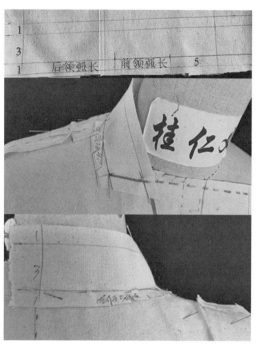

从后中开始将领座固定到领圈上，同时调整翻折线松量，一般情况下，用直领座时，效果会更好，不易变形

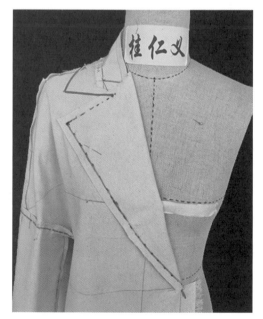

确定驳头大小，将驳头拉平，与大身吻合后固定

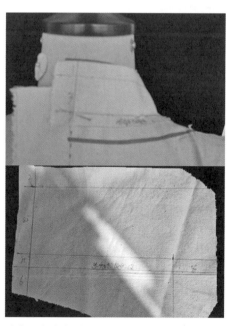

确定翻领宽与造型

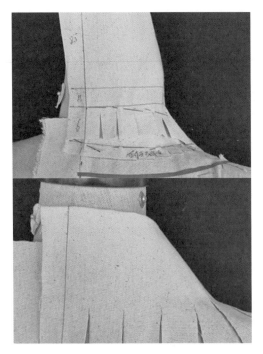

从后中开始，沿着翻折线固定翻领，每固定
2cm，间距1cm打剪口

将翻领翻过来，调整吻合度

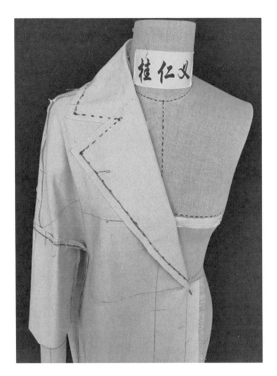

标记出翻领驳头大小

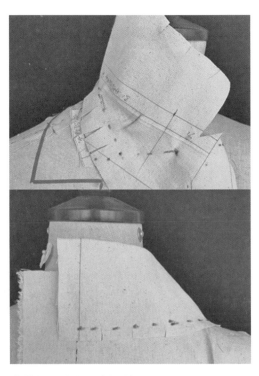

将前领圈驳头翻过来并标记

将翻领取下来修顺，并拔开 0.6cm 左右，回样
再调整

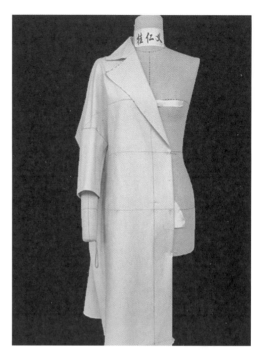

正面效果图

背面效果图

侧面效果图

三、立体转平面

调用第四章第二节中的连身袖结构变化图（第 169 页）。

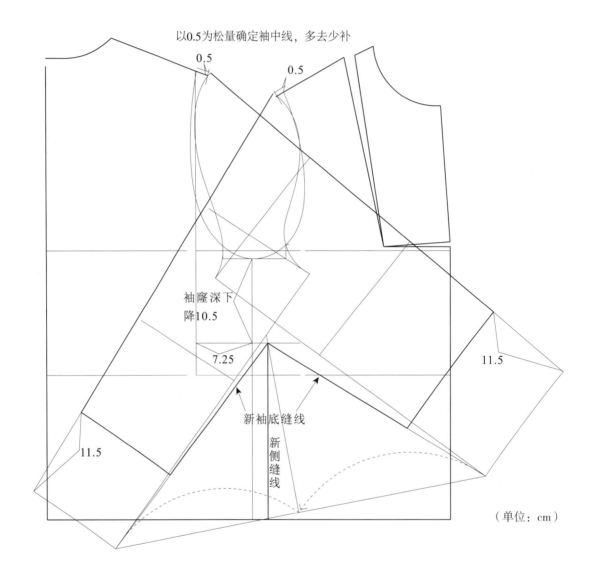

以0.5为松量确定袖中线，多去少补

0.5

0.5

袖窿深下
降10.5

7.25

11.5

11.5

新袖底缝线

新侧缝线

（单位：cm）

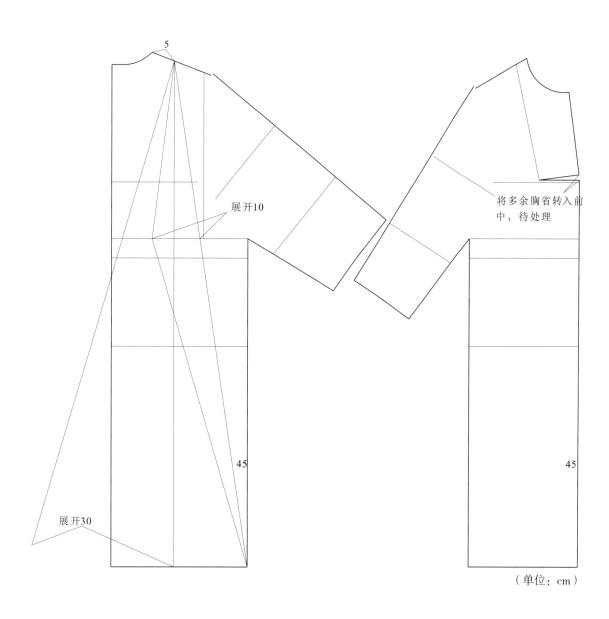

5

展开10

将多余胸省转入前
中，待处理

45

45

展开30

（单位：cm）

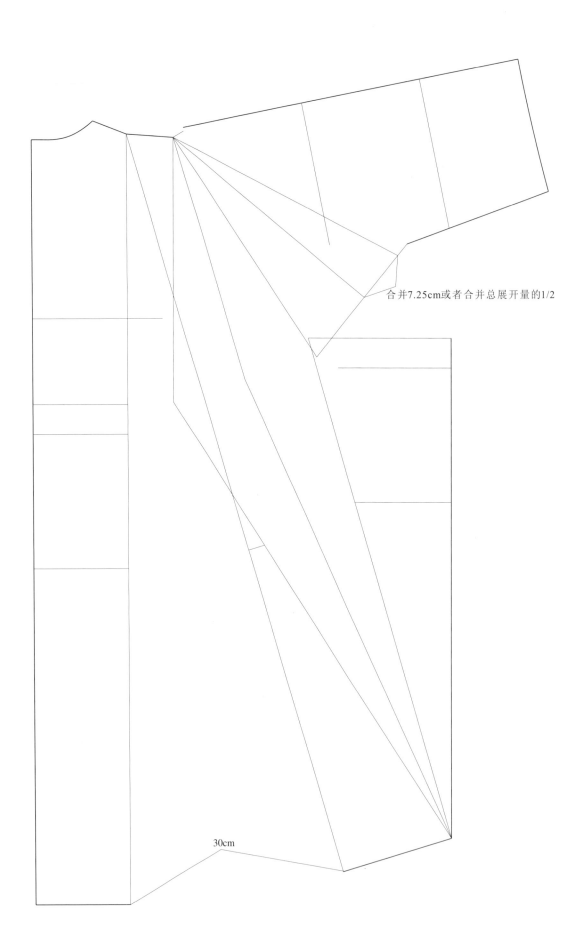

合并7.25cm或者合并总展开量的1/2

30cm

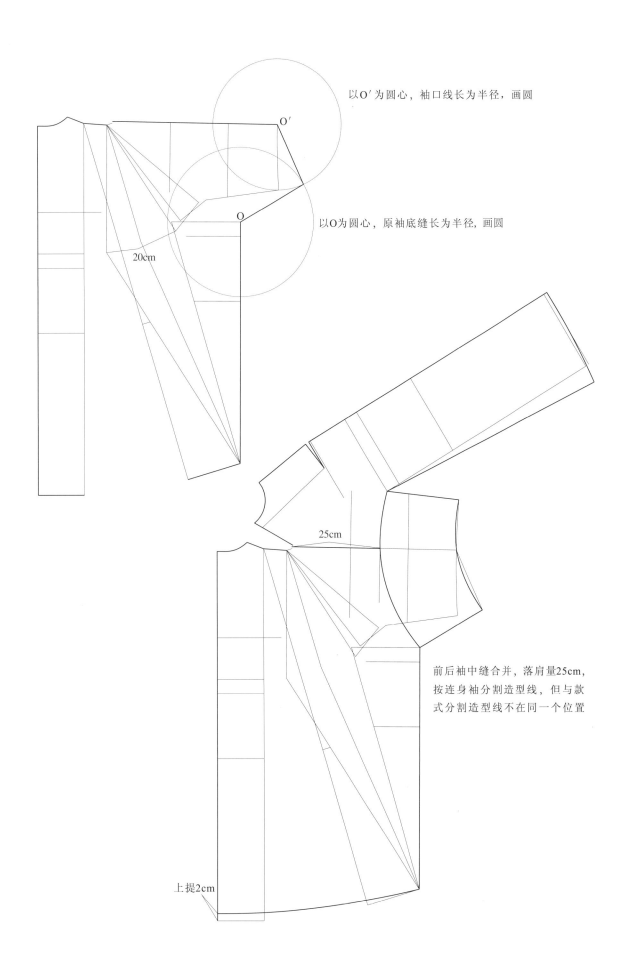

以O′为圆心，袖口线长为半径，画圆

以O为圆心，原袖底缝长为半径，画圆

20cm

25cm

前后袖中缝合并，落肩量25cm，
按连身袖分割造型线，但与款
式分割造型线不在同一个位置

上提2cm

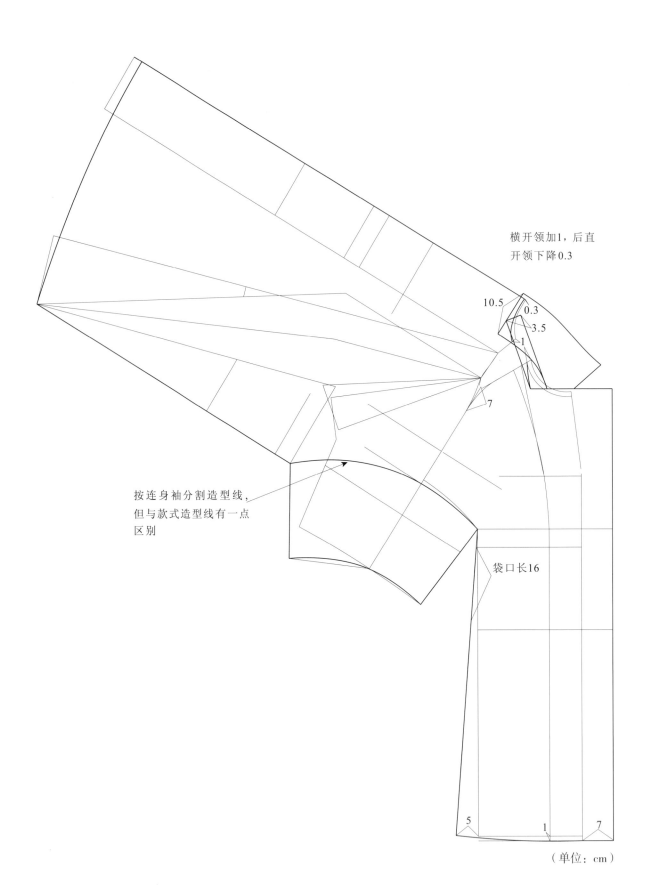

横开领加1，后直
开领下降0.3

10.5

0.3

3.5

1

7

按连身袖分割造型线，
但与款式造型线有一点
区别

袋口长16

5   1   7

（单位：cm）

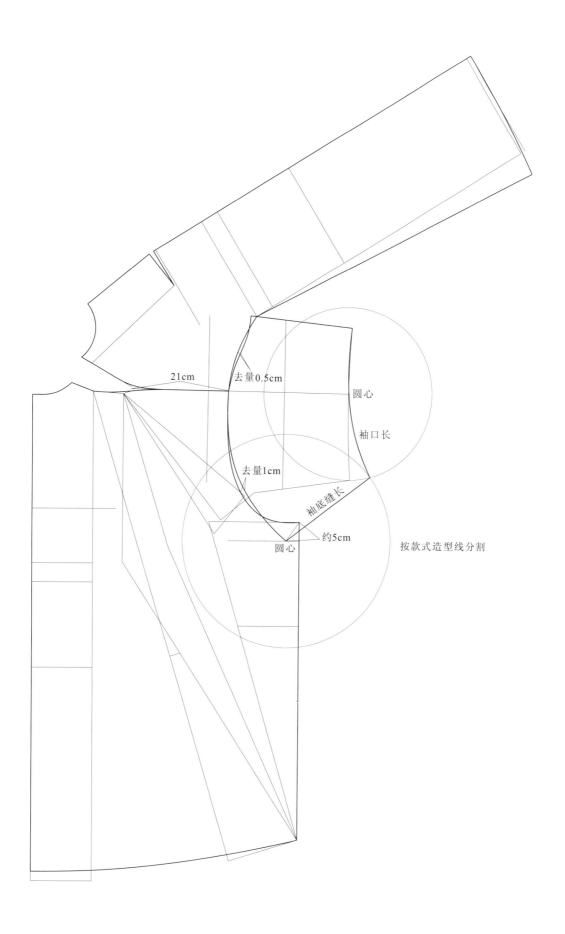

21cm

去量0.5cm

圆心

袖口长

去量1cm

袖底缝长

约5cm

圆心

按款式造型线分割

第十五节　连身立领插角拐袖

（1）此款大衣的袖肥与袖口超大，所以袖窿深一点、胸围小一点不会影响活动量。调用冬装无省插肩袖原型。

（2）由于拐袖状态比较平，后袖折线与后背宽缝对应袖窿要收去一个量。

一、坯布尺寸的确定

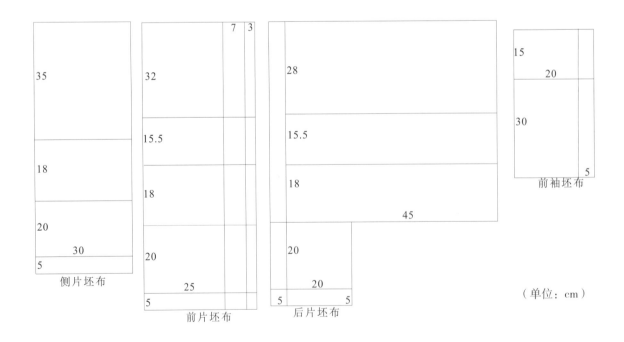

（单位：cm）

二、立体制作

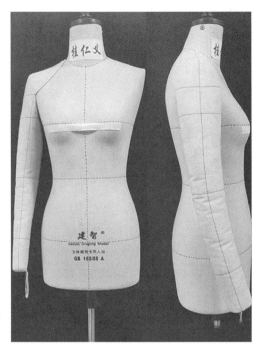

用美纹胶水平连接两胸高点，使之在同一水平线上。手臂袖口外口距大身11cm左右，手臂状态与人台状态一致固定

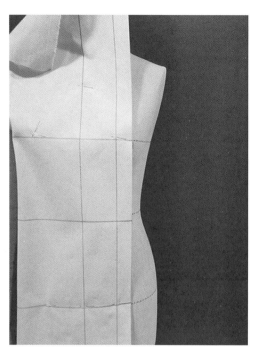

坯布前中线、胸围线与人台前中线、胸围线水平垂直重合固定。如果面料较厚，前中平行放0.3cm左右，作为面料厚度产生的围度量

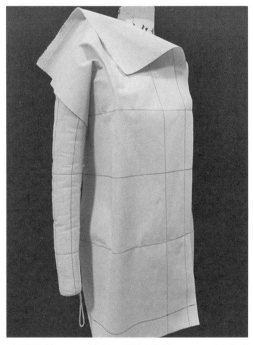

胸围处放2cm松量，臀围处放3cm，以人台胸宽线处附近向下垂直固定

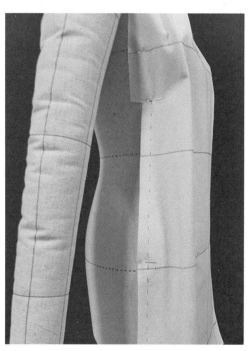

臀围线处距侧缝4.5cm固定。坯布胸围线向下7cm，距侧缝线6cm固定。标记前造型线，并预留1.5cm缝分

距肩端点 9cm，胸围线处放 0.7cm 左右的胸省量，标记袖窿造型线，并预留 1.5cm 缝分

肩缝拔开一个量，造型线向内 2cm，使领子立起来 3cm，并与肩缝在同一立体切面上。肩缝、领上口预留 1.5cm 缝分

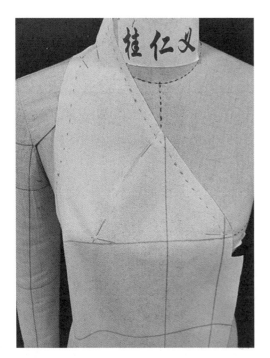

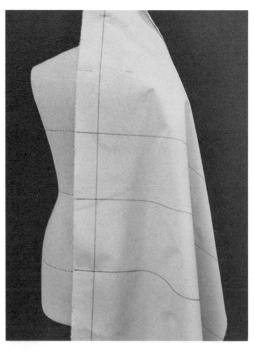

人台前领圈向下 7.5cm，以胸围线处为扣位，标记前领造型线。胸省多余量放领圈内，装挂面时吃进去

坯布后中线、胸围线与人台后中线、胸围线水平垂直重合固定

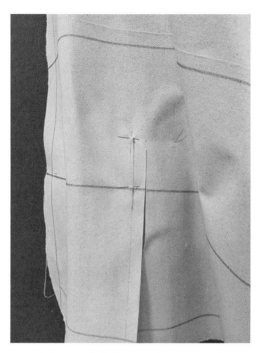

臀围线水平人台侧缝向后中 6.5cm 固定，放 3cm 松量，并向上固定 6.5cm，打剪口，放 1.5cm 缝分

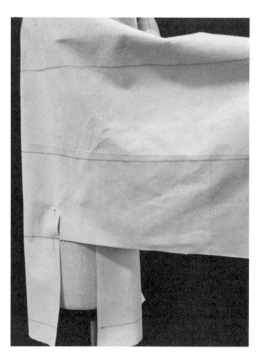

将臀围线下面的多余量剪去一部分

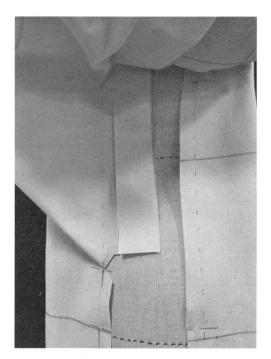

抬起人台手臂，放出 45° 的拐量至袖窿深（以前袖窿深为参考）并固定。预留 1.5cm 缝分，将多余量平行剪至坯布结束点

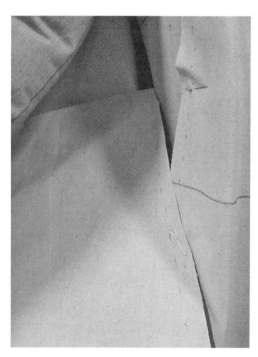

抬起人台手臂，以 45° 的拐量抹平袖底，并与大身固定。标记袖底缝，并预留 1.5cm 缝分

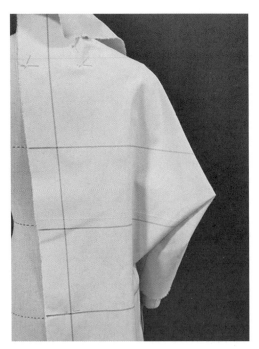

以 45° 拐量抹平后袖窿，在肩端点处固定

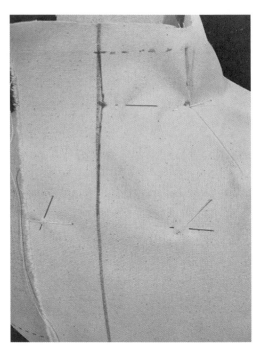

人台领圈向下 0.6cm，后中放 0.3cm 撇门。连身立领高 3cm，后外撇 0.3cm，将肩胛省转入领圈。距后中 5cm 分割连身领，并放出松量，以 3cm 高标记

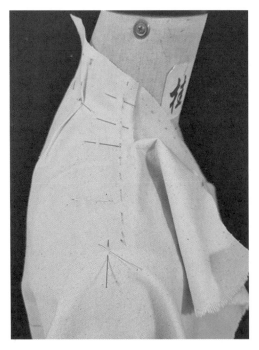

标记后肩缝线，预留 1.5cm 缝分，领与大身转折点拔开一个量，领分割线与肩缝在立体上要在一个切面上

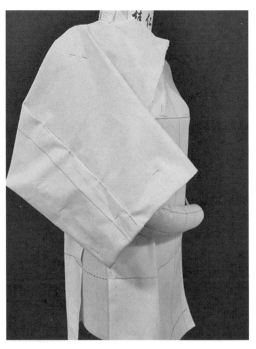

通过袖折线内收量，调整袖长、袖口大小、拐袖状态

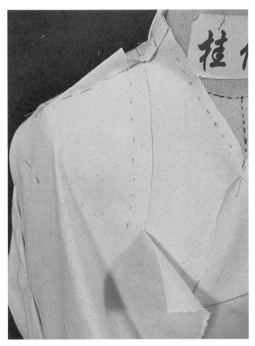

抓缝肩缝，肩省约4cm，抹平前胸宽部位，标记造型线，并预留1.5cm缝分

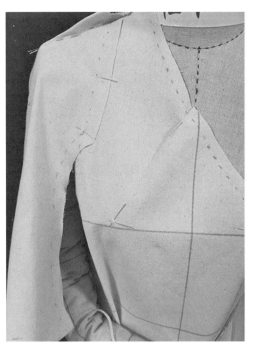

肩缝向下13cm，分割前袖折缝造型线，拔开一个量，使其有弯式造型，并预留1.5cm缝分

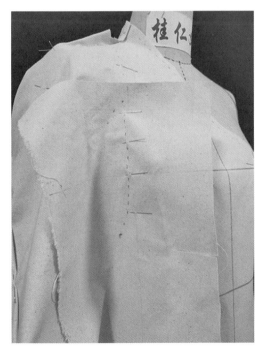

坯布胸围线与人台大身胸围线对准水平垂直固定，并标记造型线

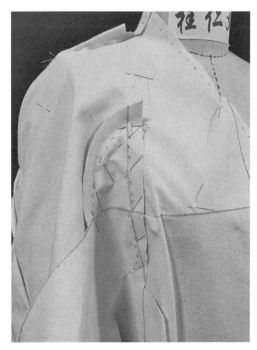

标记造型线至袖窿底，并预留1.5cm缝分。标记坯布胸围线以上的前袖折线造型线，并预留1.5cm缝分

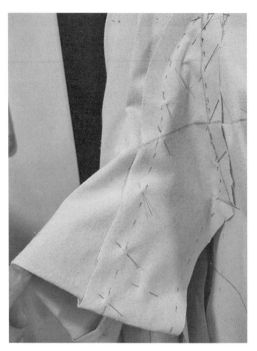

将前袖折线拔开一个量，按袖状态固定前袖折线，标记前袖插片大小，并预留 1.5cm 缝分

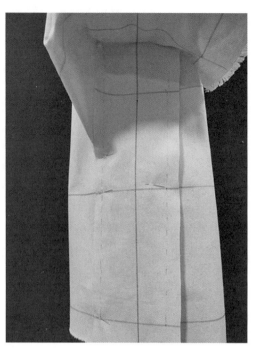

将坯布侧缝线、臀围线与人台侧缝线、大身坯布臀围线水平垂直固定至袖窿底，并预留 1.5cm 缝分，标记对位点

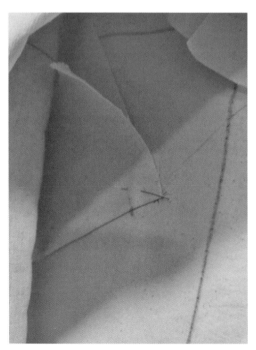

将人台手臂放下，侧片吻合抹平，标记侧片袖口大小，并标记各部位对位点，取下来修顺回样

将每块坯布取下来修顺线条，标记对位点，并放 1cm 缝分，下摆和袖口放 3.5cm

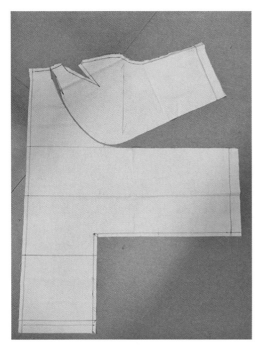

插肩袖分割

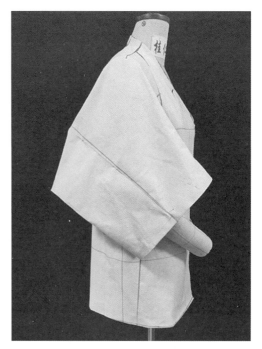

坯布立裁侧面照片

成衣正面照片

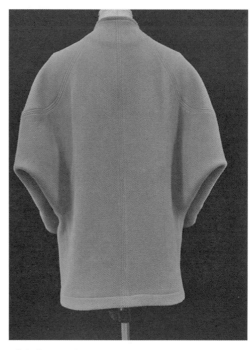

成衣背面照片

三、立体转平面

调用秋冬装无省无后中缝原型,按插肩袖方法将袖与大身拼合。

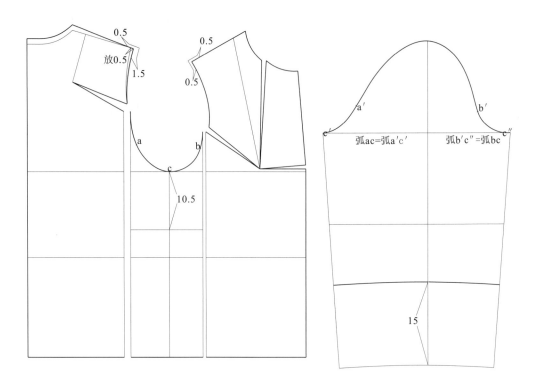

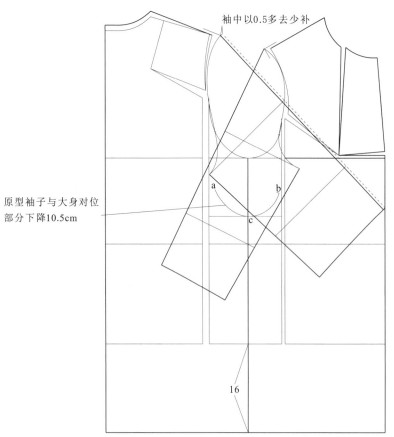

（单位：cm）

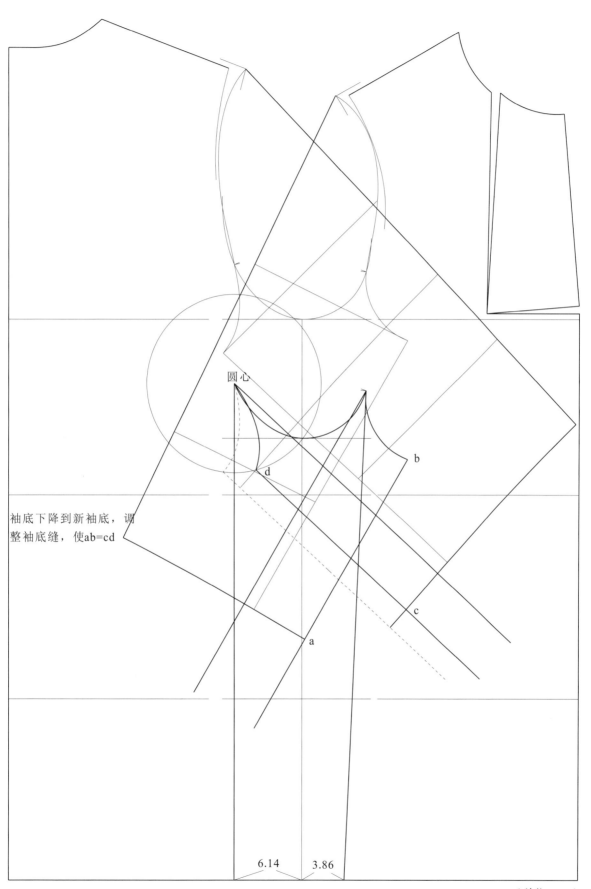

圆心

袖底下降到新袖底，调
整袖底缝，使ab=cd

d

b

a

c

6.14　　3.86

（单位：cm）

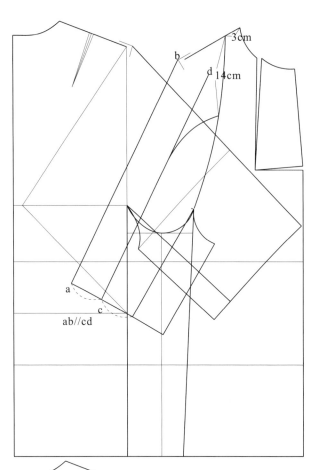

取出后片，确定展开
位置与展开拐量

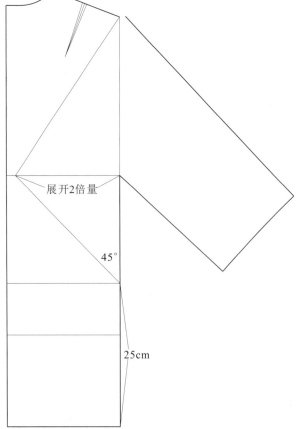

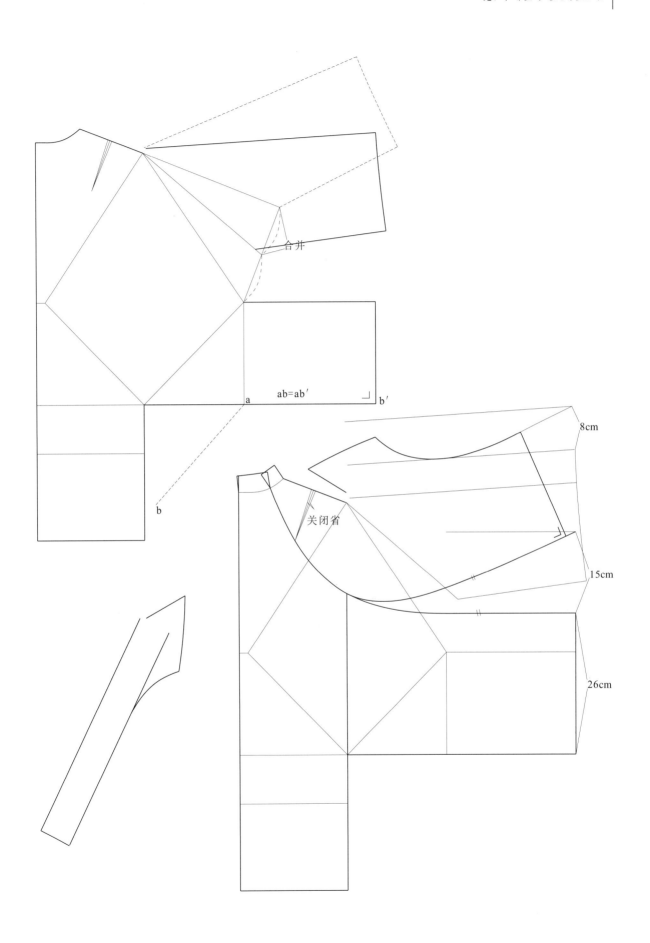

合并

ab=ab′

a   b′

b

关闭省

8cm

15cm

26cm

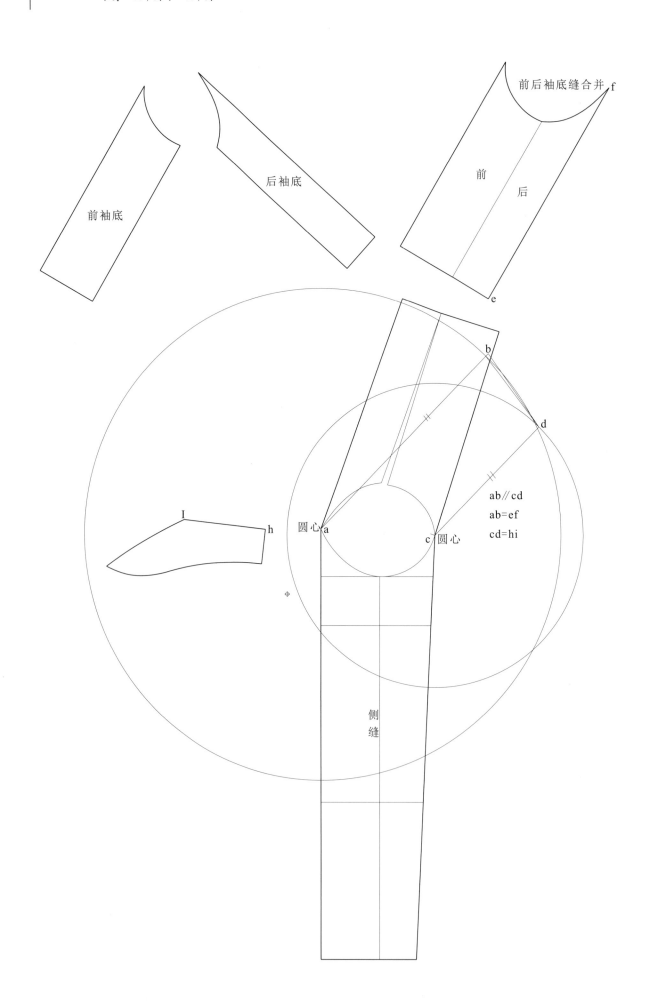

前袖底

后袖底

前后袖底缝合并 f

前

后

e

圆心 a

b

d

c 圆心

ab∥cd

ab=ef

cd=hi

I

h

侧缝

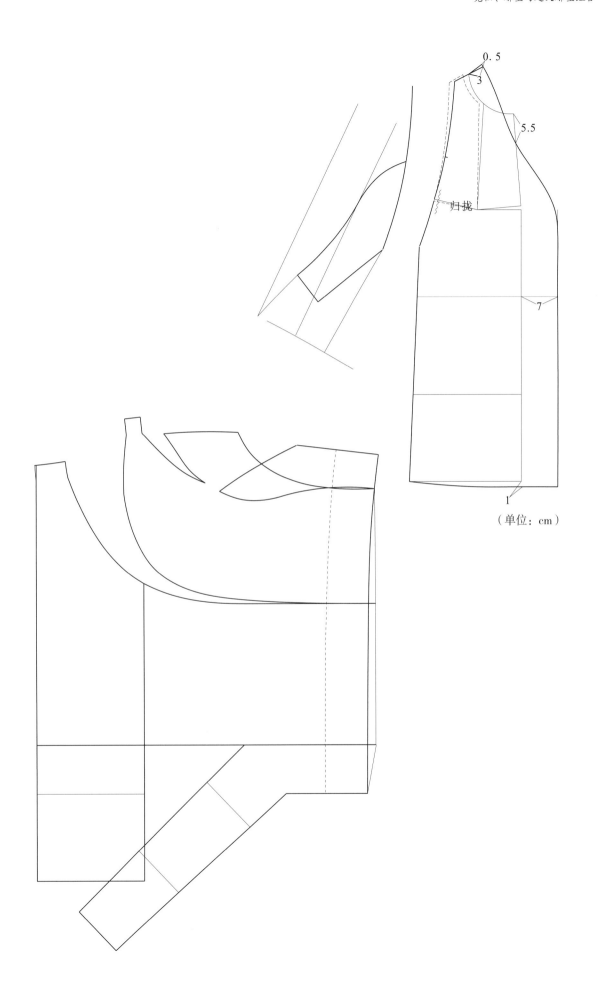

0. 5

3

5.5

归拢

7

1

（单位：cm）